ÉTUDES
DE LA NATURE.

ÉDITION EN CINQ VOLUMES.

TOME I.

PLANCHE PREMIÈRE.

Philoclès dans l'île de Samos.

Frontispice du 1.er Vol. Voyez la pag. 34 du même Vol. et celle 489 du 3.e

ÉTUDES
DE LA NATURE.

NOUVELLE ÉDITION,
revue et corrigée,

Par JACQUES-BERNARDIN-HENRI DE SAINT-PIERRE.

AVEC DIX PLANCHES EN TAILLE-DOUCE.

...... Miseris succurrere disco. *Æn. lib. 1.*

TOME I.

DE L'IMPRIMERIE DE CRAPELET.

A PARIS,

Chez DETERVILLE, Libraire, rue du Battoir, n° 16,
quartier Saint-André-des-Arcs.

AN XII — 1804.

AVIS DE L'ÉDITEUR.

DEPUIS long-temps les amis des Lettres et les Bibliographes desiroient une édition des Études de la Nature d'un format commode, portatif, et en même temps agréable dans une bibliothèque; celle que nous leur offrons aujourd'hui réunit tous ces avantages. Elle a été revue très-exactement par l'auteur; l'on a apporté à la correction des épreuves et à la partie typographique des soins tout particuliers; enfin elle est la seule du format *in*-8°., car il faut bien se garder de la confondre avec une mauvaise contrefaçon du même format, faite à l'insu de l'auteur, qui est remplie de fautes, et à laquelle il manque au moins cent pages d'impression. Cette nouvelle édition est conforme, pour les figures, à celle de l'auteur, de format *in*-1 2; seulement nous avons divisé les planches en dix, au lieu de six, afin de ne les point plier, et qu'elles fussent de la grandeur du format. Nous espérons donc qu'elle

remplira le but que nous nous sommes proposé , et qu'elle sera reçue du Public avec
bienveillance.

AVIS

SUR CETTE ÉDITION.

La première Édition de cet ouvrage, qui parut
en décembre 1784, s'est trouvée presque épuisée
en décembre 1785. Depuis sa publication, je n'ai
qu'à me féliciter des témoignages honorables d'amitié que m'ont donnés des personnes de tout état
et de tout sexe, dont la plupart me sont inconnues. Les unes sont venues me trouver, et d'autres
m'ont écrit les lettres les plus touchantes pour me
remercier de mon livre; comme si, en le donnant
au Public, je leur avois rendu quelque service particulier. Plusieurs d'entre elles m'ont prié de venir
dans leurs châteaux, habiter la campagne où j'aimerois tant à vivre, m'ont-elles dit. Oui sans doute
j'aimerois la campagne, mais une campagne à moi,
et non pas celle d'autrui. J'ai répondu de mon mieux
à des offres de service si agréables, dont je n'ai
accepté que la bienveillance. La bienveillance est
la fleur de l'amitié; et son parfum dure toujours,
quand on la laisse sur sa tige sans la cueillir. Un
père de famille malheureux m'a mandé que mes
Études faisoient sa plus douce consolation. Un
athée est venu me voir plusieurs fois, d'une ville

I.   A

éloignée de Paris, frappé jusqu'à l'admiration, m'a-
t-il dit, des harmonies que j'ai indiquées dans les
plantes, et dont il a reconnu l'existence dans la
nature. Des personnages importans, et d'autres qui
croient l'être, m'ont fait inviter d'aller les voir, en
me donnant de grandes espérances de fortune :
mais autant j'accueille le rare bonheur d'être aimé,
et celui qui l'est encore plus pour moi de pouvoir
être utile, autant je fuis, quand je le peux, le malheur si commun et si triste d'être protégé. Je ne dis
point tout ceci par vanité, mais pour reconnoître
de mon mieux, suivant ma coutume, jusqu'aux
plus légères marques de bienveillance qu'on me
donne, quand je les crois sincères.

J'ai donc lieu de penser, par ces suffrages des
gens de bien, que Dieu a béni mon travail, quoique
rempli d'imperfections. Il est de mon devoir de le
rendre le plus digne que je pourrai de l'estime pu-
blique : ainsi j'ai corrigé, dans cette nouvelle Edition, les fautes d'impression, de style, de goût et
de bon sens, que j'ai remarquées dans la première,
ou par moi-même, ou avec le secours de quelques
personnes instruites, sans rien retrancher cependant du fond des choses, comme elles le desiroient.
Je me suis permis seulement, pour les éclaircir,
quelques transpositions de notes. J'y en ai ajouté
quelques-unes dans la même intention, entre autres,
dans l'explication des figures, une figure de géomé-

tric, pour rendre sensible aux yeux l'erreur de nos astronomes sur l'aplatissement de la terre, et de nouvelles preuves du cours alternatif et semi-annuel de l'océan Atlantique, par la fonte des glaces polaires.

J'aurois bien souhaité de m'éclairer encore sur cet ouvrage, du jugement des papiers publics. Leurs auteurs ont eu à cet égard une entière liberté de suffrages, car je n'en ai sollicité ni fait solliciter aucun ; mais ils ne se sont arrêtés qu'à des observations peu essentielles. Celui de tous qui embrasse le plus d'objets, et qui, par les grands talens de ses rédacteurs, paroissoit le plus propre à me donner des lumières, m'a repris d'avoir dit que les animaux n'étoient pas exposés, par la nature, à périr par la famine comme l'homme ; et il m'a objecté les perdrix et les lièvres des environs de Paris, qui meurent quelquefois de faim pendant l'hiver. Mais puisque, d'une part, on multiplie ces animaux à l'infini aux environs de Paris ; et que de l'autre, on y fauche jusqu'à la plus petite herbe des champs, il faut bien que, quelquefois, ils y meurent de faim, sur-tout dans les hivers un peu longs. La famine donc qu'ils éprouvent dans nos campagnes, vient de l'inconséquence de l'homme, et non pas de l'imprévoyance de la nature. Les perdrix et les lièvres ne meurent point de faim dans les forêts du Nord, pendant des hivers de six mois ; ils savent bien trouver sous la neige les herbes et les pommes de sapin de l'année précédente, que la nature y a cachées pour les leur conserver.

Les autres objections que les journalistes m'ont faites, ne sont ni plus importantes, ni guère mieux fondées. La plupart d'entre eux ont traité de paradoxe la cause des courans et du flux et reflux de la mer, que j'attribue à la fonte alternative de glaces des pôles, qui ont, dans l'hiver de chaque hémisphère, cinq à six mille lieues de tour, et qui, dans leur été, n'en ont que deux ou trois mille. Mais comme aucun d'eux n'a apporté un seul argument, ni contre les principes de ma théorie, ni contre les faits dont je l'ai appuyée, ni contre les conséquences que j'en ai tirées, je n'ai rien à leur répondre, sinon qu'ils m'ont, sur ce point, jugé sans examen; ce qui est expéditif, mais injuste. Celui de tous qui a le plus de souscripteurs, et qui mérite sans doute de les avoir, par le goût avec lequel il rend compte chaque jour des ouvrages littéraires, m'a objecté en passant, que je détruisois l'action de la lune, si bien d'accord avec les marées. Il est aisé de voir qu'il n'est instruit ni de ma nouvelle théorie, ni de l'ancienne. Je ne détruis en rien l'action de la lune sur les mers; mais au lieu de la faire agir sur les mers fluides de l'équateur, par une attraction astronomique qui ne produit pas le moindre effet sur les méditerranées et les lacs de la zône torride même , je la fais agir sur les mers gelées des pôles , par la chaleur réfléchie du soleil , reconnue des anciens (1) , démontrée aujourd'hui par

---

(1) « La lune fait dégeler , résolvant toutes glaces et gelées, » par l'humidité de son influence ». *Hist. nat. de Pline, liv. 2, chap. 101.* Quand la lune brille dans les nuits de l'hiver, de tout son éclat, il gèle sans doute fort âprement, parce qu'alors le vent du nord, qui cause cette sérénité de l'air, empêche l'influence chaude de la lune; mais pour peu qu'il fasse calme, vous voyez le ciel se couvrir de vapeurs qui s'exhalent de la terre, et vous sentez l'atmosphère s'adoucir. J'attribue, comme Pline, à la lumière de cet astre, une action particulière sur les eaux gelées de la terre et de l'air; car je l'ai vu souvent, dans les belles nuits de la zône torride, dissiper , en se levant, tous les nuages de l'atmosphère ; ce qui fait dire aux marins en proverbe, *que la lune mange les nuages.* Au reste , nos physiciens se contredisent, en supposant que la lune meut l'Océan, et en lui refusant toute influence, non-seulement sur les glaces, mais sur les plantes, parce que sa chaleur, disent-ils, ne fait pas monter la liqueur de leur thermomètre. J'ignore si en effet elle n'agit pas sur l'esprit-de-vin : mais qu'en conclure? Les particules ignées , enfermées dans le poivre, le girofle , le piment, les caustiques, &c.... qui ont tant d'action sur les fluides du corps humain, donneroient-elles seulement la plus légère ascension à l'esprit-de-vin où on les feroit infuser? Le feu , ainsi que les autres élémens , subit des combinaisons qui redoublent son action dans telle affinité, et la rendent nulle dans une autre : ce n'est donc point avec nos instrumens de physique, que nous parviendrons à déterminer les effets des causes naturelles.

les modernes, et dont l'expérience peut se faire avec
un verre d'eau. D'ailleurs, il s'en faut bien que les
phases de la lune soient, par toute la terre, d'accord
avec les mouvemens des mers. Le flux et reflux de
la mer suit, sur nos côtes, plutôt le moyen que le
vrai mouvement de la lune : ailleurs, il obéit à d'autres lois, ce qui a fait dire à Newton lui-même,
« qu'il falloit qu'il y eût dans le retour périodique
» des marées quelque autre cause mixte, qui a été
» inconnue jusqu'ici ». *Philosophie de Newton, ch. 25.*
L'explication de ces phénomènes, qui se refuse au
système astronomique, s'accorde parfaitement avec
ma théorie naturelle, qui attribue à la chaleur
alternative du soleil, tant directe que réfléchie par
la lune, sur les glaces des deux pôles, la cause, la
variété et le retour constant des marées, et sur-tout
des courans généraux et alternatifs de l'Océan, qui
sont les premiers mobiles de celles-ci. Cependant
nos astronomes n'ont jamais essayé de rendre raison
de la cause et de la versatilité semi-annuelle de ces
courans généraux, si connus dans l'océan Indien,
et ils paroissent même avoir ignoré jusqu'à présent
qu'il en existât de semblables dans l'océan Atlantique. C'est de quoi on ne peut douter maintenant,
d'après les nouvelles preuves que j'en apporte à la
fin du troisième volume de cet ouvrage.

Je n'ai donc point avancé de paradoxe sur des
causes si évidentes ; mais j'ai opposé à un système

astronomique dénué de preuves physiques, des faits avérés, tirés de tous les règnes de la nature; faits qui ont une multitude de consonnances dans les flux et reflux de toutes les rivières et lacs qui s'écoulent des montagnes à glace, et que je pourrois multiplier et présenter sous de nouveaux jours, par rapport à l'Océan même, si le lieu et ma santé me le permettoient.

Un journal qui, par son titre, paroît destiné à l'Europe entière, ainsi que celui qui, par le sien, semble réservé aux seuls savans, ont jugé à propos de garder un profond silence, non-seulement sur des vérités naturelles si neuves et si importantes, mais même sur tout mon ouvrage. D'autres m'ont opposé, pour toute réponse, l'autorité de Newton, qui n'est pas de mon avis. Je respecte Newton pour son génie et pour ses vertus; mais je respecte beaucoup plus la vérité. L'autorité des grands noms ne sert que trop souvent de rempart à l'erreur : c'est ainsi que, sur la foi des Maupertuis et des la Condamine, l'Europe a cru, jusqu'à présent, que la terre étoit aplatie aux pôles. Je démontre, d'après leurs propres opérations, *dans l'explication des figures,* qu'elle y est alongée. Que peut-on répondre à la démonstration géométrique que j'en donne ? Pour moi, je suis bien sûr que Newton lui-même, aujourd'hui, abjureroit cette erreur, quoiqu'il l'ait le premier mise en avant, puisqu'il faut le dire.

Le Lecteur sera sans doute bien surpris de voir des hommes aussi fameux tomber dans une contradiction aussi étrange, adoptée ensuite et enseignée dans toutes'les académies de l'Europe, sans que personne s'en soit aperçu, ou ait osé réclamer en faveur de la vérité. J'en ai été si étonné moi-même, que j'ai cru long-temps que c'étoit moi, et non pas eux, qui avois perdu sur ce point le sentiment de l'évidence. Je n'osois même m'ouvrir à personne sur cet article, non plus que sur les autres objets de ces Etudes ; car je n'ai presque rencontré dans le monde, que des hommes vendus aux systêmes qui ont fait fortune, ou à ceux qui la font faire. Ainsi, plus j'avois raison, seul et sans prôneurs, et plus j'aurois eu tort avec eux : d'ailleurs, comment raisonner avec des gens qui s'enveloppent dans des nuages d'équations ou de distinctions métaphysiques, pour peu que vous les pressiez par le sentiment de la vérité? Si ces refuges leur manquent, ils vous accablent par les autorités innombrables qui les ont subjugués eux-mêmes, sans raisonner, et dont ils comptent bien subjuguer à leur tour un homme sur-tout qui ne tient à aucun parti. Qu'aurois-je donc fait dans cette foule d'hommes vains et intolérans, à chacun desquels l'éducation européenne a dit dès l'enfance, *sois le premier;* et parmi tant de docteurs titrés et non titrés, qui se sont approprié le droit de franc-parler, si ce n'est de m'y renfermer, comme je fais souvent, dans mon franc-taire (1)? Si j'y parle, c'est de peu de choses, ou de choses de peu.

Cependant, dans les routes solitaires et libres où je cherchois la vérité, je me rassurois avec les nouveaux rayons de sa lumière, en me rappelant que les savans les plus célèbres avoient été, dans tous les siècles, aussi bien aveuglés par leurs propres erreurs, que le peuple par celles d'autrui. D'ailleurs, pour démontrer l'inconséquence de nos astronomes modernes, il ne s'agissoit que d'employer quelques élémens de géométrie, qui sont à ma portée et à

_____

(1) Il n'est pas permis long-temps d'y garder son franc-taire; car ceux qui y parlent ne veulent être écoutés que par des gens qui les applaudissent.

J'ai remarqué que le degré d'attention que le monde accorde à ses orateurs, est toujours proportionné au degré de puissance ou de malignité qu'il leur suppose. La vérité, la raison, l'esprit même y sont comptés pour rien. Pour se faire écouter du monde, il faut s'en faire craindre : aussi ceux qui y brillent, emploient fréquemment des tours de phrase qui donnent à entendre qu'ils sont des amis puissans ou des ennemis dangereux. Tout homme simple, modeste, vrai et bon, y est donc réduit au silence : il en peut sortir, toutefois en flattant ses tyrans ; mais ce moyen produiroit en moi un effet tout contraire, car je ne puis flatter que ce que j'aime.

Fuyez donc le monde, vous qui ne voulez ni flatter ni médire ; car vous y perdriez à la fois, et les biens que vous en espérez, et ceux qui appartiennent à votre conscience.

celle de tout le monde. Ainsi, bien assuré par une
multitude d'observations météorologiques, nautiques, végétales et animales, que les eaux des glaces
polaires avoient une pente naturelle jusqu'à l'équateur ; et fâché d'être contredit par les opérations trop
fameuses de nos géomètres , j'ai osé en examiner
les résultats, et je me suis convaincu qu'ils devoient
être les mêmes que les miens. J'ai présenté, dans
ma première Edition, les uns et les autres au Public; les leurs sont restés sans défense, et les miens
sans objection, mais sans partisans déclarés. Dans
cette nouvelle Edition, j'ai démontré leur erreur
jusqu'à l'évidence géométrique ; maintenant, j'attends mon jugement de tout Lecteur à qui il reste
une conscience (1).

---

(1) Il a paru dans le journal général de France, du 11 et
du 13 mars 1788, une lettre qui renferme de grands éloges
de ma théorie des marées, mais où on tâche de prouver que
nos académiciens ne se sont pas trompés en concluant de ce
que les degrés sont plus longs au nord, que la courbe de
la terre s'y aplatit; c'est-à-dire, qu'elle y devient plus
courte que l'arc de cercle qui la renferme.

J'avoue que je n'ai pu rien comprendre à la démonstration
par laquelle on veut justifier cette erreur. Les principes et
les méthodes de nos sciences me jettent, comme Michel
Montaigne, en éblouissement; aussi je ne m'arrête qu'à leurs
résultats.

Si l'on conclut que la terre s'aplatit aux pôles, parce que
ses degrés s'y alongent, on doit conclure par la raison con-

Ce sont les préjugés de notre éducation, qui ont égaré ainsi nos astronomes ; ces préjugés qui, dès

---

traire, que la terre s'alongeroit au pôle si ses degrés s'y raccourcissoient.

Ainsi il s'ensuivroit que plus les degrés polaires seroient longs, plus la courbe polaire seroit aplatie ; et qu'au contraire, plus ces mêmes degrés seroient courts, plus la courbe polaire seroit alongée.

Ainsi, en doublant, triplant, quadruplant la longueur de ces degrés en particulier, vous réduiriez à la moitié, au tiers, au quart, la longueur de la courbe polaire, dont ils sont cependant les parties constituantes ; et au contraire, en réduisant la longueur de ces mêmes degrés à la moitié, au tiers ou au quart, vous doubleriez, tripleriez, quadrupleriez la courbe polaire, en sorte que plus ces degrés seroient grands, plus la courbe polaire qu'ils composent seroit petite, et plus ils seroient petits, plus cette courbe seroit grande. Or, c'est ce qui est contradictoire et évidemment impossible.

Si les voussoirs d'une voûte en plein cintre s'élargissent, la voûte entière doit s'élargir ; et si ses voussoirs se rétrécissent, la voûte doit se raccourcir. Les degrés polaires sont les voussoirs, et la courbe polaire la voûte.

L'auteur de cette lettre, M. de Sallier, m'adresse ensuite quelques objections. Il oppose à une conséquence générale des aperçus particuliers.

Le baromètre est plus bas en Suède qu'à Paris. Or, comme il baisse à mesure qu'on s'élève sur une montagne, j'en ai tiré la conséquence générale que la terre s'élevoit vers le nord. M. de Sallier conclut au contraire que l'abaissement du baromètre en Suède vient de la densité de son atmosphère

l'enfance, nous attachent, sans réfléchir, aux erreurs
accréditées qui mènent à la fortune, et nous font

---

que le froid rend plus pesante, ou de la gravité, qui augmente vers le pôle. Il s'ensuit de cet aperçu que le baromètre ne peut plus servir à mesurer la hauteur des montagnes, puisque, dès qu'il baisse, on en peut conclure que
cet effet vient de la densité de l'atmosphère, ou d'une autre
cause. Il s'ensuit encore que M. de Sallier détruit la conséquence particulière que les académiciens, qu'il veut servir,
avoient tirée eux-mêmes de cette observation : car ils en
concluoient alors que la terre étoit un sphéroïde alongé vers
les pôles ; et, ce qu'il y a encore de singulier, ils appuyoient
ce même raisonnement sur les mêmes expériences qui leur
ont fait conclure depuis que la terre étoit un sphéroïde aplati,
je veux dire, sur la grandeur des degrés vers les pôles. Voici
un extrait de leur jugement, rapporté par le Père Regnault,
dans le quatorzième Entretien physique du tome premier,
septième édition :

« Une autre raison qui prouve que la terre n'est point
» parfaitement ronde, c'est que, selon les essais de M. Cassini
» pour déterminer la grandeur de la terre , sa surface doit
» avoir la figure d'une ellipse alongée vers les pôles, et dont
» une propriété est telle, qu'étant divisé en degrés , chacun
» de ces degrés augmente à mesure qu'ils approchent des
» pôles ; de sorte que le circuit d'un méridien de la terre
» doit surpasser le circuit de son équateur d'environ cin-
» quante lieues ». *Hist. de l'Académie, suite de l'année 1778,
pag.* 237, 238.

C'est à M. de Sallier à concilier , s'il se peut, des jugemens
si opposés dans la même académie, et d'après les mêmes
expériences. Mais comme les académiciens n'ont point en-

repousser les vérités solitaires qui nous en éloignent.
Ils ont été séduits par la réputation de Newton,

---

core varié sur les conséquences qu'ils tirent sur l'ascension
ou la descente du mercure dans le baromètre, il en faut conclure avec l'auteur que je viens de citer:

« Que plus l'endroit est bas, plus la colonne d'air qui sou-
» tient le mercure est haute; plus elle est haute, plus elle
» pèse; plus elle pèse, plus elle soutient de mercure; plus
» elle en soutient, moins il doit baisser. Par une raison con-
» traire, plus l'endroit est élevé, plus la colonne d'air est
» courte; plus elle est courte, moins elle pèse; moins elle
» pèse, moins elle soutient de mercure; moins elle en sou-
» tient, plus il baisse ». *Idem*, *Entretien* 22.

Ainsi la colonne d'air est plus courte en Suède qu'à Paris,
puisque le mercure baisse d'une ligne en Suède, quand on
s'élève au-dessus du bord de la mer de dix toises un pied six
pouces quatre lignes; et que pour le faire baisser d'une ligne
dans notre climat, il faut s'élever au-dessus de la mer de
dix toises cinq pieds, c'est-à-dire, il faut monter plus haut
à Paris pour trouver une atmosphère de la même hauteur
que celle de la Suède. Donc le terrain de la Suède est naturellement plus élevé que celui de Paris, puisqu'il faut monter
à Paris quatre pieds et demi de plus, pour être au même
niveau d'air qu'en Suède.

J'ai dit que si la terre étoit un sphéroïde renflé de six
lieues et demie sous l'équateur et aplati sur les pôles, les
mers de l'équateur couvriroient les pôles. M. de Sallier ré-
pond à cela que « la combinaison de la gravité de la force
» centrifuge, en élevant l'équateur et en déprimant les
» pôles, n'a pu donner à cette élévation une courbure *plus*
» *subite*, comme l'a supposé notre auteur ».

qu'on m'objecte à moi-même ; et Newton l'avoit
été, comme il arrive d'ordinaire, par son propre
système. Ce sublime géomètre supposoit que la
force centrifuge, qu'il appliquoit au mouvement des
astres, avoit aplati les pôles de la terre, en agissant
sur son équateur. Nordwood, mathématicien anglais, ayant trouvé, en mesurant la méridienne de

---

M. de Sallier a souligné l'expression de *plus subite*, qui,
en effet, rend l'écoulement des mers de l'équateur vers les
pôles plus sensible, quoique cet effet s'ensuivît également,
puisqu'il ne dépend pas de la rapidité de la pente de la
terre sous l'équateur, mais de sa seule élévation. J'en demande pardon à M. de Sallier, mais il attaque encore ici les
académiciens qu'il veut défendre, puisque ce sont eux qui
ont employé cette image et cette expression, et non pas moi
qui la leur *suppose.*

Bouguer, que j'ai cité tome 1, explication des figures,
dit positivement : « La courbe de la terre est *plus subite* vers
» l'équateur dans le sens nord et sud, puisque les degrés y
» sont plus petits ; et la terre au contraire est plus plate vers
» les pôles, puisque les degrés y sont plus grands ».

J'avoue que je ne comprends pas le raisonnement de
M. de Sallier, qui conçoit, au moyen de la force centrifuge,
que les courans occasionnés par la fonte des glaces polaires,
peuvent partir des pôles aplatis, et se rendre dans l'Océan
sous l'équateur, élevé de six lieues et demie au-dessus de
leur niveau. M. de Sallier oublie que ces courans polaires
vont non-seulement jusqu'à l'équateur, mais bien au-delà,
jusqu'au fond des zônes tempérées. Mais comment se peut-il

Londres à Yorck, le degré terrestre plus grand de
huit toises, que celui que Cassini avoit mesuré en
France; « Newton, dit Voltaire, attribua ce petit
» excédant de huit toises par degré, à la figure de
» la terre, qu'il croyoit être celle d'un sphéroïde
» aplati vers les pôles ; et il jugeoit que Nordwood,
» en tirant sa méridienne dans des régions plus

---

que cette force centrifuge élève l'océan à six lieues et demie
sous l'équateur, lorsqu'elle n'a pu y élever la partie solide
de la terre quand elle étoit dans un état de mollesse, suivant les Newtoniens? Comment tant de corps mobiles qui
sont à la surface de la terre, incomparablement plus légers et
plus volatils qu'une masse d'eau de six lieues et demie d'élévation, ne se dirigent-ils pas sans cesse vers l'équateur, et
ne circulent-ils pas dans le tourbillon de sa force centrifuge?

Ainsi, toutes ces objections en faveur de l'aplatissement
des pôles et du renflement de l'équateur, n'ont point de solidité. J'invite M. de Sallier, qui, malgré ses préjugés en
faveur du système de Newton, a eu la franchise et le courage
d'adhérer publiquement à ma théorie du mouvement des
mers, de continuer à examiner avec l'impartialité d'un ami
de la vérité, les preuves de l'alongement de la terre aux pôles.
Je les ai augmentées et mises en meilleur ordre dans l'avis du
quatrième volume de cette nouvelle édition. M. de Sallier
verra que l'alongement des pôles est une conséquence nécessaire de ma théorie des marées. Je serois fâché que, sur un
sujet si important, il restât aucun doute à un écrivain aussi
savant que poli, dont les éloges et la critique m'honorent
également.

» septentrionales que la nôtre, avoit dû trouver ses
» degrés plus grands que ceux de Cassini, puisqu'il
» supposoit la courbe du terrain mesuré par Nord-
» wood, plus longue ». *Philosophie de Newton*,
ch. 18. Il est clair que ces degrés étant plus grands,
et cette courbe étant plus longue vers le nord,
Newton devoit en conclure que la terre étoit alongée aux pôles; et s'il en inféra au contraire qu'elle y
étoit aplatie, c'est que son système céleste occupant
toutes les facultés de son vaste génie, ne lui permit
pas de saisir sur la terre une inconséquence géométrique : il adopta donc, sans examen, une expérience qu'il crut lui être favorable, sans s'apperce-
voir qu'elle lui étoit diamétralement opposée. Nos
astronomes se sont laissé séduire, à leur tour, par
la réputation de Newton, et par la foiblesse si ordinaire à l'esprit humain, de chercher à expliquer
toutes les opérations de la nature, avec une seule
loi. Bouguer même, un de leurs coopérateurs, dit
positivement, que « de cette découverte de l'apla-
» tissement des pôles dépend presque toute la phy-
» sique ». *Traité de la Navigation, liv. 5, chap. 5,*
§. 2, *pag.* 435.

Nos astronomes sont donc partis pour aller jusqu'aux extrémités de la terre, chercher des preuves
physiques à un système céleste, heureux et brillant;
et ils en étoient d'avance si éblouis, qu'ils ont méconnu, à leur tour, la vérité même, qui, loin des

préjugés de l'Europe, venoit dans des déserts se réfugier entre leurs mains. Si le plus fameux des géomètres modernes a pu tomber dans une aussi grande erreur en géométrie, et si des astronomes, remplis d'ailleurs de sagacité, ont, par la seule influence de son nom, tiré de leurs propres opérations une fausse conséquence pour appuyer cette erreur, rejeté les expériences précédentes de leur académie sur l'abaissement du baromètre au nord, avec les autres observations géographiques qui la contredisoient, établi sur elle la base de toutes les connoissances physiques à venir, et lui ont donné ensuite, par leur propre réputation, une autorité qui n'a pas même laissé au reste des savans la liberté de douter ; nous devons bien prendre garde à nous autres hommes obscurs et ignorans, qui cherchons la vérité pour le seul bonheur de la connoître. Méfions-nous donc, dans sa recherche, de toute autorité humaine, ainsi que fit Descartes, qui, par le seul doute, dissipa la philosophie de son siècle, qui avoit voilé si long-temps à l'Europe les lois de la nature, par le préjugé du nom d'Aristote, consacré alors dans toutes les universités; et prenons pour maxime celle qui a fait faire tant de véritables découvertes à Newton lui-même, et à la Société royale de Londres dont elle est la devise : NULLIUS IN VERBA.

Pour revenir aux Journaux, s'ils ont, comme de concert, refusé leur approbation aux objets naturels

I.   B

de ces Etudes, un d'entre eux a avancé, dit-on, que
j'avois pris ma théorie des marées par les glaces
polaires, dans des auteurs latins. Enfin cette théorie
se fait des partisans, puisqu'elle éveille l'envie.

Voici ce que j'ai à répondre à cette imputation.
Si j'avois connu quelque auteur latin qui eût attribué
les marées à la fonte des glaces polaires, je l'aurois
nommé, parce que cette justice est dans l'ordre de
mon ouvrage et de ma conscience. Je n'ai point eu,
comme tant de philosophes, la vanité de créer, à
mon aise, un monde de ma façon; mais j'ai cherché, avec beaucoup de travail, à rassembler les pièces du plan de celui que nous habitons, dispersées
chez les hommes de tous les siècles et de toutes les
nations qui l'ont le mieux observé. Ainsi, j'ai pris
mes idées et mes preuves de l'alongement de la terre
aux pôles, dans Childrey, Képler, Tycho-Brahé,
Cassini.....et sur-tout dans les opérations de nos
astronomes modernes; de l'étendue des océans glacés qui couvrent les pôles, dans Denis, Barents,
Cook et tous les voyageurs des mers australes et boréales; de l'ancienne déviation du soleil hors de
l'écliptique, dans les traditions égyptiennes, les
Annales chinoises, et même dans la Mythologie des
Grecs; de la fonte totale des glaces polaires et du
déluge universel qui s'en est ensuivi, dans Moyse et
Job; de la chaleur de la lune et de ses effets sur les
glaces et les eaux, dans Pline, et dans les expé-

riences modernes faites à Rome et à Paris ; des courans et des marées qui s'écoulent alternativement
des pôles vers l'équateur, dans Christophe Colomb,
Barents, Martens, Ellis, Linschoten, Abel-Tasman,
Dampier, Pennant, Rennefort, &c. J'ai cité tous
ces observateurs avec éloge. Si j'eusse connu quelque auteur latin qui eût attribué à la fonte des glaces polaires la cause des marées, seulement dans
quelque partie de l'océan, je l'eusse également cité,
me réservant pour moi la gloire de l'architecte, celle
de réunir toutes ces observations isolées, de les répartir aux saisons et aux latitudes qui leur étoient
propres, pour en ôter les contradictions apparentes
qui avoient empêché jusqu'ici d'en rien conclure,
et d'assigner enfin une cause et des moyens évidens
à des effets qui, depuis tant de siècles, étoient couverts de mystères. J'ai donc formé un ensemble de
toutes ces vérités éparses, et j'en ai déduit l'harmonie générale des mouvemens de l'océan, dont la
première *cause* est la chaleur du soleil ; les *moyens*,
sont les glaces polaires ; et les *effets*, les courans
semi-annuels et alternatifs des mers avec les marées
journalières de nos rivages (1). Ainsi, si d'autres ont

---

(1) Bien des gens concevront difficilement que nos marées
puissent remonter en été vers le pôle nord, dans la saison
où le courant qui les produit descend de ce pôle. Ils peuvent
voir une image bien sensible de ces effets rétrogrades des

dit avant moi que les marées venoient de la fonte
des glaces polaires, ce que j'ignore même à présent,
c'est moi qui le premier l'ai prouvé. D'autres Européens avoient dit avant Christophe Colomb, qu'il y
avoit un autre monde; mais ce fut lui qui le premier
y arriva. Si d'autres avoient dit de même que les
marées venoient des pôles, personne ne les avoit
crus , parce qu'ils l'avoient dit sans preuves. Avant

---

eaux courantes au pont Notre - Dame , à l'ouverture de
l'arche qui s'appuie au quai Pelletier. Le cours de la Seine ,
dirigé obliquement par une espèce de batardeau, contre une
pile de cette arche, y produit un remou qui remonte sans
cesse contre le cours de la rivière, jusqu'aux bouillons mêmes
du batardeau. De même les fontes des glaces septentrionales
descendent en été des baies voisines du cercle polaire, en
faisant huit à dix lieues par heure, suivant Ellis, Linschoten
et Barents : elles s'écoulent vers le sud dans le milieu de
l'océan Atlantique; mais venant à rencontrer sur leurs bords,
presque de front , l'Afrique et l'Amérique, qui se rapprochent de part et d'autre, elles sont forcées de refluer à
droite et à gauche le long de leurs continens, et de remonter
vers le nord, au-dessus des caps Boïador et de S. Augustin,
qu'elles ont rendus fameux par leurs courans. Or, comme
les sources d'où elles partent ont un flux intermittent d'accélération et de ralentissement , occasionné par l'action
diurne et nocturne du soleil sur les glaces de l'hémisphère
oriental et occidental du pôle, leurs remoux latéraux, c'est-
à-dire leurs marées, en ont aussi un qui leur est semblable.

de parvenir à rassembler les miennes, et à les rendre lumineuses, il m'a fallu dissiper ces nuages épais d'erreurs vénérables, telles que celle des pôles aplatis et baignés de mers libres de glace, que nos prétendues sciences avoient répandus entre la vérité et nous, et qui étoient capables de couvrir toute notre physique d'une nuit éternelle. Voilà donc la gloire que j'ai ambitionnée, celle d'assembler quelques harmonies de la nature, pour en former un concert qui élevât l'homme vers son auteur; ou plutôt je n'ai cherché que le bonheur de les connoître et de les répandre; car je suis prêt à adopter tout autre système, qui présentera à l'esprit de l'homme plus de vraisemblance, et à son cœur plus de consolation. Ce n'est qu'à Dieu que convient la gloire, et aux hommes la paix, qui n'est jamais si pure et si profonde que dans le sentiment de cette même gloire qui gouverne l'univers. Je n'ai désiré que le bonheur d'en découvrir de nouveaux rayons, et je ne souhaite désormais que celui d'en être éclairé le reste de ma vie, fuyant pour moi-même cette gloire vaine, ténébreuse et inconstante, que le monde donne et ôte à son gré.

Je me suis un peu étendu ici sur le droit que j'ai à la découverte de la cause des courans et des marées par la fonte des glaces polaires, parce qu'ayant opposé à la plupart des opinions reçues, beaucoup d'observations qui m'appartiennent, si chacune

d'elles exigeoit de moi un manifeste pour en défendre la propriété , je n'y suffirois jamais. D'ailleurs ,
si elles acquièrent assez de célébrité pour m'attirer ,
suivant l'esprit de ce siècle , des louanges perfides ,
des persécutions sourdes , des pitiés fausses , et
pour renverser ma fortune incertaine , tardive et à
peine commencée , je déclare donc que, ne tenant
à aucun parti , et ne pouvant opposer que moi à
chaque nouvel ennemi , au lieu de me répandre
dans les papiers publics, suivant l'usage , en récri-
minations , en injures , en complaintes , en doléan-
ces , en temps perdu , je ne me défendrai que sur
mon propre terrain ; et je n'opposerai à mes ennemis , tant publics que secrets , que la vérité. Son
miroir sera mon égide ; et leur propre image y de-
viendra , pour chacun d'eux , la tête de Méduse. Ou
plutôt puissé-je , loin des hommes inconstans et
trompeurs , sous un petit toit rustique à moi, près
des bois , dégager la statue de ma Minerve de son
tronc d'arbre , et mettre enfin un globe entier à ses
pieds !

Au reste , si les Journalistes m'ont refusé leurs
suffrages sur des objets aussi importans aux progrès des connoissances naturelles , et si d'autres
prennent déjà les devants pour me priver de ceux
du Public , j'en compte déjà d'illustres parmi des
hommes éclairés , de toutes conditions.

Je n'ai pas moins à me féliciter de l'intérêt géné-

ral avec lequel le Public a reçu la partie morale de
cet Ouvrage. J'y ai cependant omis de grands objets
de réforme politique et morale : les uns, parce qu'il
ne m'a pas été permis de les traiter suivant ma conscience ; les autres, parce que mon plan ne les
comportoit pas. Je me suis fixé aux seuls abus auxquels le gouvernement pouvoit remédier.

Au reste, si je me suis étendu sur les désordres
et l'intolérance des corps, j'ai respecté les états :
j'ai attaqué des corps particuliers pour défendre
celui de la patrie, et par-dessus tout, le corps du
genre humain. Nous ne sommes tous que les membres de celui-ci. Mais à Dieu ne plaise que j'aie
voulu faire de la peine à aucun être sensible en particulier, moi qui n'ai pris la plume que pour remplir l'épigraphe que j'ai mise à la tête de cet Ouvrage : *Miseris succurrere disco !* Lecteur, quel que
soit donc le rôle que vous remplissiez dans ce monde,
je serai content de votre jugement, si vous me jugez
comme homme, dans un Ouvrage où je ne me suis
occupé que du bonheur de l'homme. D'un autre
côté, si j'ai eu la gloire de vous donner quelques
plaisirs nouveaux, et d'étendre vos vues dans l'infini
et mystérieux champ de la nature, songez encore
que ce n'est que l'aperçu d'un homme ; que ce n'est
rien auprès de ce qui est ; que ce ne sont que des
ombres de cette vérité éternelle, recueillies par
une autre ombre, et qu'un bien petit rayon de ce

soleil d'intelligence dont l'univers est rempli, qui s'est joué dans une goutte d'eau trouble.

Multa abscondita sunt majora his : pauca enim vidimus operum ejus. *Ecclesiastic. cap. 43, vers. 36.*

―――――――――

NOTE IMPORTANTE *ajoutée à l'avis de cette* *édition.*

JE suis tombé dans l'erreur, lorsque j'ai mis les astronomes en contradiction, en leur faisant dire d'un côté, que la plupart des degrés du méridien étoient plus grands que ceux de l'équateur, puisqu'ils croissent depuis l'équateur jusqu'aux pôles, et d'un autre côté, que le méridien étoit plus petit que l'équateur, puisqu'ils supposent la terre aplatie aux pôles.

Mon erreur est au point de départ, comme dans presque toutes les erreurs du monde. Les astronomes ne disent point que la plupart des degrés du méridien sont plus grands que ceux de l'équateur. Ils supposent d'abord le premier degré du méridien beaucoup plus petit qu'un degré de l'équateur. Ils disent ensuite que les degrés suivans du méridien vont en augmentant jusqu'au cinquante-cinquième qui est égal à un degré de l'équateur ou de la sphère. Les trente-cinq degrés qui restent, vont en augmentant jusqu'aux pôles, et ceux-là, seulement, sont plus grands que ceux de l'équateur ou de la sphère ; de sorte que les cinquante-quatre degrés plus petits et les trente-cinq degrés plus grands étant compensés, il en résulte que le méridien est plus petit que l'équateur ou qu'un cercle de la sphère. Ainsi, les astronomes ne se contredisent point en disant que le méridien est renfermé dans la sphère, ou, ce qui est synonyme, que la terre est aplatie aux pôles.

Tel est le précis de l'éclaircissement que m'a envoyé un astronome plein de clarté et de politesse, que j'eusse nommé s'il me l'eût permis.

J'ai été induit en erreur par les expressions obscures des astronomes, et par l'assertion positive du Père Regnault, cité page 12 de ce présent avis, qui suppose, d'après Cassini, que les degrés du méridien *augmentent* en allant vers les pôles, «de sorte, » dit-il, que le circuit d'un méridien de la terre » doit surpasser le circuit de son équateur d'environ » cinquante lieues ; d'où il conclut avec Cassini, que » la terre est alongée aux pôles ».

Ce qu'il y a de singulier, c'est que Cassini, dans le volume de l'académie cité par le Père Regnault, suppose au contraire, que les degrés du méridien *diminuent* en allant vers les pôles. Depuis, il changea de principe et de conséquence avec les académiciens modernes.

Il semble que les vérités les plus simples soient les plus difficiles à saisir. En toutes choses, les élémens sont toujours prêts à nous échapper. Fontenelle, à qui on ne peut refuser la sagacité géométrique, avoit tiré une conséquence opposée à celle de Cassini, et semblable à la mienne. Les académiciens de son temps avoient trouvé que les degrés du méridien alloient en diminuant vers le pôle Nord ; il en conclut que la terre y étoit aplatie. Les académiciens modernes ont trouvé que les degrés y alloient en augmentant, j'en ai conclu qu'elle y étoit alongée.

A la vérité, Fontenelle se rétracta d'après un mémoire que lui écrivit Abauzit, ami de Newton : pour moi, en reconnoissant que les académiciens modernes ne se sont point contredits, il m'est impossible de conclure comme eux. Il me suffit que les trente-cinq degrés du méridien qui partent du cinquante-cinquième degré soient plus grands que ceux de la sphère, pour en conclure qu'ils en sortent et que la terre n'est pas aplatie aux pôles : mon objection reste dans toute sa force pour un segment du méridien comme pour le méridien entier. La courbe polaire de trente-cinq degrés est plus grande qu'un arc de la sphère de trente-cinq degrés, puisqu'elle est appuyée sur la même corde et que ses degrés sont plus grands. La courbe polaire est donc saillante hors de son arc sphérique, et la terre est alongée au pôle.

Quant aux cinquante-quatre degrés du méridien qui sont plus petits que ceux de la sphère, ils me deviennent inutiles. Cependant je n'admets point que le premier degré du méridien soit plus petit qu'un degré de l'équateur, au point où ces deux cercles se croisent. J'en exposerai ailleurs les raisons géométriques, d'une manière, je l'espère, à me mériter l'estime des savans qui ont cherché à *m'é-clairer*.

Quant aux raisons physiques, j'en ai en grand nombre. Je compte les joindre à celles par lesquelles j'ai montré la circulation semi-annuelle des mers, et semi-diurne des marées, par les fontes semi-annuelles et semi-journalières des glaces polaires. Quoiqu'il semble impossible de rien ajouter à celles-ci, j'en ai encore plusieurs de différens genres qui ne sont pas moins évidentes. Pour mettre le lecteur à portée d'en juger, je ne lui citerai que celle-ci.

Il est connu de tous les habitans des bords de la mer, que les hivers y sont plus doux et les étés plus froids que dans l'intérieur des terres. J'ai vu sur les côtes de Normandie, les figuiers passer l'hiver en plein air, tandis que, dans cette saison, on est obligé de les empailler à Paris, quoique cette ville soit dans une latitude plus méridionale ; d'un autre côté, dans l'été les figues mûrissent moins vîte et moins bien, et les primeurs en tout genre sont plus tardives sur les côtes de Normandie qu'à Paris. C'est

la douceur de l'hiver qui entretient en Angleterre la
verdure perpétuelle des beaux gazons. La fraîcheur
de l'été y contribue pareillement ; mais d'un autre
côté, elle ne permet pas aux raisins et à plusieurs
autres fruits d'y bien mûrir, quoiqu'ils viennent à
leur perfection, aux mêmes latitudes, dans l'intérieur de la France.

Les physiciens ont attribué la tiédeur des hivers
et la fraîcheur des étés sur les bords de la mer,
aux vapeurs de l'eau. Mais ce qu'ils n'ont pas remarqué et ce qui est très-remarquable, c'est que ces
effets n'arrivent que sur les bords de la mer Atlantique. L'hiver est fort rude sur les bords de la mer
Baltique, qui gèle tous les ans en tout ou en grande
partie ; il en est de même des lacs de la Laponie.
Cependant la mer Atlantique ne gèle jamais sur les
côtes de la Norwège, située dans les mêmes latitudes. Il y a plus : la mer Atlantique est, par les qualités de ses eaux, plus froide que la Baltique ; car
elle est salée, et la Baltique ne l'est pas. Le sel est
de sa nature très-froid, puisqu'on l'emploie en été
à la fabrication des glaces. Pourquoi donc la mer
Atlantique, quoique salée, est-elle plus tiède en
hiver que la mer Baltique qui gèle aux mêmes latitudes, et dont les eaux sont douces, si ce n'est vers
son embouchure dans l'Atlantique où elles sont un
peu salées et où elle ne gèle jamais ? D'un autre
côté, pourquoi fait-il plus froid en été sur les rivages

de l'Atlantique que sur ceux de la Baltique et dans
le continent, comme on le voit par les exemples
que j'ai cités, et par celui des îles Orcades et de
l'Islande où les moissons mûrissent fort rarement,
quoique l'hiver y soit tempéré, tandis qu'on en recueille d'abondantes à Stockholm, à Pétersbourg et
dans les latitudes du continent encore plus septentrionales où l'hiver est fort âpre ?

Pour résoudre ce double problème de la tiédeur
des eaux de l'Atlantique en hiver, et de la fraîcheur
de ses eaux en été, et des qualités qui en résultent
par son atmosphère, pour la température de ses rivages, il faut recourir au principe que j'ai posé,
que l'océan descend alternativement des deux pôles
alongés du globe. Dans notre hiver, l'océan fluide
descend de l'océan glacé du pôle Sud, qui a alors
quatre à cinq mille lieues de circonférence, par
l'action du soleil qui en fond les glaces depuis l'é-
quinoxe de septembre jusqu'à celui de mars. Ces
fontes australiennes descendent vers la ligne, entraî-
nant avec elles, dans toute la circonférence du pôle
Sud, des glaces qui parviennent quelquefois au
quarante-deuxième degré Sud, ayant encore à cette
latitude deux à trois cents pieds de hauteur. Ces
fontes si abondantes poussent les eaux de la zône
torride vers le Nord. Les eaux torridiennes, malgré
leur salure, échauffées entre les tropiques par l'action perpétuelle du soleil, remontent bien avant

vers le Nord, et attiédissent, chemin faisant, les
rivages qu'elles baignent et l'atmosphère qui les environne. Celles qui se sont engagées dans le canal
de l'Atlantique, s'avancent jusqu'au soixante-cin-
quième degré où cessent les marées dans notre hiver.
Quelques degrés plus loin, les brumes qui s'en
exhalent, se changent sans cesse en congélations sur
les flancs du pôle Nord, et y préparent les glaces
monstrueuses qui doivent en descendre au printemps. Ainsi, la chaleur de l'océan Atlantique dans
la zône torride, est cause, en hiver, de la tiédeur du
même océan dans la zône tempérée, et de sa solidité en glaces dans la zône glaciale. Au contraire, en
été cet océan glacial du pôle Nord, venant à se
fondre par le retour du soleil, depuis l'équinoxe de
mars jusqu'à celui de septembre, ses eaux entraînent avec elles des flottes de glaces de douze et de
quinze cents pieds de hauteur, et de deux à trois
journées de navigation jusqu'au cinquante-deuxième
degré. Elles refroidissent sans cesse par leurs eaux
fraîches et leur atmosphère brumeuse, les îles et les
rivages de l'Atlantique, et nous occasionnent quelquefois dans le continent, des jours bien froids au
milieu de juillet. Ainsi, le froid de l'océan glacial
d'où s'écoule l'Atlantique, est cause en été, de la
froideur du même océan dans la zône tempérée, et
de sa température fraîche dans la zône torride, où
s'élèvent sans cesse, dans cette saison, des pluies et

des orages qui vont rafraîchir les rivages brûlans de l'Afrique et de l'Amérique.

Ces diverses températures de la mer Atlantique s'appuient d'une expérience remarquable, citée par M. Pennant, dans son Nord du globe, tome premier, page 353. Il dit que le docteur Blagden a éprouvé que dans le mois d'avril, à 33 degrés de latit. Nord et à 76 de long., à l'ouest de Greenwich, la chaleur du courant qui venoit du golfe du Mexique, étoit de six degrés plus forte que celle de l'eau de la mer en dehors de ce courant. C'est que la mer Atlantique qui commençoit à descendre du pôle Nord, participoit de la froidure de ses glaces, tandis que le courant du Mexique venoit du Midi en remontant au Nord par l'action du courant général qui donne les marées par la réaction de ses contrecourans latéraux.

On peut résoudre par cette grande loi de la fonte alternative des glaces du pôle Sud et du pôle Nord, une multitude de problêmes qui regardent les diverses températures des lieux situés dans le même climat, et expliquer, par exemple, pourquoi les hivers sont plus froids et les étés moins chauds sur les rivages du Canada que sur ceux de la France; pourquoi les îles Antilles sont plus fraîches en été et en hiver que les îles de l'Océan Indien, sous les mêmes parallèles, comme on en peut juger d'ailleurs par la couleur de leurs habitans et les différentes

qualités de leurs végétaux. Cette différence de températures vient uniquement de celles de leurs mers.
Si la terre a des causes particulières de froid par
l'élévation de son sol et ses montagnes à glaces, et
des causes de chaleur par ses zônes sabloneuses et
ses montagnes à feu, la mer a aussi les siennes par
ses courans froids et ses glaces flottantes qui descendent des pôles, et par ses courans chauds qui
viennent de la zône torride : les premières sont fixes
et les secondes sont mobiles, mais d'un plus grand
effet, parce qu'elles étendent plus loin leurs influences dans l'atmosphère. C'est l'histoire de la mer
qui peut donner l'histoire de la terre. La mer a
donné à la terre ses sables, ses pierres calcaires, ses
marbres, les couches de ses argiles, ses baies, ses
caps et la plupart de ses îles. Elle lui donne encore
ses températures, ses nuages, ses vents, ses neiges,
ses pluies, ses glaciers, ses lacs, ses fleuves, et par
conséquent les causes premières de sa végétation,
de sa navigation, de ses pêches et de son commerce.
Ces phénomènes, ces météores, toutes ces harmonies, si constantes et si variées, dépendent uniquement des fontes alternatives des deux océans glacés
qui couvrent les pôles, et qui n'en pourroient pas
descendre si les pôles étoient aplatis. Je viens d'en
rapporter une nouvelle preuve qui explique pourquoi l'hiver est plus doux et l'été plus froid sur les
rivages de la mer, que dans l'intérieur du continent.

Il m'en reste d'autres qui ne sont pas moins intéressantes. J'espère les joindre aux anciennes, si
Dieu m'en donne le loisir et la grace. J'ornerai encore de quelques fleurs le berceau de cette vérité
naissante exposée aux portes de nos académies, re-
poussée par elles, mais qui, recueillie par des cultivateurs, des voyageurs, des pêcheurs, et favorisée
du ciel, s'élèvera un jour sur les débris des systêmes
savans, et présidera sur le globe à l'Etude de la
Nature.

I.   c

EXPLICATION DES FIGURES.

FRONTISPICE.

PLANCHE PREMIÈRE.

LE frontispice représente une solitude dans les montagnes de l'île de Samos. On a tâché, malgré la petitesse du champ, d'y exprimer quelques harmonies élémentaires particulières aux îles et aux montagnes élevées. Des tourbillons de sable formés par les vents sur les rivages de l'île, et des nuages pompés par le soleil au sein de la mer, se dirigent vers les sommets des montagnes qui les arrêtent par leurs attractions fossiles et hydrauliques. On voit sur le devant du paysage quelques arbres qui se plaisent dans les latitudes froides et humides, entre autres, le sapin et le bouleau. Ces deux genres d'arbres que l'on y rencontre presque toujours ensemble, présentent différens contrastes dans leurs couleurs, leurs formes, leurs ports, et dans les animaux qu'ils nourrissent. Le sapin élève dans les airs sa pyramide aux feuilles roides, filiformes, et d'une verdure sombre; et le bouleau lui oppose sa masse en forme de pyramide renversée, aux feuilles mobiles, arrondies, et d'une verdure tendre. Des écureuils se jouent dans les rameaux du sapin, et la femelle d'un coq de bruyère fait son nid dans la mousse qui couvre ses racines. Au contraire, des castors ont construit leurs loges au pied du bouleau ; et un oiseau, de l'espèce de ceux qui mangent des bourgeons, voltige autour de ses branches. Le sapin porte son quadrupède dans ses rameaux, et le bouleau nourrit le sien sur ses racines. Les habitudes de leurs oiseaux sont également opposées. Cependant il y a, entre tous ces animaux, la plus grande harmonie. Un chien regarde paisiblement leurs occupations, et exprime, par le repos de son attitude, la paix profonde qui règne parmi les habitans de ce désert.

A l'entrée d'une grotte pratiquée dans les flancs de la montagne, on voit un homme occupé à sculpter une statue de Minerve dans le tronc d'un arbre. La figure de cette déesse, symbole de la sagesse divine, et la matière dont elle est faite, caractérisent ici l'intelligence suprême qui se manifeste dans l'harmonie des végétaux. Ce philosophe est Philoclès. (*Voyez* son histoire dans Télémaque, liv. 13 et 14.)

HÉMISPHÈRE ATLANTIQUE.

PLANCHE SECONDE.

On voit l'hémisphère Atlantique avec ses sources, ses glaces, son canal, ses courans et ses marées dans les mois de janvier et de février.

Quoique je sois obligé de répéter ici quelques observations que j'ai déjà placées dans le texte, je vais y en joindre quelques autres, dignes, j'ose dire, de toute l'attention du lecteur.

Observez d'abord que le globe de la terre n'est pas figuré ici à la manière des géographes, qui le représentent en creux dans leurs mappemondes, afin d'en faire apercevoir les parties fuyantes sur une grande échelle. Leur projection nous donne une idée fausse de la terre, en nous montrant les parties fuyantes de sa circonférence comme les plus larges, et au contraire, les parties saillantes du milieu, comme les plus étroites. Ce n'est point un globe convexe qu'ils nous présentent, c'est un globe concave. On l'a figuré ici tel qu'on l'apercevroit dans le ciel du côté de l'océan Atlantique, et dans notre hiver.

On y distingue les sources de l'océan Atlantique, qui sortent l'été du pôle Nord; son canal formé par les parties saillantes et rentrantes des deux continens, et son embouchure comprise entre le Cap

Horn et le Cap de Bonne-Espérance, par laquelle cet océan se décharge, pendant l'été, dans la mer des Indes.

Le côté opposé de cet hémisphère, quoique encore peu connu, présenteroit, ainsi que celui-ci, un canal fluviatile avec tous les mêmes accessoires : sources, glaces, courans et marées, formé non pas par des continens, mais par des projections d'îles et de hauts fonds, qui dirigent, pendant notre hiver, dans la mer des Indes, le cours des effusions polaires australes. Quelque intéressantes que soient ces nouvelles projections du globe, il ne m'a pas été possible de faire les frais nécessaires pour les faire graver ; car il eût été encore convenable de présenter l'un et l'autre hémisphère dans son été et dans son hiver, afin qu'on pût voir leurs différens courans dans chaque saison, et de montrer les pôles même à vue d'oiseau, aussi en hiver et en été, afin de présenter l'étendue des coupoles de glaces qui les couvrent, et les courans qui en sortent dans les diverses saisons de l'année. Ces différentes coupes eussent exigé au moins huit planches d'une échelle plus grande que celle-ci, pour développer sensiblement les harmonies de cette seule partie de mes Études de la Nature. D'ailleurs cette augmentation de cartes eût entraîné des mémoires plus détaillés sur les distributions du globe, dont je n'ai voulu parler dans cet ouvrage qu'en hors-d'œuvre.

Le simple aspect de l'hémisphère Atlantique, aux mois de janvier et de février, suffira pour l'intelligence de ce que nous avons dit sur les glaces polaires et sur leurs effusions périodiques. Nous parlerons successivement de ses sources, de ses glaces, de son canal, de ses courans, de ses marées, et même de son embouchure.

Les sources de l'océan Atlantique sont, en été, au pôle septentrional. Elles sont situées dans la mer Baltique, les baies d'Hudson et de Bafin, au détroit de Waigats, &c. On peut remarquer sur un globe en relief, que ces sources qui forment la naissance du canal Atlantique, tournent autour du pôle, en formant le limaçon, à-peu-près comme celles d'une rivière serpentent autour de la montagne d'où elles descendent ; en sorte qu'elles rassemblent, dans cette partie, toutes les décharges des fleuves du Nord, et qu'elles en portent les eaux dans l'océan Atlantique. Je présume de-là qu'il y a à proportion bien moins d'effusions polaires dans la partie de la mer du Sud qui lui est opposée au nord. Nous verrons encore que la nature a fait ressortir au canal Atlantique les extrémités des deux courans généraux des pôles, qui viennent y aboutir après avoir fait le tour du globe ; et c'est par opposition aux sources dont ces courans partent, que je donne aux extrémités de leurs cours le nom d'embouchure. Ne nous occupons maintenant que de leurs sources. On con-

çoit que les eaux de ces sources doivent couler
vers la Ligne, où elles vont remplacer celles que
le soleil y évapore chaque jour ; mais elles ont de
plus une élévation qui facilite leurs cours. Non-
seulement les glaces d'où elles sortent sont fort élevées sur l'hémisphere, mais les pôles ont eux-mêmes
une élévation de sol qui est considérable. Je m'appuie dans cette assertion, en premier lieu, des observations de Tycho-Brahé et de Képler, qui ont
vu l'ombre de la terre ovale sur les pôles, dans des
éclipses centrales de lune, et de l'autorité de Cassini, qui donne cinquante lieues de plus à l'axe de la
terre qu'à ses diamètres. En second lieu, j'ai pour
moi des expériences authentiques, recueillies par
l'académie des sciences, et dont on n'a plus parlé
dès que l'opinion de l'aplatissement de la terre aux
pôles a prévalu. Par exemple, on sait qu'à mesure
qu'on s'élève sur une montagne, le mercure baisse
dans le baromètre : or, le mercure baisse dans le
baromètre à mesure qu'on avance vers le nord. Il
descend dans nos climats d'environ une ligne, si on
s'élève à onze toises. Suivant l'Histoire de l'Académie des Sciences (1712, page 4), le poids d'une
ligne de mercure y équivaut à Paris, à dix toises
cinq pieds, tandis qu'il ne faut s'élever en Suède
qu'à dix toises un pied six pouces quatre lignes,
pour le faire baisser d'une ligne. L'atmosphère de
Suède a donc moins de hauteur que celle de Paris,

et par conséquent le terrein de Suède est plus
élevé.

On peut encore joindre à ces observations celles
des navigateurs du Nord, qui ont vu le soleil d'autant plus élevé sur l'horizon, qu'ils se sont plus
approchés du pôle. On ne peut attribuer ces effets
d'optique aux simples lois de la réfraction de l'atmosphère. Selon l'académicien Bouguer (*Traité de
la Navigation, liv. 4, chap. 3, sect. 3*), « la ré-
» fraction élève les astres en apparence, et on sait,
» par une infinité d'observations certaines, que lors-
» qu'ils nous paroissent à l'horizon, ils sont réelle-
» ment 33 ou 34 minutes au-dessous..... Dans les
» régions où l'air est plus dense, les réfractions
» doivent y être un peu plus fortes; et elles sont
» aussi, toutes choses d'ailleurs égales, un peu plus
» grandes en hiver qu'en été. On peut, dans l'usage
» de la navigation, n'avoir point d'égard à cette dif-
» férence, et se servir toujours de la petite table
» qu'on voit ici à côté. » En effet, on voit dans cet
endroit de son livre, une petite table où il place la
plus grande réfraction du soleil à l'horizon, à 34
minutes pour tous les climats du monde. Mais comment est-il arrivé que Barents ait vu le soleil sur
l'horizon de la Nouvelle-Zemble, le 24 janvier, dans
le signe du Verseau, par les cinq degrés vingt-cinq
minutes, tandis qu'il auroit dû y être par les seize
degrés vingt-sept minutes, pour être aperçu par

les soixante-seize degrés de latitude septentrionale,
où se trouvoit Barents ? La réfraction du soleil sur
l'horizon étoit donc de près de deux degrés et demi,
c'est-à-dire, plus de quatre fois aussi grande que
Bouguer ne la suppose, puisqu'il ne lui donne que
trente-quatre minutes à-peu-près pour tous les climats. A la vérité, Barents fut fort étonné de voir le
soleil quinze jours plutôt qu'il ne l'attendoit, et il
ne s'assura bien positivement qu'il étoit au 24 janvier, qu'en observant cette même nuit la conjonc-
tion de la lune et de Jupiter, annoncée pour Venise
à une heure après minuit, dans les Ephémérides de
Joseph Scala, et qui eut lieu pour la Nouvelle-Zemble cette même nuit à six heures du matin dans le
signe du Taureau, ce qui lui donna à la fois la longitude de sa hutte dans la Nouvelle-Zemble, et la
certitude qu'il étoit au 24 janvier. Une réfraction
de deux degrés et demi est certainement bien considérable. On peut, ce me semble, en attribuer la
moitié à l'élévation apparente du soleil dans l'atmosphère très-réfractaire de la Nouvelle-Zemble, et
l'autre moitié à l'élévation réelle de l'observateur
sur l'horizon du pôle. Ainsi Barents aperçut de la
Nouvelle-Zemble le soleil à l'équateur, comme un
homme le voit plutôt du sommet d'une montagne
que de sa base. C'est d'ailleurs un principe sans exception des lois harmoniques de l'univers, que la
nature ne se propose aucune fin qu'elle n'y fasse

concourir tous les élémens à la fois. Nous en mon-
trerons un grand nombre de preuves dans le cours
de cet ouvrage. Ainsi la nature ayant voulu dédommager les pôles de l'absence du soleil , fait passer la
lune vers le pôle que le soleil abandonne ; elle
cristallise et réduit en neiges brillantes les eaux qui
le couvrent ; elle rend son atmosphère plus réfrac-
taire , afin de lui enlever plus tard et de lui rendre
plutôt la présence du soleil. On en doit conclure
encore qu'elle a alongé les pôles mêmes de la terre ,
afin de les faire participer plus long-temps aux influences de l'astre du jour.

A la vérité , des académiciens célèbres ont posé
pour principe fondamental , que la terre étoit aplatie aux pôles. Voici ce que dit à ce sujet le même
académicien que nous venons de citer , qui fut employé avec eux à mesurer , près de l'équateur, un
degré du méridien qu'ils trouvèrent de 56,748 toises. « Mais , dit-il , ce qui est bien digne d'atten-
» tion, les degrés terrestres ne se sont pas trouvés
» de même longueur dans les autres régions où on
» a fait des opérations semblables , et la différence
» est trop grande pour qu'on puisse l'attribuer aux
» erreurs inévitables des observations. Le degré ,
» sous le cercle polaire , s'est trouvé de 57,422
» toises. Ainsi , il faut absolument que la terre ne
» soit pas parfaitement ronde , et qu'elle soit plus
» haute vers l'équateur que vers les pôles , confor-

» mément à ce que nous indiquent d'autres expé-
» riences dont il n'est pas nécessaire de parler ici.
» La courbure de la terre est.plus subite vers l'équa-
» teur, dans le sens nord et sud, puisque les degrés
» y sont plus petits ; et la terre, au contraire, est
» plus plate vers les pôles, puisque les degrés y
» sont plus grands. » (Bouguer, *Traité de la Navigation, liv.* 2, *chap. 4, art.* 29.)

J'avoue que je tire une conséquence tout-à-fait
contraire des observations de ces académiciens. Je
conclus que la terre est alongée aux pôles, précisément parce que les degrés du méridien y sont plus
grands que sous l'équateur. Voici ma démonstration.
Si on plaçoit un degré du méridien au cercle polaire,
sur un degré du même méridien à l'équateur, le
premier degré, qui est de 57,422 toises, surpasse-
roit le second, qui est de 56,748 toises, de 674
toises, d'après les opérations des académiciens. Par
conséquent, si on mettoit l'arc entier du méridien
qui couronne le cercle polaire, et qui est de 47 degrés, sur un arc de 47 degrés du même méridien,
près de l'équateur, il y produiroit un renflement
considérable, puisque ses degrés sont plus grands.
Cet arc polaire du méridien ne pourroit pas s'étendre
en longueur sur l'arc équinoxial du même méridien,
puisqu'il a le même nombre de degrés, et par conséquent une corde de la même étendue. S'il s'étendoit
en longueur, en surpassant le second de 674 toises

par degré, il est évident qu'il sortiroit, à l'extrémité
de ses 47 degrés, de la circonférence de la terre,
qu'il n'appartiendroit plus au cercle où il est tracé,
et qu'il formeroit, en le plaçant sur un des pôles,
une espèce de champignon aplati, qui déborderoit
le globe tout autour. Pour rendre la chose encore
plus sensible, supposons toujours que le profil de la
terre aux pôles, soit un arc de cercle de 47 degrés.
N'est-il pas vrai que si vous tracez une courbe au-
dedans de cet arc, comme font les académiciens
qui aplatissent la terre aux pôles, elle sera moins
grande que cet arc, puisqu'elle y sera contenue; et
que plus cette courbe sera aplatie, moins elle sera
grande, puisqu'elle approchera de plus en plus de la
corde de cet arc, c'est-à-dire de la ligne droite? Par
conséquent les 47 degrés ou partitions de cette
courbe intérieure seront, chacun en particulier,
comme ils le sont ensemble, plus petits que les 47
degrés de l'arc du cercle environnant. Mais, puisque
les degrés de la courbe polaire sont au contraire
plus grands que ceux d'un arc de cercle, il faut que
la courbe entière soit aussi plus étendue, qu'en la
supposant plus renflée et circonscrite à cet arc;
par conséquent, la courbe polaire forme une ellipse
alongée.

J'ai fait graver ici une figure du globe, pour
rendre l'erreur de nos astronomes sensible aux
yeux.

Pôle arctique.

Soit x l'arc inconnu du méridien compris au-dessus du cercle polaire arctique AKC, et soit DEF l'arc du même méridien compris entre les tropiques. Ces deux arcs sont, comme l'on sait, chacun de 47 degrés. Mais quoiqu'ils aient chacun un angle de la même ouverture AGC et DGF, ils n'ont pas chacun un arc du même développement; car, suivant nos astronomes, un degré du méridien au cercle polaire est plus grand de 674 toises qu'un degré du même méridien près de l'équateur. Il s'ensuit donc que l'arc polaire inconnu x de 47 degrés, surpasse en étendue l'arc équinoxial DEF, qui est aussi de

47 degrés, de 47 fois 674 toises, qui équivalent à
31,978 toises, ou à douze lieues deux tiers. Or il
s'agit maintenant de savoir si cet arc polaire inconnu *x* est renfermé au-dedans du cercle comme
A*h*C, ou s'il se confond avec lui comme ABC, ou
s'il sort de sa circonférence comme A*i*C.

L'arc polaire inconnu *x* ne peut pas être renfermé au-dedans du globe comme A*h*C, ainsi que
le prétendent nos astronomes qui l'y supposent
aplati ; car s'il y étoit renfermé, il seroit évidemment plus petit que l'arc sphérique ABC qui l'environne, suivant cet axiôme que le contenu est plus
petit que le contenant ; et plus cet arc A*h*C seroit
aplati, et moins il auroit d'étendue, puisqu'il ap-
procheroit de plus en plus de sa corde ou de la
ligne droite AKC.

D'un autre côté, cet arc polaire *x* ne peut pas
se confondre avec l'arc sphérique ABC, puisqu'il
surpasse celui-ci de douze lieues deux tiers. Il appartient donc à une courbe qui sort de la circonférence du globe, tel que A*i*C. Donc le globe de la
terre est alongé aux pôles, puisque les degrés y
sont plus grands qu'à l'équateur. Donc nos astronomes se sont trompés en concluant de la grandeur
de ces degrés qu'il y étoit aplati.

Je terminerai cette démonstration par une image
plus triviale, mais aussi sensible. Si vous divisiez les
deux circonférences d'un œuf en largeur et en lon-

gueur, chacune en 360 degrés, concluriez-vous que
cet œuf seroit aplati vers ses extrémités, parce que
les degrés de sa circonférence en longueur seroient
plus grands que les degrés de sa circonférence en
largeur ? Ce qu'il y a de singulier, c'est que les académiciens se servent à-peu-près de la même figure,
pour tirer des résultats contraires. Ils représentent
le globe de la terre comme un fromage de Hollande.
Ils supposent que le globe est fort élevé sur l'équateur. « La courbure de la terre, dit Bouguer (*ubi*
» *suprà*), est plus subite vers l'équateur dans le nord
» et sud, puisque les degrés y sont plus petits ; et
» la terre au contraire est plus plate vers les pôles,
» puisque les degrés y sont plus grands. On croyoit
» que l'équateur n'étoit distingué que par la plus
» grande rapidité du mouvement qui se fait en
» vingt-quatre heures ; mais il est marqué d'une ma-
» nière bien plus réelle par une élévation continue,
» qui doit être d'environ six lieues marines et demie
» tout autour de la terre, et par-tout à une égale
» distance des deux pôles ».

Nous venons de voir l'étrange conséquence qui
résulte à la fois de l'aplatissement de la terre aux
pôles, et de la grandeur des degrés du méridien
dans cette partie, qui donne nécessairement au
cercle polaire une saillie hors de sa circonférence :
celles qu'on peut tirer de l'élévation et de la courbure plus subite de l'équateur, ne seroient pas

moins extraordinaires. C'est que , si l'une et l'autre
existoient, il n'y auroit point de mers sous l'équateur , parce qu'elles seroient alors déterminées par
l'élévation de six lieues et demie , et par la courbure
plus subite de cette partie de la terre à s'en éloi-
gner , et par la pesanteur à s'écouler vers les pôles
aplatis plus voisins du centre, et à y rétablir le
segment sphérique que les académiciens en retranchent. Ainsi , dans cette hypothèse, les mers couvriroient les pôles , et y seroient d'une grande profondeur , tandis qu'il n'y auroit que des continens
très-élevés sous la ligne. Or la géographie démontre
le contraire ; car c'est dans le voisinage de la ligne
que se trouvent les plus grandes mers, et quantité
de terres qui ne sont qu'à leur niveau ; et au contraire , les terres élevées et les hauts fonds de la
mer sont très-fréquens , sur-tout vers le pôle septentrional.

Parlons maintenant des glaces polaires. Quoiqu'elles soient représentées ici précisément dans les
parties fuyantes et les moins visibles du globe , il est
aisé de juger de leur étendue considérable par l'arc
du méridien qui les embrasse. Au pôle austral où,
elles sont en moindre quantité , puisqu'elles ont
éprouvé toutes les ardeurs de l'été de cet hémisphère , elles s'étendent encore depuis ce pôle jusqu'au 70e degré sud au moins; elles y forment donc
une coupole d'un arc de plus de 40 degrés, qui , à

vingt-cinq lieues au moins le degré (puisque les degrés dans cette partie sont plus grands que vers
l'équateur, suivant les expériences des académiciens), donne une amplitude de plus de mille vingt
lieues, ou une circonférence de plus de trois mille.
On ne peut douter de ces dimensions, car elles
sont prises d'après les dernières expériences du capitaine Cook, qui en a fait le tour au milieu de leur
été. Les glaces du pôle nord sont beaucoup plus
étendues, parce qu'elles sont représentées dans leur
hiver. On a exprimé aux unes et aux autres une
crête de vingt-cinq lieues environ d'élévation aux
pôles. Je ne répéterai point ici ce que j'ai dit sur les
hauteurs de celles qu'on trouve flottantes aux extrémités de leurs coupoles, qui ont jusqu'à douze et
quinze cents pieds d'élévation. J'avois envie de faire
représenter autour de ces glaces une espèce d'auréole
ou aurore boréale, qui auroit fait sentir leur étendue
circulaire, et eût ajouté à l'effet pittoresque du
globe, en rendant ses pôles rayonnans; car le pôle
austral a aussi des aurores nocturnes, ainsi que
Cook l'a observé; et il paroît que ces aurores doivent leur origine aux glaces. Mais M. Moreau le
jeune, qui a dessiné les planches de cet ouvrage,
et particulièrement celle-ci, avec toute l'intelligence
et la complaisance qui lui sont propres, m'a fait
sentir qu'il n'y avoit pas assez de champ dans la
carte. Il a d'ailleurs rendu ces glaces polaires assez

lumineuses, pour les faire distinguer sans faire disparoître les contours des îles et des continens qu'elles couvrent.

Quant au canal Atlantique, on y reconnoît évidemment les parties saillantes et rentrantes des deux continens, en correspondance les unes avec les autres. Si vous y joignez la sinuosité de sa source au nord, qui semble tourner en limaçon autour de notre pôle, et son embouchure large et divergente, formée par le Cap Horn, d'une part, et par le Cap de Bonne-Espérance, de l'autre, par laquelle il se décharge pendant six mois dans l'océan Indien, comme nous l'allons voir, vous y reconnoîtrez toutes les proportions d'un canal fluviatile. Quant à sa pente, à partir du pôle pour se rendre jusque dans la mer du sud, par le Cap de Bonne-Espérance, je la crois, comme je l'ai dit dans le texte, à-peu-près la même que celle du cours de l'Amazone.

Considérons maintenant le cours des effusions polaires, produites par l'action du soleil sur les glaces des pôles. Il sort chaque année un courant général de celui que le soleil échauffe; et comme le soleil les visite alternativement, il s'ensuit qu'il y a deux courans généraux opposés, qui communiquent aux mers leurs mouvemens de circulation, et qui sont connus aux Indes sous le nom de mousson orientale et occidentale, ou d'hiver et d'été.

Ceci posé, examinons les effusions du pôle austral qui est représenté ici dans son été. Le courant général qui en sort, se divise en deux branches, dont l'une s'engage dans l'océan Atlantique, et pénètre jusqu'à son extrémité septentrionale; lorsque cette branche vient à passer entre la partie saillante de l'Afrique et de l'Amérique, comme elle se trouve resserrée en passant d'un espace plus large dans un plus étroit, elle forme sur leurs côtés deux contre-courans ou remoux qui vont en sens contraire. L'un de ces contre-courans va à l'est le long des côtes de Guinée, jusqu'au quatrième degré sud, suivant le témoignage de Dampier. L'autre part du Cap Saint-Augustin, va au sud-ouest, le long des côtes du Brésil, jusqu'au détroit de le Maire inclusivement. Cet effet est la suite d'une loi hydraulique dont les effets sont communs ; c'est que toutes les fois qu'un courant passe d'un canal large dans un plus étroit, il forme sur ses côtés deux contre-courans; c'est ce qu'on peut vérifier dans le cours des ruisseaux, au passage de l'eau d'une rivière sous les arches, près de la tête d'un pont, &c. Ainsi, le courant porte à l'est le long des côtes de Guinée, et au sud-ouest le long des côtes du Brésil dans l'été du pôle austral. Mais au milieu de l'océan Atlantique, et au-delà du détroit des deux continens, il porte au nord dans tout son cours, et s'avance jusqu'aux extrémités septentrionales de l'Europe et de l'Amérique, en nous apportant deux fois par jour, le long de nos côtes, les marées du midi, qui sont des effusions semi-journalières des deux côtés du pôle austral.

L'autre branche, qui part du pôle austral, prend à l'ouest du Cap Horn, s'engage dans la mer du Sud, produit dans la mer des Indes la mousson de l'est, qui arrive aux Indes dans notre hiver; et après avoir fait le tour du globe par l'occident, vient à l'orient se réunir, par le Cap de Bonne-Espérance, au courant général qui entre dans l'océan Atlantique. On peut suivre en partie sur la carte ce courant général du pôle austral, avec ses deux branches principales, ses contre-courans et ses marées, par les flèches qui indiquent ses mouvemens directs, obliques et rétrogrades.

Six mois après, c'est-à-dire, dans notre été, à commencer vers la fin de mars, lorsque le soleil à la ligne abandonne le pôle austral et vient échauffer le pôle septentrional, les effusions du pôle austral s'arrêtent; celles du nôtre commencent à couler, et les courans de l'Océan changent dans toutes les latitudes. Le courant général des mers part alors de notre pôle, et se divise, comme celui du pôle austral, en deux branches. La première de ses branches tire ses sources du Waigats, de la baie d'Hudson, &c. qui coulent alors dans certains détroits avec la rapidité d'une écluse, et produisent au nord des marées qui viennent du nord, de l'orient et de l'occident, au grand étonnement de Linschoten, d'Ellis, et des autres navigateurs, accoutumés à les voir venir du midi sur les côtes de l'Europe. Ce courant, formé par la fusion de la plupart des glaces du nord de l'Amérique, de l'Europe et de l'Asie, qui ont alors près de six mille lieues de circonférence, descend par l'océan Atlantique, passe la ligne, et se trouvant resserré au même détroit de la Guinée et du Brésil, il forme sur leurs côtes deux contre-courans latéraux qui remontent au nord, comme ceux formés six mois auparavant par le courant du pôle austral remontoient au midi. Ces contre-courans nous donnent sur les côtes de l'Europe les marées qui paroissent toujours venir directement du midi, quoiqu'alors elles viennent en effet du nord.

La branche qui les produit s'avance ensuite vers le sud, double le Cap de Bonne-Espérance, prend son cours vers l'orient, forme aux Indes la mousson occidentale ; et après avoir circuit le globe jusque dans la mer du Sud, elle passe au Cap Horn, remonte le long de la côte du Brésil, et produit un courant qui se termine au cap Saint-Augustin, et qui est opposé au courant principal qui descend du nord.

L'autre branche du courant qui descend en été de notre pôle, de l'autre côté de notre hémisphère, s'écoule par le détroit appelé détroit du nord, situé entre l'extrémité la plus orientale de l'Asie et la plus occidentale de l'Amérique ; elle descend dans la mer du Sud, où elle vient se réunir à la première branche qui forme alors, comme nous l'avons dit, la mousson occidentale de cette mer. D'ailleurs, cette branche du détroit du nord reçoit bien moins d'effusions glaciales que celle de l'océan Atlantique, parce que les baies profondes qui sont aux sources de cet océan, et les contours de ces mêmes sources qui entourent le pôle en spirale, reçoivent, comme nous l'avons dit, la plus grande partie des effusions glaciales du pôle septentrional, et les versent dans l'océan Atlantique.

Ainsi l'Océan parcourt, deux fois dans un an, le globe en spirales opposées, en partant alternativement de chaque pôle, et décrit sur la terre, pour ainsi dire, la même route que le soleil dans les cieux.

J'ose dire que cette théorie est si lumineuse, qu'on peut éclaircir par elle une multitude de difficultés qui jettent beaucoup d'obscurité dans les journaux des voyageurs. Froger, par exemple, dit qu'au Brésil les courans vont du côté du soleil, c'est-à-dire qu'ils vont au nord, quand il est dans les signes septentrionaux, et au sud, quand il est dans les signes méridionaux. On ne peut certainement expliquer cet effet versatile par la pression ou

l'attraction du soleil ou de la lune entre les tropiques, puisque ces astres n'en sortent point, et
qu'ils vont toujours du même côté, c'est-à-dire
d'orient en occident ; mais c'est que, lorsque ce
courant du Brésil va au sud dans notre hiver, il est
le contre-courant du courant général du pôle austral, qui va alors au nord ; et lorsque ce courant du
Brésil va au nord dans notre été, il est l'extrémité
de ce même courant général, qui revient par le Cap
Horn. La même chose n'arrive pas à celui du golfe
de Guinée, qui est vis-à-vis, et qui court toujours
à l'est, quoiqu'il soit précisément dans le même
cas ; car, dans notre hiver, ce courant du golfe de
Guinée est l'extrémité du courant général du pôle
austral qui revient par le Cap de Bonne-Espérance,
et qui porte au nord, dans cette saison, le long des
côtes de l'Afrique, depuis le trentième degré de latitude sud, jusqu'au quatrième de la même latitude,
suivant le témoignage de Dampier. Mais cette extrémité du courant général qui porte au nord, et qui
part alors du quatrième degré sud, pour se joindre
au courant général, n'entre point dans le golfe de
Guinée, à cause du grand enfoncement de ce golfe ;
de sorte que, dans cette partie-là seulement, la
mer court toujours à l'est, suivant l'observation de
tous les navigateurs de l'Afrique.

J'appuierai les principes de cette théorie par des
faits attestés des marins les plus accrédités. Voici

ce que dit Dampier des courans de l'Océan , dans
son *Traité des Vents*, *pag. 386 et 387* :

« Au reste, il est certain que par-tout les courans
» changent leurs cours à certains temps de l'année :
» dans les Indes orientales, ils courent de l'est à
» l'ouest une partie de l'année , et de l'ouest à l'est
» l'autre partie. Dans les Indes occidentales et dans
» la Guinée , ils ne changent qu'environ la pleine
» lune. Mais il faut entendre ceci des parties de la
» mer qui ne sont pas éloignées des côtes. Ce n'est
» pas qu'il n'y ait aussi des courans d'une force
» extraordinaire dans le grand Océan , qui ne sui-
» vent pas ces règles ; mais cela n'est pas commun.

« Dans la côte de Guinée, le courant se porte
» est, hormis en pleine lune ou environ. Mais au
» midi de la ligne, depuis Loango jusqu'au 25 ou
» 30ᵉ degré , il court avec le vent du sud au nord ,
» hormis vers la pleine lune.

» A l'est du Cap de Bonne-Espérance, depuis le
» 30ᵉ degré jusqu'au 24ᵉ, dans la bande du sud, le
» courant se porte à l'est, depuis mai jusqu'au
» mois d'octobre , et le vent est pour lors ouest-
» sud-ouest, ou sud-ouest; mais depuis octobre
» jusqu'en mai , lorsque le vent est entre est-
» nord-est, et est-sud-est , le courant se porte à
» l'ouest ; et cela s'entend de cinq ou six lieues de
» terre, jusqu'à cinquante ou environ ; car à cinq
» lieues de terre on n'a point le courant , mais on

» a la marée ; et au-delà de cinquante lieues de
» terre, le courant cesse tout-à-fait, ou il est imper-
» ceptible.

» Dans la côte des Indes, au nord de la ligne, le
» courant court avec la mousson ; mais il ne change
» pas tout-à-fait sitôt, quelquefois de trois semaines
» ou davantage ; après cela il ne change point jus-
» qu'à ce que la mousson soit fixée du côté con-
» traire. Par exemple, la mousson d'ouest com-
» mence au milieu d'avril ; mais le courant ne change
» qu'au commencement de mai, et la mousson d'est
» commence au milieu de septembre ou environ,
» mais le courant ne change qu'au mois d'octobre. »

Dampier semble attribuer la cause de ces courans
aux vents qu'il appelle moussons. Mais ce n'est pas
ici le lieu de m'occuper de la cause de la révolution
atmosphérique, qui toutefois dépend aussi des pôles,
dont les atmosphères sont plus ou moins dilatées en
hiver et en été, et dont les révolutions doivent
précéder celles de l'Océan. Je ne ferai attention
qu'au retardement du courant occidental, qui n'arrive aux Indes qu'au mois de mai, pour prouver
que c'est le même qui part de notre pôle au mois de
mars, et qui arrive sur différentes plages des Indes
à des époques proportionnées à la distance du point
d'où il part.

Ce courant donc, arrive vers le mois d'avril au
Cap de Bonne-Espérance, et c'est lui qui rend le

passage du Cap si difficile aux vaisseaux qui reviennent des Indes en été. Je m'appuierai encore
là-dessus de l'autorité de Dampier, dans son *Voyage
autour du monde*, tome 2, chap. *14*. C'étoit à son
retour des Indes en Europe.

« Nous perdions le temps d'aller au Cap, que
» nous ne pouvions retrouver qu'au mois d'octobre
» ou de novembre, et nous étions alors à la fin de
» mars. En effet, ce n'est pas l'ordinaire d'aborder
» le Cap après le dixième de mai. » Il y a plus, c'est
que la compagnie de Hollande ne permet pas à ses
vaisseaux d'y rester après le mois de mars, parce
qu'alors il y règne des vents d'ouest, et une mer
de l'ouest qui jette les vaisseaux en côte, d'où l'on
voit que ce courant, qui vient de l'ouest en doublant
ce Cap, y arrive vers le mois d'avril.

Par le passage précédent de Dampier, nous avons
vu que ce courant occidental arrivoit sur les côtes
de l'Inde vers la mi-mai : une autre autorité va nous
prouver qu'il se rend vers la mi-juin à l'île de
Tinian, qui est bien plus à l'orient. Je la tire du
Voyage de l'amiral Anson, chap. 14, année 1742,
au sujet de l'île de Tinian. « Le seul ancrage propre
» aux gros vaisseaux, est dans la partie de l'île, au
» sud-ouest. Le fond de cette rade est rempli de
» roches de corail très-aiguës. L'ancrage en est dan-
» gereux, depuis le milieu de juin jusqu'au milieu
» d'octobre, qui est la saison des *moussons occiden-*

» *tales ;* et le danger est encore augmenté par la
» rapidité extraordinaire du courant de la marée qui
» *porte au sud-ouest,* entre cette île et celle d'Agni-
» gan. Durant les huit autres mois de l'année, le
» temps y est constant. » Remarquez, en passant ,
que pendant que la mousson ou le courant vient de
l'occident, la marée porte en sens contraire entre
ces deux îles, ce qui confirme ce que nous avons
dit, que les marées ne sont pour l'ordinaire que les
contre-courans des courans généraux resserrés par
les détroits.

Ainsi, l'on voit que ce courant qui part de notre
pôle en mars, arrive au Cap de Bonne-Espérance en
avril, sur les côtes de l'Inde en mai, à l'île de Tinian
au milieu de juin , et qu'il trace autour du globe la
ligne spirale que j'ai indiquée. On pourroit évaluer
sa vîtesse par le temps qu'il met à se rendre dans
chacun de ces lieux et dans d'autres points de latitude , jusqu'à ce qu'il ait atteint le Cap Horn, d'où il
porte au nord jusqu'au Cap Saint-Augustin, où il
vient rencontrer le courant général atlantique vers
la fin de juillet. Mais le détail de tant de circonstances curieuses me mèneroit trop loin.

On ne peut attribuer en aucune façon les courans
généraux de la mer des Indes, qui, comme j'ai dit ,
se portent six mois vers l'orient et six mois vers
l'occident, à l'attraction ou pression du soleil et de
la lune entre les tropiques ; car ces astres vont tou-

jours du même côté , et leur action est la même en tout temps dans l'étendue de cette zône , dont ils ne sortent point. De plus , si leur action en étoit la cause , lorsque le soleil est au nord de la ligne , le courant occidental devroit se faire sentir aux Indes dès le mois de mars , puisque le soleil est alors presque au zénith de la mer des Indes ; et cependant il n'y arrive que six semaines après , c'est-à-dire en mai : au contraire , lorsque le soleil est au sud de la ligne , et le plus éloigné des mers de l'Inde , le courant oriental y arrive peu après l'équinoxe de septembre , c'est-à-dire au mois d'octobre ; d'où l'on voit que ces révolutions de l'océan Indien n'ont pas leurs foyers sous l'équateur , mais aux pôles , et que celle du mois de mars , qui vient du nord par l'ouest, met six semaines à se faire sentir aux Indes , à cause du grand détour qu'elle est obligée de faire au Cap de Bonne-Espérance; et que celle du pôle sud , au mois de septembre , y arrive beaucoup plus vîte par l'est, parce qu'elle n'a point de détour à faire , et qu'enfin l'époque de ces révolutions versa-tiles commence précisément aux équinoxes, c'est-à-dire au moment où le soleil abandonne un pôle pour échauffer l'autre.

Il est donc évident que les courans semi-annuels et alternatifs de la mer des Indes doivent leur origine à la fonte semi-annuelle et alternative des glaces du pôle nord et du pôle sud , et que leur direction

d'orient en occident et d'occident en orient, est
déterminée dans cette mer par la projection même
du continent de l'Asie.

La mer Atlantique a pareillement deux courans
semi-annuels et alternatifs, qui ont les mêmes ori-
gines, mais une direction naturelle du nord au
midi et du midi au nord, quoiqu'un peu dévoyée
de l'ouest à l'est, et de l'est à l'ouest, par la projection même du canal atlantique. Nos marins ne
supposent, dans ce canal, qu'un seul courant perpétuel, qui va toujours du midi au nord dans notre
hémisphère. Ils sont induits dans cette erreur par le
cours des marées, qui en effet vont toujours au
nord le long de nos côtes et de celles de Bahama,
et sur-tout par notre système astronomique, qui
attribue tous les mouvemens de la mer à l'action de
la lune entre les tropiques.

Que d'erreurs un seul préjugé peut introduire
dans les élémens de nos connoissances ! Il aveugle
les hommes les plus éclairés jusqu'au point de leur
faire méconnoître l'évidence même, et rejeter, pendant une longue suite de siècles, les expériences de
chaque année.

J'ai recueilli dans beaucoup de voyages maritimes, et principalement dans ceux que le capitaine
Cook a faits autour du monde avec tant de sagacité
et de lumières, une multitude d'observations nautiques qui prouvent que les courans de l'océan Atlan-

tique sont alternatifs et semi-annuels comme ceux
de l'océan Indien. Cependant ceux même qui les
rapportent , pleins du préjugé que l'action de la
lune , entre les tropiques , donne seule le mouvement aux mers, et ne pouvant faire accorder leurs
courans avec le cours de cet astre, n'en ont conclu
autre chose , sinon qu'ils étoient naturellement irréguliers , et que leur cause étoit inexplicable. S'ils
s'en étoient tenus à leur propre expérience , qui
leur apprenoit que ces courans changeoient deux
fois par an , qu'ils alloient dans l'océan Indien six
mois avec le cours de la lune et six mois à son opposite , et dans l'océan Atlantique, dans des directions
qui n'avoient aucun rapport au cours de cet astre ;
qu'ils étoient bien plus rapides en approchant des
pôles qu'entre les tropiques , sous la gravitation
même de la lune ; et enfin qu'ils divergeoient du
pôle échauffé par le soleil , vers celui qui en étoit
abandonné ; ils auroient alors rapporté les causes de
ces variations à l'été et à l'hiver de chaque hémisphère, et ils auroient dissipé une partie de ce nuage
d'erreurs dont nos prétendues sciences ont voilé les
opérations de la nature. Quoique ces observations
nautiques soient décisives pour moi , puisqu'elles
ont été faites par des partisans éclairés du systême
astronomique auquel elles sont absolument contraires , tandis qu'elles prouvent la vérité de ma
théorie, cependant j'en citerai deux plus curieuses ,

plus authentiques et plus impartiales que toutes
celles-là , parce qu'elles ont été recueillies par des
hommes qui , n'étant pas gens de mer, n'en ont
eu ni les préjugés ni les systèmes. L'une a pour
garans tous les habitans d'un royaume , et l'autre
une des actions les plus terribles de l'histoire navale
des Européens; et toutes deux confirment admirablement une des plus agréables harmonies de l'histoire végétale de la nature , dont j'ai présenté les
élémens dans l'émigration des plantes.

Par la première de ces observations, nous prouverons que le courant atlantique vient en effet du
sud et porte au nord, comme le croient les marins,
mais dans notre hiver seulement. Ainsi il est produit
dans cette direction par les effusions des glaces du
pôle sud, qui dans notre hiver s'écoulent vers le nord,
et non par l'action de la lune entre les tropiques ,
suivant nos astronomes , puisque, dans cette même
saison , les navigateurs de l'hémisphère austral ont
trouvé , hors des tropiques, ce même courant venant du sud, ce qui n'arriveroit sûrement pas si ce
courant étoit produit par l'action de la lune sur
l'équateur ; car , dans cette hypothèse, il flueroit
en sens contraire dans l'hémisphère austral. Or,
c'est ce qui n'est pas, ainsi que je peux le prouver
par les journaux d'Abel Tasman, de Dampier, de
Fraisier, de Cook, &c., qui ont trouvé hors des
tropiques même , dans l'hémisphère austral , ce

courant venant du sud, mais pendant notre hiver
seulement.

Par la seconde de ces observations, nous démontrerons que le courant atlantique vient du nord, et
porte au sud, dans notre hémisphère, contre l'opinion des marins, mais pendant l'été seulement.
Ainsi il provient alors directement des effusions des
glaces du pôle nord, qui dans notre été s'écoulent
vers le sud, et il détruit évidemment, par cette direction vers l'équateur, la prétendue action de la
lune entre les tropiques, qui, selon nos astronomes,
fait fluer l'Océan vers les deux pôles.

La première de ces observations est rapportée
par M. Thomas Pennant, savant naturaliste anglais,
sans préjugé et sans système, du moins sur cet important objet. Elle est tirée de son voyage en 1772,
aux îles Hébrides, à l'ouest de l'Ecosse (1). « Mais,
» dit ce voyageur éclairé, ce qui est plus réel et
» plus digne d'attention, c'est qu'on trouve fré-
» quemment ici (à l'île d'Ilay), sur les côtes de
» toutes les Hébrides et des Orcades, des graines de
» plantes qui croissent dans la Jamaïque et les îles
» voisines, telles que celles de *dolychos urens, gui-*
» *landina bonduc, bonducetta, mimosa scandens* de

---

(1) Imprimé à Genève en 1785, dans un recueil de Voyages
aux montagnes et aux îles de l'Ecosse. Paris, chez Nyon
l'aîné, 2 vol. *in*-8. tome 1, pag. 216 et 217.

« Linnæus. Ces graines , qu'on nomme ici fèves des
« Moluques , croissent sur les bords des fleuves de
« la Jamaïque ; et de là , entraînées par les courans
« et les vents d'ouest qui règnent les deux tiers de
« l'année dans cette partie de l'Atlantique , elles sont
» poussées jusque sur les rivages des Hébrides. La
« même chose arrive quelquefois à des tortues d'Amé-
« rique , qu'on prend vivantes sur ces côtes ; et cela
« est mis hors de doute , depuis qu'on a trouvé sur
« la côte de l'Ecosse une partie du mât du Tilbury ,
« vaisseau de guerre qui brûla près de la Jamaïque. »

M. Pennant a omis de dire dans quelle saison ces
graines et ces tortues abordent sur les côtes occidentales de l'Ecosse. Ces omissions de dates sont
capitales , quoique très-communes dans la plupart
des voyageurs qui négligent souvent de marquer
celles de leurs propres observations. Ce n'est cependant que par ces dates qu'on peut entrevoir l'ensemble des harmonies de la nature. Que penser
donc du goût de nos rédacteurs de voyages , qui les
retranchent comme des circonstances ennuyeuses
et inutiles ? Toutefois il est aisé de voir ici que les
graines des fleuves de la Jamaïque et les tortues
de l'Amérique arrivent en hiver sur les côtes occidentales des Hébrides et des Orcades , puisqu'elles
y sont poussées , suivant M. Pennant , par les vents
et les courans de l'ouest , qui y règnent , dit-il , les
deux tiers de l'année. Or on sait que les vents

I.   E

d'ouest y soufflent tout l'hiver ; ce qui est confirmé
dans cette relation par son propre témoignage, et
dans le même recueil par les autres voyageurs de
l'Ecosse. Après tout, ce ne sont pas les vents d'ouest
qui entraînent ces graines et ces tortues si loin de
la Jamaïque vers le nord. Les vents n'ont point de
prise sur des corps à fleur d'eau, et certainement
ceux de l'ouest ne peuvent les pousser au nord. Les
courans de l'ouest ne pourroient même produire
cet effet, car ils charieroient à l'est, et comme la
Jamaïque est par les 18 degrés nord, ces graines et
ces tortues iroient aborder en Afrique à la même
latitude, et non pas jusqu'au 59ᵉ degré nord, dans
les Hébrides ou les Orcades, où elles attérissent
en effet. Le courant qui les entraîne va donc directement au nord en tirant un peu vers l'est,
précisément comme le canal atlantique lui-même
dans cette partie. Ainsi les importantes observations
des habitans de l'Ecosse au sujet des graines de la
Jamaïque, des tortues de l'Amérique, et d'une portion du mât du Tilbury, jetées sur leurs côtes,
prouvent qu'en effet le courant atlantique vient du
sud et porte au nord, comme le croient d'ailleurs
les marins : mais il n'a cette direction qu'en hiver ;
car nous allons démontrer par une autre observation non moins curieuse, qu'en été et dans les mêmes
latitudes, le courant atlantique vient du nord et
porte au sud, à l'opposite de la prétendue action de

la lune entre les tropiques, et contre l'opinion des marins, ou plutôt sans qu'ils sachent là-dessus à quoi s'en tenir.

Nous avons déjà allégué les témoignages des plus fameux navigateurs du nord, qui attestent unanimement que le courant atlantique vient du nord et porte au sud en été, dans son extrémité septentrionale : tels sont ceux d'Ellis, de Barents, de Linschoten, &c. qui ayant navigué en été aux environs du cercle polaire arctique, attestent que les courans et même les marées se dirigent vers le sud, et viennent du nord, ou tout au plus du nord-ouest ou du nord-est, suivant le gisement des baies où ils ont pénétré. Nous avons encore rapporté à l'appui de cette importante vérité les témoignages des navigateurs de l'Amérique septentrionale, cités par Denys, gouverneur du Canada, qui attestent que les courans du nord amènent tous les ans, en été, vers le sud, de longs bancs de glaces flottantes, d'une élévation et d'une profondeur considérables, qui viennent s'échouer jusque sur le banc de Terre-Neuve. Et enfin nous avons cité l'observation de Christophe Colomb, qui dans une latitude bien plus méridionale, près du tropique même du Cancer, éprouva en septembre que le milieu du canal atlantique portoit au sud, et par conséquent descendoit du nord. Nous pourrions joindre à ces autorités celles d'une foule d'autres marins qui n'ont eu égard

qu'aux dérives de leurs vaisseaux, et ont reconnu
en été l'existence de ce courant septentrional sans
oser l'admettre, ni opposer leur propre expérience
à un système astronomique accrédité.

Mais pour ne rien omettre sur un objet aussi
essentiel à la navigation et à l'étude de la nature, et
pour lever toute espèce de doute sur l'existence de
ce courant septentrional en été, nous nous arrêterons à une observation simple, mais liée à un événement très-connu dans l'histoire. Cette observation
est d'autant moins suspecte, qu'elle est rapportée
sans intention de favoriser aucun système, par un
voyageur qui n'étoit ni homme de mer ni naturaliste, et qui n'en tira d'autres conséquences que
celles qui concernoient sa fortune et sa liberté. C'est
celle de Souchu de Rennefort, secrétaire du conseil
souverain de Madagascar, sortant des îles Açores
le 20 juin 1666, lors de son retour en Europe.
(*Hist. des Indes orientales , liv. 3 , chap. 5.*)

« Depuis 40 jusqu'à 43 degrés, dit-il, on vit des
» mâts rompus, des vergues et des hunes de vais-
» seaux, qui firent juger qu'il étoit arrivé un épou-
» vantable débris. On appréhenda le choc de ces
» pièces dans la gorge de la Vierge-de-bon-port,
» vieux bâtiment pourri, et facile à ouvrir. Il a été
» su depuis que ce fracas venoit du combat qui
» s'étoit donné entre les Français et les Hollandais
» d'une part, et les Anglais de l'autre, ce qu'il eût

» été bon à ceux qui s'étoient embarqués de savoir
» plus tôt ».

En effet, le vaisseau de Rennefort où l'on ignoroit
que la France fût en guerre avec les Anglais, eut
le malheur d'être pris et coulé à fond par une frégate anglaise, à la hauteur de Grenesey, dix-huit
jours après cette observation, c'est-à-dire le 8 juillet.

Cet épouvantable débris dispersé sur la mer dans
un espace de 3 degrés ou de 75 lieues, provenoit
du plus terrible combat qui se soit donné sur cet
élément entre les Anglais d'une part et les Hollandais
de l'autre. Il commença le 11 juin et dura quatre jours.
La flotte anglaise étoit composée de 80 vaisseaux de
guerre, et la flotte hollandaise de 90 commandés
par Ruyter. Il y avoit à-peu-près de chaque côté
21 mille hommes et 4500 pièces de canon. Les
Anglais y perdirent 25 vaisseaux dont la plupart
furent brûlés ou coulés à fond, et les Hollandais
quatre seulement; mais il n'y eut guère de vaisseau
qui n'y laissât ses mâts en tout ou en partie. Il y
périt de part et d'autre à-peu-près neuf mille hommes.
Les historiens de chaque nation élevèrent, suivant
l'usage, la gloire de leur flotte jusqu'au ciel : ce
qu'il y a de certain, c'est que neuf mille corps
d'hommes mutilés et demi-brûlés, abandonnés aux
requins et aux chiens de mer, donnèrent aux monstres marins le spectacle d'une férocité qui n'a
d'exemple que dans le genre humain; et que ce

nombre prodigieux de hunes, de vergues et de mâts
flottans, mêlés de pavillons à croix rouges et blanches, allèrent apprendre aux barbares de toutes les
plages méridionales de l'océan Atlantique, comment
les puissances qui vivent sous la loi de Jésus vident
entre elles leurs différends (1).

---

(1) Ces débris furent certainement portés plus loin que
les Açores. Il est probable que dans cette saison il en flotta
une bonne partie jusque sur les côtes et les îles occidentales
de l'Afrique. Or, c'étoit précisément pour la traite des esclaves en Afrique que l'Angleterre et la Hollande se faisoient la guerre. Ces puissances avoient commencé dès l'année
précédente leurs hostilités sur les côtes de la Guinée et dans
les îles du Cap-Vert, à la ruine de ces pays. Je suppose donc
que ces débris du combat d'Ostende vinrent passer à travers
les îles du Cap-Vert, et près de celle de S. Jean, qui est si
peu fréquentée des Européens, que les Portugais l'appellent
Brava ou Sauvage. Ces bons et hospitaliers habitans, suivant l'Anglais Roberts, qui en fit une si douce expérience,
sont si humbles, qu'ils regardent les hommes de leur couleur comme soumis par l'ordre de Dieu même au joug des
blancs. Ils se confirment dans cette opinion en voyant la
balance du commerce européen, dont un des bras ne présente à l'Europe que des biens, tandis que l'autre, chargé
de maux, pèse sans cesse sur la malheureuse Afrique. Mais
quand du sommet de leurs rochers, à l'ombre de leurs coton-
niers et de leurs bananiers, ils aperçurent le long de leurs
paisibles rivages, ce train effroyable de mâtures, de vergues,
de galeries, de poupes, de proues à demi-brûlées, teintes de
sang humain, et mêlées de pavillons européens, ils virent

Ces débris épars dans 75 lieues de mer, venoient de douze milles au nord-ouest d'Ostende, où se livra le combat naval ; et ils étoient portés jusque sur les îles Açores d'où sortoit le vaisseau de Rennefort quand il les rencontra. Ostende est par le 51° degré nord, et les Açores par le 40° beaucoup à

---

alors le fléau des maux de l'Afrique se relever et peser à son tour sur l'Europe, et à cette réaction de calamités, ils reconnurent sans doute qu'une justice universelle gouverne par des lois égales toutes les nations du monde.

Un roi de France, dit-on, faisoit jeter à la rivière les corps des malfaiteurs avec ces lugubres écriteaux : *Laissez passer la justice du roi.* Les Chinois et les Japonois punissent de la même manière les pirates qui infestent la navigation de leurs fleuves. Ainsi les débris de ces vaisseaux de guerre, qui avoient tant de fois répandu la terreur dans l'océan Atlantique étoient emportés par ses courans; et leurs grandes courbes noircies par le feu, rougies par le sang humain, et devenues le jouet des flots de l'Afrique, disoient bien mieux que des écriteaux aux habitans opprimés de ces rivages : *O noirs! voyez maintenant passer la gloire des blancs et la justice de Dieu.*

Ce seroit un calcul digne, je ne dis pas de nos politiques modernes, qui n'estiment plus dans le monde que l'or et la puissance, mais d'un ami de l'humanité, de rechercher si la traite des nègres n'a pas causé autant de maux à l'Europe qu'à l'Afrique, et quels sont les biens qu'elle a produits pour ces deux parties du monde.

Il faudroit d'abord mettre dans la balance des maux de l'Afrique, les guerres que ses puissances se font entre elles

l'ouest. Les premiers de ces débris étoient partis du nord-ouest d'Ostende le 11 juin, date du commencement du combat suivant la lettre de Ruyter et l'histoire de France, et ils se trouvoient près des Açores au plus tard le 20 du même mois, comme on doit le conclure de la relation de Rennefort,

---

pour avoir des esclaves à vendre aux Européens; le despotisme barbare de ses rois, qui, pour remplir cet objet, livrent leurs propres sujets; le caractère dénaturé de leurs sujets, qui, à leur exemple, mènent quelquefois à ces marchés inhumains leurs femmes et leurs enfans; la plupart des contrées maritimes de l'Afrique, rendues désertes par l'émigration de leurs habitans emmenés en esclavage; la mortalité d'un grand nombre de ces misérables qui meurent dans leur passage en Amérique, par la mauvaise nourriture et le scorbut, les travaux excessifs, la disette d'alimens, les coups de fouet et les supplices qu'ils éprouvent dans nos colonies, et qui les font périr la plupart de misère, de chagrin et de désespoir. Voilà sans doute bien des larmes et du sang répandus pour l'Afrique. Mais la balance des maux sera au moins égale pour l'Europe, si l'on met de son côté la navigation même de l'Afrique, dont le mauvais air emporte les équipages de nos vaisseaux tout entiers, ainsi que les garnisons de nos comptoirs en Afrique, par les dyssenteries, le scorbut, les fièvres putrides, et sur-tout par celles de Guinée, qui tuent en trois jours l'homme le plus robuste. Ajoutez à ces maux physiques les maladies morales de l'esclavage, qui détruisent dans nos colonies de l'Amérique les premiers sentimens de l'humanité, parce que là où il y a des esclaves il se forme des tyrans, et l'influence de cette dépravation morale

quoique sans date journalière. Ainsi les courans du
nord les avoient chariés en neuf jours à plus de 275
lieues au sud, sans compter le chemin considérable
fait à l'ouest, ce qui fait beaucoup plus de 34 lieues
par jour.

Ce n'étoit sûrement pas le vent qui chassoit ces

---

sur l'Europe : joignez aux maux de cette partie du monde
les ressources des travaux champêtres de l'Amérique, enlevées à nos bourgeois et à nos propres paysans, dont un grand
nombre chez nous languit de misère faute d'occupations et
de propriétés ; les guerres que la traite des noirs fait naître
entre les puissances maritimes de l'Europe ; leurs comptoirs
pris et repris ; leurs batailles navales, qui enlèvent des neuf
mille hommes à la fois, sans ceux qui restent blessés pour
toute leur vie, leurs guerres qui, comme une peste, se communiquent à l'intérieur de l'Europe par leurs alliances, et
au reste du monde par leur commerce : on avouera que la
balance des maux de l'Europe égale pour le moins celle des
maux de l'Afrique. Quant à la balance des biens, elle se
réduit de part et d'autre à fort peu de chose. On ne peut
pas, en conscience, compter dans les biens que les habitans
de l'Afrique tirent de la vente de leurs compatriotes, nos
sabres de fer, dont ils s'estropient, nos mauvais fusils, dont
ils se cassent la tête, et nos eaux-de-vie, qui leur font perdre
la raison et la santé : tout se réduit donc, à-peu-près, pour
eux, à des miroirs et à des sonnettes. Quant aux biens qui
en reviennent à l'Europe, il y a le sucre, le café et le coton,
que l'Amérique nous donne par le travail des esclaves nègres ; mais ces produits bruts et informes ne peuvent entrer
en aucune comparaison avec les fabriques perfectionnées et

débris vers le sud-ouest avec tant de rapidité : celui qui régnoit alors leur étoit contraire. Le vaisseau de Rennefort qui venoit à leur rencontre, n'avoit éprouvé d'autre vent que celui qui le poussoit vers le nord-est ; et Ruyter ne parle dans sa lettre que des vents de sud-ouest qui soufflèrent pendant le combat. D'ailleurs, ainsi que nous l'avons dit, comment le vent auroit-il prise sur des corps à fleur-d'eau ? Ils ne pouvoient pas être non plus chariés au sud par les marées qui vont du nord sur nos côtes : c'étoit donc un courant direct du nord qui les entraînoit au sud malgré les marées même, et un peu à l'ouest par la direction du canal atlantique. Donc le courant atlantique porte au sud en été, malgré la prétendue action de la lune entre les tropiques, et il ne doit son cours dans cette saison qu'à la fonte des glaces septentrionales.

---

les récoltes en tout genre que tireroient de ces mêmes campagnes des cultivateurs européens libres, heureux et intelligens.

Il me semble que si cette balance de maux si pesans et de biens si légers étoit présentée aux puissances maritimes et chrétiennes de l'Europe, elles reconnoîtroient à la fin qu'il ne suffit pas d'avoir banni l'esclavage de leur propre territoire, pour rendre leurs sujets heureux et industrieux, mais qu'il faut encore le proscrire de leurs colonies, pour le bonheur de ces mêmes sujets, pour celui du genre humain, et pour la gloire de la religion.

Ces deux observations si authentiques confirment de plus que les îles sont aux extrémités des courans, ainsi que nous l'avons dit ailleurs. Linschoten, qui avoit séjourné aux Açores, remarque que les débris de la plupart des naufrages dans l'océan Atlantique sont jetés sur leurs côtes. Il en arrive de même sur celles des Bermudes, des Barbades, &c. Ces corps flottans sont portés à des distances prodigieuses régulièrement et alternativement comme les courans même de la mer. Ainsi les graines de la Jamaïque sont chariées en hiver jusqu'aux Orcades, à plus de 1060 lieues du sud au nord, et à plus de 1800 lieues de distance, par le flux du pôle sud ; et sans doute les graines fluviatiles des Orcades sont portées en été sur les côtes de la Jamaïque par le flux du pôle nord. Ces mêmes correspondances doivent régner entre les végétaux de Hollande et des Açores. Je ne connois aucune des graines des fleuves de la Jamaïque, mais je suis bien sûr qu'elles ont les caractères nautiques que j'ai observés dans celles de toutes les plantes fluviatiles. Ainsi voici une nouvelle confirmation des harmonies végétales de la nature sur l'émigration des plantes. On peut appliquer celle-ci à l'émigration des poissons qui font de si longues traversées en pleine mer, guidés sans doute par les graines flottantes des plantes fluviatiles, pour lesquelles ils ont par tout pays un goût de préférence, et que la nature fait croître sur les rivages pour servir particulièrement à leur nourriture.

Il me semble que les hommes pourroient, par le
moyen des courans alternatifs des mers, entretenir
parmi eux une correspondance régulière et sans frais
dans toutes les parties maritimes du globe. On pourroit peut-être exploiter par leur moyen ces vastes
forêts du nord de l'Amérique et de l'Europe, composées en grande partie de sapins qui pourrissent
inutilement pour les hommes sur ces terres désertes.
On les abandonneroit pendant l'été, en trains bien
assemblés, d'abord aux courans des fleuves, puis à
ceux de la mer, qui les apporteroient au moins jusqu'à la latitude de nos côtes dépouillées de bois ;
comme le cours du Rhin amène tous les ans en Hollande un train prodigieux de bois de chênes exploi-
tés dans les forêts de l'Allemagne. Les débris du
combat naval d'Ostende portés si rapidement jusqu'aux Açores, montrent l'étendue des ressources
que la nature nous présente dans ce genre. La géographie peut aussi en tirer le plus grand parti. Christophe Colomb doit aux effets de ces courans la découverte de l'Amérique. Un simple roseau d'une
espèce étrangère jeté sur les côtes occidentales des
Açores, fit conclure à ce grand homme qu'il existoit d'autres terres à l'occident. Il pensa encore à
tirer parti des courans de la mer au retour de son
premier voyage ; car, étant sur le point de périr
dans une tempête, au milieu de l'océan Atlantique,

sans pouvoir apprendre à l'Europe, qui avoit mé-
prisé si long-temps ses services et ses lumières, qu'il
avoit enfin trouvé un nouveau monde, il renferma
l'histoire de sa découverte dans un tonneau qu'il
abandonna aux flots, espérant qu'elle arriveroit tôt
ou tard sur quelque rivage. Une simple bouteille de
verre pouvoit la conserver des siècles à la surface
des mers, et la porter plus d'une fois d'un pôle à
l'autre. Ce n'est point pour nos superbes et injustes
savans, qui refusent de voir dans la nature ce qu'ils
n'ont pas imaginé dans leur cabinet, que j'étends si
loin l'application de ces harmonies pélagiennes :
c'est pour vous, infortunés matelots ; c'est de l'adou-
cissement de vos maux que j'attends un jour ma plus
durable et plus noble récompense. Peut-être un
jour quelqu'un de vous, naufragé dans une île déserte, chargera les courans de la mer d'annoncer la
nouvelle de son désastre à quelque terre habitée, et
d'en implorer du secours. Peut-être quelque Céix
périssant dans les tempêtes du Cap Horn, leur con-
fiera ses derniers adieux ; et les flots de l'hémisphère
austral les apporteront jusque sur les rivages de
l'Europe, pour consoler quelque nouvelle Alcyone.

Après les faits que je viens de rapporter, on ne
peut plus douter que l'océan Indien et l'océan
Atlantique n'aient leurs sources dans les fontes semi-
annuelles et alternatives des glaces du pôle sud et
du pôle nord, puisqu'ils ont des courans semi-

annuels et alternatifs concordant parfaitement à l'été
et à l'hiver de chaque pôle. Ces courans, comme
on peut bien le croire, ont plus de vîtesse que les
corps qui flottent à leur surface. Il se fait, aux équinoxes, une impulsion rétrogressive dans toute la
masse de leurs eaux à la fois, ainsi qu'il appert, à
ces époques, par l'agitation universelle de l'océan
dans toutes les latitudes. Ce bouleversement total
et presque subit ne peut être opéré par l'attraction
de la lune et du soleil qui vont toujours du même
côté et qui sont constamment entre les tropiques;
mais, ainsi que je l'ai répété plusieurs fois, il est
produit par la chaleur du soleil qui passe alors presque
subitement d'un pôle à l'autre, fond l'océan glacé
qui le couvre, donne, par les effusions de ses glaces,
de nouvelles sources à l'océan fluide, des directions
opposées à ses courans, et renverse l'ancien équilibre de ses eaux.

On peut encore moins déduire, comme l'on fait,
la cause des marées, de l'action du soleil et de la
lune sur l'équateur; car, si cela étoit, elles devroient
être plus considérable entre les tropiques, près du
foyer de leurs mouvemens, que par-tout ailleurs;
et c'est ce qui n'est pas. Voyez ce que dit sur les
marées de l'Inde voisines de l'équateur, Dampier,
dans son Traité des Vents, page 378:

« Depuis le Cap Blanc sur les côtes de la mer du
» sud au troisième degré, jusqu'au trentième degré

» de latitude méridionale, la mer ne flue et reflue
» qu'un pied et demi ou deux pieds.... Les marées
» dans les Indes orientales montent fort peu, et ne
» sont pas si régulières qu'ici, c'est-à-dire, en Eu-
» rope ; elles y sont tout au plus de quatre à cinq
» pieds », dit-il ailleurs. Il rapporte ensuite que la
plus grande marée qu'il éprouva sur les côtes de la
nouvelle Hollande, n'arriva que trois jours après la
pleine ou nouvelle lune.

La foiblesse et le retardement considérable de ces
marées entre les tropiques, prouvent donc évidemment que le foyer de leurs mouvemens n'est point
sous l'équateur ; car, s'il y étoit, les marées seroient
terribles sur les côtes de l'Inde qui sont dans son
voisinage, et qui lui sont parallèles : mais leur origine est près des pôles, où elles sont en effet de
vingt à vingt-cinq pieds auprès du détroit de Magellan, suivant le chevalier Narbrough, et d'une
hauteur aussi considérable à l'entrée de la baie
d'Hudson, suivant Ellis.

Récapitulons. Les marées sont des effusions semi-
journalières des glaces d'un pôle, comme les courans
généraux de la mer en sont des effusions semi-annuelles. Il y a deux courans généraux opposés par
an, parce que le soleil échauffe tour-à-tour dans un
an l'hémisphère austral et le septentrional ; et il y a
deux marées par jour, parce que le soleil échauffe,
tour-à-tour en vingt-quatre heures, la partie orien-

tale et occidentale du pôle en fusion. C'est le même
effet que nous voyons arriver dans beaucoup de lacs
voisins des montagnes à glaces, qui ont des courans
et un flux et reflux, pendant le jour seulement.
Mais il n'est pas douteux que, si le soleil échauffoit
pendant la nuit l'autre côté de ces montagnes, elle
ne produisissent encore un autre flux et reflux dans
leurs lacs, et par conséquent deux marées en vingt-
quatre heures, comme l'Océan. Le retardement des
marées de l'Océan, qui est de vingt-quatre minutes
environ de l'une à l'autre, vient de ce que la coupole glaciale du pôle en fusion diminue chaque jour
de diamètre. Ainsi le foyer des marées s'éloigne de
plus en plus de nos côtes. Si leur intensité est telle,
suivant Bouguer, que ce sont nos marées du soir
qui sont les plus fortes en été ; c'est qu'elles sont les
effusions diurnes de notre pôle, arrivées pendant
le jour d'une saison chaude. Si, dans cette saison,
elles sont moins fortes le matin que le soir, c'est
que ce sont les effusions nocturnes qui viennent de
l'autre partie du pôle, et qui se déchargent dans les
sources en spirale de l'océan Atlantique, mais en
moindre quantité. Si, au contraire, au bout de six
mois, les plus fortes marées, c'est-à-dire celles du
soir, deviennent les plus foibles, et les plus foibles,
c'est-à-dire, celles du matin, deviennent les plus
fortes ; c'est qu'elles viennent alors de l'action du
soleil sur le pôle austral, et que la cause étant

opposée, les effets doivent l'être pareillement. Si les
marées sont plus fortes un jour et demi ou deux jours
après les pleines lunes, c'est que cet astre augmente
par sa chaleur les effusions polaires, et par conséquent le volume d'eau de l'Océan. Non-seulement
la lune a une chaleur qui évapore les eaux, comme
on l'a observé dernièrement à Rome et à Paris, mais
qui fond les glaces, ainsi que le rapporte Pline
d'après les observations de l'antiquité. « La lune fait
» dégeler, résolvant toutes glaces et gelées par l'hu-
» midité de son influence ». (Hist. nat. l. 2, ch. 101.)
Si enfin les marées sont plus considérables aux équinoxes qu'aux solstices, c'est que, comme nous
l'avons vu, c'est aux équinoxes qu'il y a le plus grand
volume d'eau dans l'Océan, puisque la plus grande
partie des glaces d'un des pôles est alors fondue, et
que celles du pôle opposé commencent alors à fondre.

Il ne faut pas croire que chaque marée soit une
effusion polaire du jour même : mais elle est un effet
de cette suite d'effusions polaires qui se succèdent
perpétuellement; en sorte que la marée qui arrive
aujourd'hui sur nos côtes, est partie du pôle il y a
peut-être six semaines; et son mouvement est entretenu par celles qui coulent chaque jour à sa suite.
C'est ainsi que dans une file de billes placées sur un
billard, la première qui reçoit une impulsion, la
communique à sa voisine, celle-ci à la suivante, et
que la dernière seule se détache de la file avec ce

I. F

qui reste de mouvement. Mais on doit admirer ici cette autre concordance qui règne entre les effets de la nature les plus éloignés ; c'est que les marées du soir et du matin arrivent sur nos côtes, comme si elles partoient dans le même jour de la partie supérieure et inférieure de notre hémisphère ; et que les marées d'été sont précisément opposées à celles de l'hiver, comme les pôles même d'où elles s'écoulent.

Je pourrois appuyer cette nouvelle théorie d'une multitude de faits, et l'appliquer à la plupart des phénomènes nautiques qu'on a regardés jusqu'ici comme inexplicables ; mais le temps et l'espace qui me restent ne me le permettent pas. Il me suffit d'en avoir déduit les principaux mouvemens de la mer. Il m'a fallu parcourir ce labyrinthe avec un travail dont le lecteur n'a pas d'idée. Je lui en ai montré l'entrée et la sortie, et je lui en présente le fil. Il pourra, sans doute, aller beaucoup plus loin sans mon secours. Je peux l'assurer, qu'en s'éclairant de ces principes dans la lecture des journaux et des voyages maritimes qui ont un peu d'exactitude dans les dates de leurs observations, tels que ceux d'Abel Tasman, de Hugues de Linschoten, du général Beaulieu, de Froger, de Fraisier, de Dampier, d'Ellis, &c. il verra un jour nouveau se répandre sur les endroits des journaux de marine, qui sont, pour l'ordinaire, si arides et si obscurs.

Si le temps et mes moyens m'eussent permis de

répandre sur cette partie toute la lumière dont elle
est susceptible, j'ose me flatter que je l'eusse rendue
bien autrement intéressante. J'eusse fait représenter
sur deux grands globes solides les deux courans généraux de la mer en hiver et en été, avec des flèches
qui eussent exprimé les intervalles exacts d'une
marée à l'autre; et leurs contre-courans latéraux
au passage de tous les détroits, qui produisent, sur
différens rivages, des contre-marées semi-diurnes,
diurnes, hebdomadaires, lunaires, semi-annuelles.
Ces contre-marées en eussent produit d'autres de
retour au passage des îles; en sorte qu'on eût vu
l'Océan comme un grand fleuve, partir de chaque
pôle, circuire le globe, et former sur ses rivages une
multitude de contre-courans, et de contre-marées
dépendantes toutes des effusions d'un seul pôle. Je
me fusse servi pour cela des journaux de marine les
plus authentiques.

On eût vu alors évidemment que les baies des
continens et même des îles sont à l'abri des courans
généraux; et j'eusse fait voir au contraire, que le
cours et la direction de tous les fleuves sont ordonnés
à ces courans et à ces marées de l'Océan, pour les
accélérer en certains lieux, et les retarder en d'autres, comme le cours des ruisseaux et des rivières
est ordonné lui-même au courant des fleuves, pour
la même fin.

J'eusse fait plus : afin de bannir l'aridité de notre

géographie, et réunir les graces que se prêtent mutuellement tous les règnes de la nature, au lieu de flèches, j'y eusse représenté des figures plus analogues aux mers, et j'aurois ajouté de nouvelles preuves à la théorie de ces effusions polaires, en y représentant plusieurs espèces de poissons voyageurs, qui, à certaines époques de l'année, s'abandonnent à leurs courans pour passer d'un hémisphère dans l'autre. Ce qu'il y a de certain, c'est que le point principal de leur réunion, tant d'un pôle que de l'autre, est précisément au détroit formé par la Guinée et le Brésil, où nous avons dit que se formoient ces deux grands contre-courans latéraux qui retournent vers les pôles. C'est-là le rendez-vous des poissons du pôle septentrional et du pôle austral. Les harengs, les baleines et les maquereaux se trouvent en abondance en été sur ces rivages. Les baleines du nord ont été si communes au Brésil autrefois, que, suivant le rapport des voyageurs, leur pêche y étoit affermée, et produisoit un revenu considérable au roi de Portugal. Je ne sais pas ce qui en est à présent ; peut-être le bruit de l'artillerie européenne les aura éloignées de ces côtes. On y pêchoit aussi en quantité la morue connue dans toute l'Amérique sous le nom de morue du Brésil. D'un autre côté, suivant le hollandais Bosman, qui nous a donné une très-bonne relation de la Guinée, les baleines de l'espèce de celles qu'on appelle *nord-*

caper, capres du nord, abondent sur les côtes de
Guinée. Il prétend qu'elles y viennent faire leurs
petits. Artus nous a conservé une liste des poissons
voyageurs qui apparoissoient sur cette côte pendant
les divers mois de l'année. Quoiqu'elle soit bien
imparfaite, on y peut connoître les poissons particuliers à chaque pôle. Aux mois d'avril et de mai,
c'est une espèce de raies, qui s'élève à la surface de
l'eau ; en juin et juillet, une sorte de harengs si nom-
breuse, que les nègres en jetant au milieu d'eux un
simple plomb à l'extrémité d'une longue ligne environnée d'hameçons, en pêchent toujours plusieurs
d'un seul coup. Pendant les mêmes mois, ils prennent beaucoup d'écrevisses de mer, semblables, dit
Artus, à celles de Norwège. En septembre, on y
voit arriver des espèces très-nombreuses de maquereaux. Il y paroît alors une espèce de mulet, qui,
à l'opposé des autres poissons qui aiment le silence,
accourt au bruit. Les nègres profitent de cet instinct
pour le prendre. Ils attachent à une pièce de bois
hérissée d'hameçons, une sorte de cornet avec son
battant, ils la jettent ainsi équipée à la mer, et le
mouvement des flots agitant le cornet, produit un
certain bruit qui attire ce poisson, qui, voulant
mordre le morceau de bois, se prend ainsi de lui-
même. Ainsi, la bonne nature fournit aux pauvres
nègres des pêches proportionnées à leur industrie.
Cette espèce de mulet paroît par son instinct destiné

à voyager dans les mers et les saisons bruyantes,
puisqu'il ne paroît qu'à l'équinoxe d'automne, à la
révolution des saisons. Mais dans les mois d'octobre
et de novembre, terrissent en abondance des poissons dont le nom et les mœurs sont inconnus à l'Europe, et qui semblent appartenir au pôle austral,
dont les courans sont alors en activité. Tels sont un
brochet de mer ou bécune, dont les dents sont très-
aiguës et la morsure fort dangereuse ; une espèce de
saumon à chair blanche, qui est de très-bon goût ;
un autre qu'il appelle l'étoile de mer ; une espèce de
chien marin qui a la tête très-grosse, et la gueule en
forme de bassinoire ; il est marqué sur le dos d'une
croix : il y en a de si gros, qu'un seul fait la charge
de deux et trois canots. En décembre, on voit une
grande abondance de korkofedo ou lunes qui paroissent aussi en juin. Le korkofedo semble régler sa
marche sur les solstices. Il est aussi large que long :
on le prend avec un morceau de canne à sucre
attaché à un hameçon. Le goût de ce poisson pour
la canne à sucre, est une autre preuve des harmonies établies entre les poissons et les végétaux.
Enfin dans les mois de janvier, février et mars, on
voit sur la côte de Guinée une espèce de petits
poissons à grands yeux, qu'Artus croit être l'*oculus*
ou *piscis oculatus* de Pline. C'est encore un voyageur des mers bruyantes de l'équinoxe, car il saute
et s'agite avec beaucoup de bruit.

Si le temps me l'eût permis, j'aurois étendu ces
consonnances élémentaires aux divers habitans des
départemens de la mer. Nous eussions vu, par
exemple, la cause du passage alternatif des tortues
qui se rendent chaque année, pendant six mois,
dans certaines îles, et qu'on retrouve six mois après
dans d'autres îles, à sept ou huit cents lieues de là,
sans qu'on ait pu imaginer jusqu'ici comment ce
lourd amphibie peut faire de si grands trajets vers
des lieux qu'il n'aperçoit pas. Nous eussions vu
leurs pesantes flottes se laisser aller, presque sans
mouvement, pendant la nuit, au courant général
de l'Océan, côtoyer à la clarté de la lune les sombres
promontoires des îles, et chercher dans leurs anses
désertes quelques baies sablonneuses et tranquilles
où elles puissent faire leur ponte loin du bruit.
D'autres, comme les maquereaux, ne manquent
pas d'arriver, dans les saisons accoutumées, sur
d'autres rivages, avec les mêmes courans, puisque
alors ils sont aveugles. « Lorsque les maquereaux
« viennent sur les côtes du Canada, dit Denis, ancien
« gouverneur de ce pays, ils ne voient goutte. Ils ont
« une maille sur les yeux, qui ne leur tombe que
« vers la fin de juin, et pour lors ils voient et se
« prennent à la ligne. » (*Hist. nat. de l'Amérique
septentrionale, chap. 11.*) Son témoignage est confirmé par d'autres voyageurs, quoiqu'il n'en eût pas
besoin. D'autres poissons, comme les harengs, font

étinceler au soleil leurs légions argentées sur les
grèves septentrionales de l'Europe et de l'Amérique, ombragées de sapins, et s'avancent jusques
sous les palmiers de la ligne, en remontant le long des
rivages contre les marées du midi, qui leur apportent
sans cesse de nouvelles pâtures. D'autres, comme
les thons, partent de la ligne, voguent à la faveur
de ces mêmes marées, et entrent au printemps dans
la Méditerranée, dont ils font tout le tour ; et quoiqu'ils ne laissent aucune trace sur leur chemin
liquide, ils ne laissent pas de s'y reconnoître au
milieu des nuits les plus obscures, à la lueur des
feux phosphoriques qu'excitent leurs mouvemens.
C'est à ces mêmes lueurs qu'on aperçoit la nuit les
tortues couleur d'ombre, sur la surface des eaux.
On croiroit que ces animaux, entourés de lumière,
ont des flambeaux attachés à leurs nageoires et à
leurs queues. Ainsi les qualités phosphoriques de
l'eau marine sont liées même aux voyages nocturnes
des poissons.

C'est le soleil qui est le moteur de toutes ces harmonies. Parvenu à l'équinoxe, il abandonne un pôle
à l'hiver, et il donne à l'autre le signal du printemps
par les feux dont il l'environne. Le pôle échauffé
verse de toutes parts des torrens d'eau et de glaces
fondues dans l'Océan, à qui il donne de nouvelles
sources. L'Océan change alors son cours ; il entraîne
dans son courant général la plupart des poissons du

nord vers le midi, et par ses contre-courans latéraux, ceux du midi vers le nord. Il en attire d'autres
jusque dans le continent, par les alluvions des terres
que les fleuves charient : tels sont les poissons à
écailles, comme les saumons, qui aiment en général
à remonter contre le cours des fleuves.

Ces légions flottantes sont accompagnées de co-
hortes innombrables d'oiseaux de marine, qui
quittent leurs climats naturels et voltigent autour
des poissons, pour vivre à leurs dépens : c'est alors
qu'on voit aborder jusque sur les rivages septentrionaux, les oiseaux de marine du midi, comme
les pélicans, les flamans, les crabiers, les aigrettes ;
et sur ceux du midi, les oiseaux du nord, comme
les lombs, les bourguemestres, les cormorans : c'est
alors que les sables et les écueils les plus déserts sont
habités, et que la nature présente de nouvelles harmonies sur tous les rivages.

Si les voyages des habitans de la mer eussent jeté
de nouveaux jours sur les courans de l'Océan, ces
courans eux-mêmes nous auroient donné des lumières sur les mœurs et sur les formes des poissons,
qui nous paroissent si étranges. La plupart de ces
poissons jettent leur frai en si grande abondance,
que la mer en est quelquefois couverte dans des
espaces de plusieurs lieues. Les courans emportent
au loin ce frai ; et pendant que les pères et les
mères, sans souci, se livrent à l'amour sur les côtes

de la Norwège, leur postérité vient quelquefois
éclore sur celles de l'Afrique ou du Brésil. Nous
eussions vu leurs catégories si variées, parfaitement
configurées pour les différens sites de la mer : les
uns taillés en longues lames de sabres, comme le
poisson de l'Afrique, qui en porte le nom, se plaisent
à pénétrer dans les passages les plus étroits des
rochers, et à remonter contre les courans les plus
rapides ; d'autres, également aplatis, sont taillés en
rond avec deux longues antennes qui partent de
leur tête et se renversent en arrière, pour leur servir de gouvernail, comme les lunes argentées des
Antilles. Ces lunes se jouent sans cesse au milieu
des flots qui se brisent contre les rochers, sans que
jamais on en voie une seule jetée sur le rivage.
D'autres poissons triangulaires, et taillés comme des
coffres, dont ils portent le nom, s'avancent jusqu'au
milieu des rescifs, dans des flaques où il n'y a presque pas d'eau, et font briller au sein des noirs rochers leurs robes bleues parsemées d'étoiles d'or.
Pendant que les uns, toujours inquiets, furètent
les plus petits recoins des rivages, pour y chercher
de la proie, d'autres, tranquilles sur leurs besoins,
restent immobiles, à postes fixes, pour l'attendre.
Les uns, encroûtés de lourdes maisons de pierre,
pavent le sol des rivages, comme les casques, les
lambis et les tuilées ; d'autres, attachés par des fils
à de petits cailloux, se tiennent à l'ancre à l'em-

bouchure des fleuves , comme les moules ; d'autres
se collent les uns aux autres, comme les huîtres ;
d'autres se fixent , comme des têtes de clous , aux
rochers qu'ils lèchent , comme les lépas ; d'autres
s'enfouissent dans les sables , comme la harpe , la
vis , le manche de couteau , et la plupart des coquillages dont les robes extérieures sont nettes et
brillantes ; d'autres, comme les homars et les crabes,
couverts de boucliers et de corcelets, sont en embuscade entre les cailloux , où ils ne laissent apercevoir
que l'extrémité de leurs antennes et de leurs grosses
pinces..... S'il eût été en mon pouvoir, j'eusse étudié
les contrastes que ces familles innombrables forment
sur les vases et les rochers , où leurs écailles brillent
des feux de l'aurore et de l'éclat du pourpre et du
lapis ; j'aurois décrit ces campagnes pélagiennes ,
couvertes des plantes d'une variété infinie de formes,
qui ne reçoivent les rayons du soleil qu'à travers
les eaux. Leurs vallées même où les courans s'écoulent avec la rapidité des écluses, produisent des
plantes élastiques et criblées de trous ; telles que
les feuilles du panache marin , au milieu desquelles
les flots passent comme à travers un tamis. J'aurois
représenté leurs rochers , qui s'élèvent du fond de
l'abyme, comme des moles inébranlables , avec des
flancs caverneux hérissés de madrépores et tapissés
de guirlandes mobiles de fucus, d'algues , de varecs
de toutes les couleurs , qui servent d'asyles et de

litières aux phoques et aux chevaux marins. Dans
les tempêtes, leurs bases ténébreuses se couvrent
de nuages d'une lumière phosphorique; et des bruits
ineffables, qui sortent de leurs anfractuosités,
appellent à la proie les légions silencieuses des habitans des mers. J'eusse tâché de pénétrer dans ces
palais des Néréides, d'en dévoiler les mystères
encore inconnus aux hommes, et d'observer de
loin les pas de cette sagesse infinie qui s'est pro-
menée sous les flots; mais ces laborieuses et ravissantes recherches, si utiles à nos pêches et si agréables à l'histoire naturelle, sont au-dessus de la fortune et des travaux d'un solitaire.

J'ose me flatter toutefois que la nouvelle théorie
que j'ai présentée sur les causes des courans généraux et des marées de l'Océan, pourra être utile à
la navigation. Il me semble qu'un vaisseau partant
au mois de mars avec le cours de nos effusions
polaires, et tenant le milieu du canal atlantique,
peut aller, pendant l'été, aux Indes orientales,
toujours favorisé du courant. C'est ce que je pourrois prouver encore par l'expérience de plusieurs
vaisseaux. Il est vrai que dans cette saison, qui est
l'hiver de l'hémisphère austral, l'attérage au Cap de
Bonne-Espérance est dangereux, parce que la mousson de l'ouest qui y règne alors, y excite beaucoup
de tempêtes, ainsi que sur les côtes de l'Inde qui lui
sont opposées; mais je crois qu'on éviteroit ces

inconvéniens en s'élevant en latitude. Ce même
vaisseau peut revenir des Indes orientales six mois
après, pendant notre hiver, avec les effusions du
pôle austral. Il se servira au contraire des contre-
courans des courans généraux, ou de leurs marées
latérales, pour aller ou revenir à contre-saison le long
des continens. Il est facile de tirer de cette théorie
d'autres lumières pour la navigation de toutes les
mers ; par exemple, on peut s'aider de ces courans
pour la découverte des îles nouvelles ; car toute île
est à l'extrémité ou au confluent d'un ou de plusieurs
courans, comme tout volcan est situé dans leurs
remoux.

Je termine ici ces vues nautiques, où il y a, sans
doute, des négligences de style, et quelques imperfections ; mais déterminé par des circonstances
particulières à mettre promptement au jour cet ouvrage, je me suis hâté de donner à ma patrie ce
dernier témoignage de mon attachement. J'espère
de l'indulgence des vrais savans qu'ils rectifieront
mes incorrections.

FLEURS.

PLANCHES III, IV, V.

COMME l'explication de ces planches est insérée
dans le texte, je n'en dirai ici autre chose, sinon
qu'on peut réduire toutes les formes des fleurs qui

ont des relations directes avec le soleil , à ces cinq premiers patrons de fleurs , à réverbères perpendiculaires , coniques , sphériques , elliptiques , plans ou paraboliques ; et les fleurs qui ont des relations négatives avec le soleil, aux cinq autres patrons de fleurs en parasol , qui sont représentées ici en contraste avec les premières. Cependant , quoique celles-ci soient de formes bien plus variées que les fleurs à réverbères , on peut rapporter toutes leurs espèces négatives à ces cinq formes positives.

Je pense que si on ajoutoit à ces cinq formes positives ou primordiales , un certain nombre d'accens pour en exprimer les modifications , on auroit les vrais caractères de la floraison, et un alphabet de cette agréable partie de la végétation. Je présume aussi qu'au moyen de cet alphabet , on pourroit caractériser sur les cartes géographiques les différens sites du règne végétal. Il suffiroit d'en appliquer les signes aux forêts qu'on y représente ; car, en y voyant , je suppose , celui du réverbère perpendiculaire exprimé par un épi ou par un cône saillant , on y reconnoîtroit aussitôt les forêts du nord ou celles des montagnes froides et élevées. Des accens particuliers joints à ce caractère de cône saillant, distingueroient entre eux les pins , les épicéas , les laryxs et les cèdres ; et des rayons qui partiroient de ces caractères modifiés ,montreroient l'étendue des règnes de ces diverses espèces d'arbres.

La chose n'est pas si difficile qu'on se l'imagine. La géographie représente bien des forêts sur les cartes; il ne s'agiroit donc que d'y joindre quelques signes pour en déterminer les espèces, et ces signes caractériseroient encore, comme nous l'avons vu , la latitude ou l'élévation du terrein. D'ailleurs , on excluroit de ces cartes botaniques une multitude de divisions politiques dont les noms en grands caractères occupent inutilement beaucoup d'espace. On n'y représenteroit que les domaines de la nature , et non ceux des hommes. Ainsi , au moyen de ces signes botaniques, on reconnoîtroit d'un coup d'œil, dans une carte , les productions naturelles à chaque terrein , les forêts avec leurs différentes espèces d'arbres , et les prairies même avec les variétés de leurs herbes. On pourroit encore y faire sentir l'humidité ou la sécheresse du territoire , en joignant aux signes des fleurs les caractères des feuilles et des semences des végétaux. On ajouteroit ensuite aux villes et aux villages qu'on y représente, des chiffres qui exprimeroient le nombre des familles qui les habitent , ainsi que je l'ai vu dans des cartes turques; et on auroit des cartes vraiment géographiques qui présenteroient d'un coup d'œil une image de la richesse et de la température du territoire, et du nombre de ses habitans. Au reste , ce n'est pas un plan que je prescris , mais des idées que je propose à perfectionner.

GRAINES VOLATILES.

PLANCHES VI, VII, VIII.

On voit ici, d'un côté, le spart ou jonc des montagnes d'Espagne, creusé en échope, pour recevoir les eaux des pluies ; et sur une autre planche, le jonc cylindrique et plein des marais. La graine de celui-ci ressemble, dans son développement, à des œufs d'écrevisse. Je n'ai pu recouvrer de graine de spart ; mais je ne doute pas qu'à l'opposé de celle du jonc des marais, elle n'ait un caractère volatil. Je ne sais même si le spart fructifie dans notre climat. MM. Thouin, jardiniers en chef du Jardin des Plantes, auroient bien pu satisfaire, à ce sujet, ma curiosité. Ce sont eux qui m'ont prêté la plupart des graines et des feuillages que j'ai fait graver ici, entre autres le cône du cèdre du Liban ; mais accoutumé, dans mes études solitaires, à chercher dans la nature seule la solution des difficultés que j'y rencontre, je ne me suis point adressé à eux, quoiqu'ils soient remplis d'honnêteté et de complaisance pour les ignorans comme pour les docteurs.

Quoi qu'il en soit, c'est au fruit que la nature attache le caractère de volatilité, et c'est par la feuille qu'elle indique la nature du site où le végétal doit naître. Ainsi on voit, dans cette planche, le cône du cèdre composé de folioles comme un arti-

chaut. Chaque foliole porte son pignon : tel est celui
qui est représenté ici détaché du cône ; et chacun
d'eux, dans la maturité du fruit, s'envole, à l'aide
des vents, vers les sommets des hautes montagnes,
pour lesquels il est destiné. Remarquez aussi que
les feuilles du cèdre sont d'une forme filiforme,
pour résister aux vents qui sont violens dans les
hautes montagnes ; et elles sont agrégées en pinceaux
pour recueillir dans l'air les vapeurs qui y nagent.
Chaque feuille de cet arbre a de plus un aqueduc tracé
dans sa longueur ; mais comme elle est fort menue,
la gravure n'a pu l'exprimer. Au reste, cette forme
filiforme et capillacée, si propre à résister aux vents,
ainsi que celle qui est en lame d'épée, est commune
aux végétaux de montagnes, comme pins, mélèzes,
cèdres, palmiers : elle se retrouve aussi très-fré-
quemment sur les bords des eaux également exposés aux grands vents, comme dans les joncs, les
roseaux, les feuilles de saule ; mais les feuillages de
ceux-ci diffèrent essentiellement de ceux des premiers, en ce qu'ils n'ont point d'aqueduc, et que
ceux des montagnes en ont ; leur agrégation n'est
pas non plus la même.

Le pissenlit croît, comme le cèdre, dans les lieux
secs et élevés. Ses graines sont suspendues à une
sphère entière de volans, qui forme au-dehors un
polyèdre très-régulier d'une multitude de faces hexa-
gonales ou pentagonales. Ces faces ne sont point

I. c

exprimées dans la figure , parce qu'on l'a copiée
d'après celle d'un livre de botanique très-estimé ,
mais qui , comme les livres en tout genre , n'a recueilli que les caractères qui convenoient à son système. La feuille du pissenlit détermine particulièrement son site naturel ; elle est large et charnue ,
parce que , s'étalant sur la terre, où elle forme des
étoiles de verdure, elle ne craint point les vents : elle
est découpée profondément en dents de scie , pour
ouvrir un passage aux graminées , et ses dentelures
se recourbent en dedans pour recevoir les eaux de
pluie , et les porter à la racine. Ainsi la nature pro-
portionne les moyens à chaque sujet , et redouble
d'attention pour les plus foibles. La sphère du pissenlit est plus artistement faite que le cône du cèdre ,
et est sans contredit bien plus volatile. Il faut des
tempêtes pour porter au loin la semence des cèdres ;
il ne faut que des zéphyrs pour ressemer celle des
pissenlits. Il faut de plus un Liban pour planter le
premier , et à l'autre il suffit d'une taupinière. Ce
petit végétal est aussi bien plus utile dans le monde
que le cèdre ; il sert à la nourriture de plusieurs
quadrupèdes , et de beaucoup de petits oiseaux qui
se repaissent de sa graine. Il est fort salutaire à
l'homme , sur-tout au printemps. Aussi on voit alors
beaucoup de pauvres gens qui cueillent ses jeunes
pousses dans les campagnes. C'est le seul aliment
que la nature présente encore gratuitement à l'homme

dans notre climat. Il vient par-tout dans les lieux secs , et jusque dans les intervalles des pavés. Il tapisse souvent les cours des hôtels , dont les maîtres n'ont pas beaucoup de cliens , et semble y appeler les misérables. Ses fleurs dorées émaillent très-agréablement le pied des murs , et sa sphère de plume relevée sur une longue hampe , au sein d'une étoile de verdure, ne laisse pas d'avoir son agrément.

C'est donc la feuille qui détermine particulièrement le site naturel d'un végétal : car , comme nous l'avons vu , il y a des plantes aquatiques qui ont leurs graines volatiles , parce qu'elles croissent sur les bords des lacs ou des marais qui n'ont pas de courans, tels que le saule et le roseau ; mais leurs feuilles, alors, n'ont point d'aqueducs. Il y en a même qui sont pendantes , et qui , par cette attitude , refusent les eaux du ciel. L'érable de Virginie , qui se plaît sur les bords des lacs , des marais et des criques , a des graines attachées à des ailes membraneuses , semblables à celles d'une mouche , comme celle de l'érable de montagne , qui est représentée ici. Mais il y a cette grande différence entre eux , que la large feuille du premier est pendante et attachée à une longue queue; que cette queue , loin d'avoir un aqueduc, a une arête ; et que la feuille de l'érable de montagne, qui est d'une moyenne grandeur, anguleuse et corticée pour résister aux vents, s'élève presque verticalement, et porte

C 2

un aqueduc sur sa queue, pour recevoir les eaux
du ciel.

GRAINES AQUATIQUES.

PLANCHES IX, X.

LES graines aquatiques ont des caractères entièrement opposés à ceux des graines de montagnes,
si on en excepte, comme je l'ai dit, celles qui viennent sur les bords des eaux stagnantes ; mais celles-
ci même ont à la fois des caractères volatils et nautiques, car elles sont amphibies. Elles surnagent
dans l'eau, et elles volent en l'air ; telle est celle du
saule, &c. C'est la feuille qui détermine le site,
comme je l'ai dit ; car les plantes aquatiques n'ont
jamais d'aqueduc sur leurs feuilles. La plupart même
repoussent les eaux. Jamais les feuilles du nymphæa
et du roseau ne se mouillent. Il en est de même de
celles de la capucine, qui ne sont jamais humides,
quelque pluie qu'il fasse, quoique cette plante aime
beaucoup l'eau ; car elle en consomme des quantités
prodigieuses dans sa culture. Je suis persuadé que
si un marais étoit ensemencé de cette sorte de
plante, il seroit bientôt desséché. La feuille du
martinia, de la Vera-Crux, qui est représentée ici
dans les plantes aquatiques, est au contraire toujours
humide. Elle a même, dans son premier développement, une cannelure sur la queue. Par ce double

caractère montagnard, je soupçonne que le martinia croît sur les bords arides et sablonneux de la mer ; car la nature, pour varier ses harmonies, met des lieux fort secs sur les bords des eaux, comme elle met des flaques d'eau et des marais dans les montagnes. Mais par la forme de la gousse du martinia, qui ressemble à un hameçon de dorade, je la crois destinée aux lieux exposés aux débordemens de la mer, tel qu'est en effet le terrein de la Vera-Crux, d'où cette espèce est originaire. Je présume donc que lorsque les rivages de la Vera-Crux sont inondés par les grandes marées, on doit voir des poissons accrochés à cette plante ; car la tige de sa gousse est très-difficile à rompre, ses deux crochets sont pointus comme des hameçons, et élastiques et durs comme de la corne. De plus, quand on la trempe dans l'eau, ses sillons ombragés de noir brillent comme s'ils étoient remplis de globules de vif-argent. Or, l'éclat de la lumière est encore un appât qui attire les poissons. Ce ne sont là que des conjectures ; je les fonde sur un principe bien véritable, c'est que la nature n'a rien fait en vain.

FIN DE L'EXPLICATION DES FIGURES.

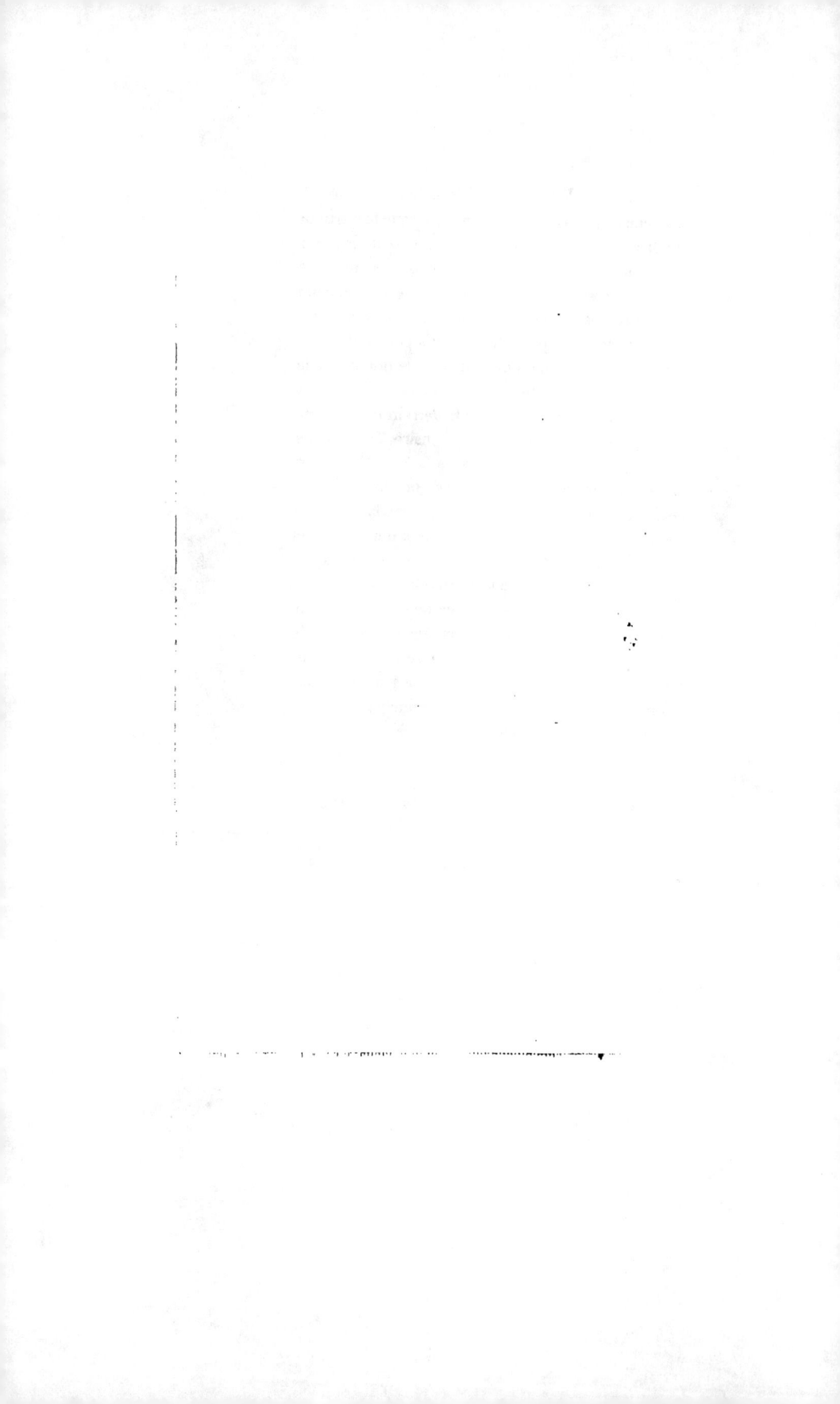

ÉTUDES

DE LA NATURE.

ÉTUDE PREMIÈRE.

IMMENSITÉ DE LA NATURE;

plan de mon ouvrage.

Je formai, il y a quelques années, le projet d'écrire une Histoire générale de la nature, à l'imitation d'Aristote, de Pline, du chancelier Bacon, et de plusieurs modernes célèbres. Ce champ me parut si vaste, que je ne pus croire qu'il eût été entièrement parcouru. D'ailleurs la nature y invite tous les hommes de tous les temps; et si elle n'en promet les découvertes qu'aux hommes de génie, elle en réserve au moins quelques moissons aux ignorans, sur-tout à ceux qui, comme moi, s'y arrêtent à chaque pas, ravis de la beauté de ses divins ouvrages. J'étois encore porté à ce noble dessein, par le desir de bien mériter des hommes. C'est dans la nature que nous en devons trouver les lois, puisque ce n'est qu'en nous écartant de ses lois que nous rencontrons les maux. Etudier la nature, c'est donc servir le genre humain. J'ai employé à cette recherche toutes les forces de ma raison ; et quoique mes moyens aient été bien foibles, je peux dire que je n'ai pas passé un seul jour sans recueillir quelque observation agréable. Je me proposois de commencer mon ouvrage quand je cesserois d'observer, et que j'aurois rassemblé tous les matériaux de l'histoire de la nature ; mais il m'en a pris, comme à cet enfant qui avoit creusé un trou dans le sable, avec une coquille, pour y renfermer l'eau de la mer.

La nature est infiniment étendue, et je suis un homme très-borné. Non-seulement son histoire générale, mais celle de la plus petite plante, est bien au-dessus de mes forces. Voici à quelle occasion je m'en suis convaincu.

Un jour d'été, pendant que je travaillois à mettre en ordre quelques observations sur les harmonies de ce globe, j'aperçus sur un fraisier qui étoit venu par hasard sur ma fenêtre, de petites mouches si jolies, que l'envie me prit de les décrire. Le lendemain j'y en vis d'une autre sorte, que je décrivis encore. J'en observai, pendant trois semaines, trente-sept espèces toutes différentes ; mais il y en vint, à la fin, en si grand nombre et d'une si grande variété, que je laissai là cette étude, quoique trèsamusante, parce que je manquois de loisir, et, pour dire la vérité, d'expression.

Les mouches que j'avois observées étoient toutes distinguées les unes des autres, par leurs couleurs, leurs formes et leurs allures. Il y en avoit de dorées, d'argentées, de bronzées, de tigrées, de rayées, de bleues, de vertes, de rembrunies, de chatoyantes. Les unes avoient la tête arrondie comme un turban; d'autres, alongée en pointe de clou. A quelques-unes elle paroissoit obscure comme un point de velours noir, elle étinceloit à d'autres comme un rubis. Il n'y avoit pas moins de variété dans leurs ailes. Quelques-unes en avoient de longues et de brillantes, comme des lames de nacre; d'autres, de courtes et de larges, qui ressembloient à des réseaux de la plus fine gaze. Chacune avoit sa manière de les porter et de s'en servir. Les unes les portoient perpendiculairement, les autres horizontalement, et sembloient prendre plaisir à les étendre. Celles-ci voloient en tourbillonnant à la manière des papillons; celles-là s'élevoient en l'air, en se dirigeant contre le vent, par un mécanisme à-peu-près semblable à celui des cerfs-volans de papier, qui s'élèvent en formant avec l'axe du vent un angle, je crois, de vingt-deux degrés et demi. Les unes abordoient sur cette plante pour y déposer leurs œufs; d'autres, simplement pour s'y mettre à l'abri du soleil. Mais la plupart y venoient pour des rai-

sons qui m'étoient tout-à-fait inconnues; car les
unes alloient et venoient dans un mouvement perpétuel, tandis que d'autres ne remuoient que la
partie postérieure de leurs corps. Il y en avoit beaucoup qui étoient immobiles, et qui étoient peut-
être occupées, comme moi, à observer. Je dédai-
gnai, comme suffisamment connues, toutes les tribus des autres insectes qui étoient attirées sur mon
fraisier, telles que les limaçons qui se nichoient
sous ses feuilles, les papillons qui voltigeoient autour, les scarabées qui en labouroient les racines,
les petits vers qui trouvoient le moyen de vivre dans
le parenchyme, c'est-à-dire, dans la seule épaisseur
d'une feuille, les guêpes et les mouches à miel qui
bourdonnoient autour de ses fleurs, les pucerons
qui en suçoient les tiges, les fourmis qui léchoient
les pucerons; enfin les araignées qui, pour attraper
ces différentes proies, tendoient leurs filets dans le
voisinage.

Quelque petits que fussent ces objets, ils étoient
dignes de mon attention, puisqu'ils avoient mérité
celle de la nature. Je n'eusse pu leur refuser une
place dans son Histoire générale, lorsqu'elle leur en
avoit donné une dans l'univers. A plus forte raison,
si j'eusse écrit l'histoire de mon fraisier, il eût fallu
en tenir compte. Les plantes sont les habitations des
insectes, et on ne fait point l'histoire d'une ville
sans parler de ses habitans. D'ailleurs mon fraisier

n'étoit point dans son lieu naturel, en plaine campagne, sur la lisière d'un bois ou sur le bord d'un ruisseau, où il eût été fréquenté par bien d'autres espèces d'animaux. Il étoit dans un pot de terre, au milieu des fumées de Paris. Je ne l'observois qu'à des momens perdus. Je ne connoissois point les insectes qui le visitoient dans le cours de la journée, encore moins ceux qui n'y venoient que la nuit, attirés par de simples émanations, ou peut-être par des lumières phosphoriques qui nous échappent. J'ignorois quels étoient ceux qui le fréquentoient pendant les autres saisons de l'année, et le reste de ses relations avec les reptiles, les amphibies, les poissons, les oiseaux, les quadrupèdes, et les hommes sur-tout, qui comptent pour rien tout ce qui n'est pas à leur usage.

Mais il ne suffisoit pas de l'observer, pour ainsi dire, du haut de ma grandeur, car dans ce cas ma science n'eût pas égalé celle d'une des mouches qui l'habitoient. Il n'y en avoit pas une seule qui, le considérant avec ses petits yeux sphériques, n'y dût distinguer une infinité d'objets que je ne pouvois apercevoir qu'au microscope, avec des recherches infinies. Leurs yeux même sont très-supérieurs à cet instrument, qui ne nous montre que les objets qui sont à son foyer, c'est-à-dire, à quelques lignes de distance; tandis qu'ils aperçoivent, par un mécanisme qui nous est tout-à-fait inconnu, ceux qui

sont auprès d'eux et au loin. Ce sont à la fois des
microscopes et des télescopes. De plus, par leur
disposition circulaire autour de la tête, ils voient en
même temps toute la voûte du ciel, dont ceux d'un
astronome n'embrassent tout au plus que la moitié.
Ainsi mes mouches devoient voir d'un coup-d'œil,
dans mon fraisier, une distribution et un ensemble
de parties que je ne pouvois observer au microscope
que séparées les unes des autres, et successivement.

En examinant les feuilles de ce végétal, au moyen
d'une lentille de verre qui grossissoit médiocre-
ment, je les ai trouvées divisées par compartimens
hérissés de poils, séparés par des canaux, et parsemés de glandes. Ces compartimens m'ont paru
semblables à de grands tapis de verdure, leurs poils
à des végétaux d'un ordre particulier, parmi lesquels il y en avoit de droits, d'inclinés, de fourchus,
de creusés en tuyaux, de l'extrémité desquels sortoient des gouttes de liqueurs; et leurs canaux, ainsi
que leurs glandes, me paroissoient remplis d'un
fluide brillant. Sur d'autres espèces de plantes, ces
poils et ces canaux se présentent avec des formes,
des couleurs et des fluides différens. Il y a même
des glandes qui ressemblent à des bassins ronds,
carrés ou rayonnans. Or la nature n'a rien fait en
vain. Quand elle dispose un lieu propre à être habité, elle y met des animaux. Elle n'est pas bornée
par la petitesse de l'espace. Elle en a mis avec des

nageoires dans de simples gouttes d'eau, et en
si grand nombre, que le physicien Lewenhoek
y en a compté des milliers. Plusieurs autres après
lui, entre autres Robert Hook, en ont vu, dans une
goutte d'eau, de la petitesse d'un grain de millet,
les uns 10, les autres 30, et quelques-uns jusqu'à
45 mille. Ceux qui ignorent jusqu'où peut aller la
patience et la sagacité d'un observateur, pourroient
douter de la justesse de ces observations, si Lyon-
net, qui les rapporte dans la Théologie des Insectes
de Lesser (1), n'en faisoit voir la possibilité par un
mécanisme assez simple. Au moins on est certain
de l'existence de ces êtres dont on a dessiné les différentes figures. On en trouve d'autres, avec des
pieds armés de crochets, sur le corps de la mouche
et même sur celui de la puce. On peut donc croire,
par analogie, qu'il y a des animaux qui paissent sur
les feuilles des plantes, comme les bestiaux dans
nos prairies, qui se couchent à l'ombre de leurs
poils imperceptibles, et qui boivent dans leurs
glandes façonnées en soleils, des liqueurs d'or et
d'argent. Chaque partie des fleurs doit leur offrir
des spectacles dont nous n'avons point d'idées. Les
anthères jaunes des fleurs, suspendues sur des filets
blancs, leur présentent de doubles solives d'or en
équilibre sur des colonnes plus belles que l'ivoire ;

---

(1) Liv. 2, chap. 5. *Voyez* la dernière note.

les corolles, des voûtes de rubis et de topaze, d'une grandeur incommensurable ; les nectaires, des fleuves de sucre ; les autres parties de la floraison, des coupes, des urnes, des pavillons, des dômes que l'architecture et l'orfévrerie des hommes n'ont pas encore imités.

Je ne dis point ceci par conjecture ; car un jour, ayant examiné au microscope des fleurs de thym, j'y distinguai, avec la plus grande surprise, de superbes amphores à long col, d'une matière semblable à l'améthyste, du goulot desquelles sembloient sortir des lingots d'or fondu. Je n'ai jamais observé la simple corolle de la plus petite fleur, que je ne l'aie vue composée d'une matière admirable, demi-transparente, parsemée de brillans, et teinte des plus vives couleurs. Les êtres qui vivent sous leurs riches reflets doivent avoir d'autres idées que nous de la lumière et des autres phénomènes de la nature. Une goutte de rosée, qui filtre dans les tuyaux capillaires et diaphanes d'une plante, leur présente des milliers de jets d'eau ; fixée en boule à l'extrémité d'un de ses poils, un océan sans rivage ; évaporée dans l'air, une mer aérienne. Ils doivent donc voir les fluides monter au lieu de descendre ; se mettre en rond au lieu de se mettre de niveau ; et s'élever en l'air au lieu de tomber. Leur ignorance doit être aussi merveilleuse que leur science. Comme ils ne connoissent à fond que l'harmonie

des plus petits objets, celle des grands doit leur
échapper. Ils ignorent, sans doute, qu'il y a des
hommes, et parmi les hommes, des savans qui connoissent tout, qui expliquent tout, qui, passagers
comme eux, s'élancent dans un infini en grand où
ils ne peuvent atteindre; tandis qu'eux, à la faveur
de leur petitesse, en connoissent un autre dans les
dernières divisions de la matière et du temps. Parmi
ces êtres éphémères, se doivent voir des jeunesses
d'un matin et des décrépitudes d'un jour. S'ils ont
des histoires, ils ont des mois, des années, des siècles, des époques proportionnées à la durée d'une
fleur. Ils ont une autre chronologie que la nôtre,
comme ils ont une autre hydraulique et une autre
optique. Ainsi, à mesure que l'homme s'approche
des élémens de la nature, les principes de sa science
s'évanouissent.

Tels devoient donc être ma plante et ses habitans
naturels aux yeux de mes moucherons; mais quand
j'aurois pu acquérir, comme eux, une connoissance
intime de ce nouveau monde, je n'en aurois pas
encore eu l'histoire. Il auroit fallu étudier ses rapports avec le reste de la nature, avec le soleil
qui la fait fleurir, les vents qui la ressèment, et les
ruisseaux dont elle fortifie les rives qu'elle embellit.
Il eût fallu savoir comment elle se conserve en hiver
par des froids qui font fendre les pierres, et comment elle reparoît verdoyante au printemps, sans

qu'on ait pris soin de la préserver de la gelée ; comment foible et se traînant sur la terre, elle s'élève
depuis le fond des humbles vallées jusqu'au sommet
des Alpes, et parcourt le globe du nord au midi, de
montagnes en montagnes, formant dans sa route
mille réseaux charmans de ses fleurs blanches et de
ses fruits couleur de rose, avec les plantes de tous
les climats ; comment elle a pu s'étendre depuis les
montagnes de Cachemire jusqu'à Archangel, et depuis les monts Félices en Norwège jusqu'au Kamchatka ; comment enfin on la retrouve dans les deux
Amériques, quoiqu'une infinité d'animaux lui fasse
par-tout la guerre, et qu'aucun jardinier ne se mêle
de la ressemer.

Avec toutes ces lumières, je n'aurois encore eu
que l'histoire du genre, et non celle des espèces.
Il en resteroit encore à connoître les variétés, qui
ont chacune leur caractère, par leurs fleurs uni-
ques, accouplées ou disposées en grappes ; par la
couleur, le parfum et la saveur de leurs fruits ; par
la grandeur, les découpures, les nervures, le lissé ou
le velouté de leurs feuilles. Un de nos plus fameux
botanistes, Sébastien Le Vaillant (1), en a trouvé,
dans les seuls environs de Paris, cinq espèces différentes, dont trois portent des fleurs sans donner de
fruits. On en cultive une douzaine d'étrangères dans

_____

(1) *Botanicon Parisiense.*

nos jardins, telles que celles du Chily, du Pérou,
des Alpes, ou de tous les mois, celle de Suède,
qui est verte, &c. Mais combien de variétés nous
sont inconnues! Chaque degré de latitude n'a-t-il
pas la sienne? N'est-il pas à présumer qu'il y a des
arbres qui portent des fraises, comme il y en a qui
portent des pois et des haricots? Ne peut-on pas
même considérer comme des variétés du fraisier,
les espèces très-nombreuses des framboisiers et des
rubus, avec lesquels il a une analogie frappante,
par la découpure de ses feuilles, par ses sarmens,
qui tracent sur la terre, et qui se replantent eux-
mêmes, par la forme de ses fleurs en rose, et celle
de ses fruits, dont ses semences sont en dehors?
N'a-t-il pas encore des affinités avec les églan-
tiers et les rosiers, par ses fleurs, avec le mûrier,
par ses fruits et par ses feuilles, avec le trèfle même,
dont une espèce, aux environs de Paris, porte de plus
des semences agrégées en forme de fraises, ce qui
lui a fait donner le nom de *trifolium fragiferum?* Si
on pense maintenant que toutes ces espèces, variétés, analogies, affinités, ont dans chaque latitude des
relations nécessaires avec une multitude d'animaux,
et que ces relations nous sont tout-à-fait inconnues,
on verra que l'histoire complète du fraisier suffiroit
pour occuper tous les naturalistes du monde.

Que seroit-ce donc s'il falloit écrire ainsi celle
de toutes les espèces de végétaux répandues sur la

I. II

surface de la terre ? Le fameux Linnæus en comp-
toit sept à huit mille ; mais il n'avoit pas voyagé. Le
célèbre Sherard en connoissoit, dit-on, seize mille.
Un autre botaniste en fait monter le nombre à vingt
mille. Enfin un plus moderne se vante d'en avoir fait
à lui seul une collection de vingt-cinq mille, et il
porte à quatre ou cinq fois autant le nombre de celles
qu'il n'a pas vues ; mais toutes ces évaluations sont
bien foibles, si on considère, d'après les remarques
même de ce dernier observateur, que l'on ne connoît presque rien de l'intérieur de l'Afrique, de
celui des trois Arabies, et même des deux Amériques ; fort peu de chose de la Nouvelle-Guinée,
des nouvelles Hollande et Zélande, et des îles nombreuses de la mer du Sud, dont la plupart elles-
mêmes sont encore inconnues. On ne connoît guère
que quelques rivages de l'île de Ceylan, de la grande
île de Madagascar, des archipels immenses des Phi-
lippines et des Moluques, et de presque toutes les
îles de l'Asie. Pour ce vaste continent, à l'exception de quelques grands chemins dans l'intérieur et
de quelques côtes où trafiquent nos Européens, on
peut dire qu'il nous est tout-à-fait inconnu. Combien de terreins en Tartarie, en Sibérie et dans
beaucoup de royaumes de l'Europe même, où jamais les botanistes n'ont mis le pied ? Quelques-uns,
à la vérité, nous ont donné des Flores malabares,
japonoises, chinoises, &c. ; mais si on fait atten-

tion qu'ils n'ont parcouru dans ces pays que quelques rivages, bien souvent dans une seule saison de l'année où il ne paroît qu'une partie des plantes naturelles à chaque climat ; qu'ils n'ont vu que les campagnes situées dans les environs de nos comptoirs ; qu'ils n'ont pu s'enfoncer dans des déserts, où ils n'auroient trouvé ni subsistances ni guides, ni pénétrer dans le sein d'une foule de nations barbares dont ils ignoroient la langue, on trouvera que leurs collections les plus vantées, quoique très-estimables, sont encore bien imparfaites.

Pour s'en convaincre, on n'a qu'à comparer le temps qu'ils ont mis à recueillir leurs plantes dans un pays étranger, à celui que Le Vaillant employa à rassembler celles des seuls environs de Paris. Le savant Tournefort s'en étoit déjà occupé ; et après un maître aussi infatigable, il sembloit que tous les botanistes de la capitale pouvoient se reposer. Le Vaillant, son élève, osa marcher sur ses pas, et il découvrit, après lui, une quantité si considérable d'espèces oubliées, qu'il doubla au moins le catalogue de nos plantes. Il les a portées à quinze ou seize cents, encore ne comprend-il pas dans ce nombre celles qui ne diffèrent que par la couleur des fleurs et les taches des feuilles, quoique la nature emploie souvent ces signes dans l'ordre végétal, pour en distinguer les espèces et en former de vrais caractères. Voici ce que dit de ses laborieuses

recherches Boerhaave, son illustre éditeur : *Incu-*
buit quippe huic labori ab anno 1696, usque in mar-
tium 1722; toto quidem tanti decursu temporis in eo
occupatus semper; nullum prœtereuns, cujus plantas
haud excuteret, angulum; vias, agros, valles, mon-
tes, hortos, nemora, stagna, paludes, flumina, ri-
pas', fossas, puteos, undequaque lustrans. Contigit
ergo crebrò ut detegeret maximi quœ Tournefortii
intentissimos oculos effugerant. (Botan. Paris. prœf.
p. 3 et 4.) « Il se livra tout entier à ce travail, de-
» puis l'année 1696, jusqu'en mars 1722. Pendant
» un si grand espace de temps il en fut toujours oc-
» cupé. Il ne passa jamais le plus petit coin de terre
» sans en reueillir les plantes ; parcourant dans le
» plus grand détail les chemins, les champs, les
» vallées, les montagnes, les jardins, les forêts,
» les étangs, les marais, les fleuves, les rivages,
» les fossés et les puits. Il arriva delà qu'il en dé-
» couvrit un grand nombre qui avoient échappé aux
» yeux très-attentifs du célèbre Tournefort ». Ainsi
Sébastien Le Vaillant employa vingt-six ans entiers
à compléter, dans sa patrie, et souvent aidé de ses
élèves, la botanique de quelques lieues quarrées de
terrein, tandis que ceux qui nous ont donné celles
de plusieurs royaumes étrangers étoient seuls, et
n'y ont employé que quelques mois. Mais quoique
sa sagacité et sa constance semblent ne nous avoir
rien laissé à desirer, je doute qu'il ait recueilli tous

les présens que Flore a répandus sur nos campagnes, et qu'il ait vu, si j'ose dire, le fond de son
panier; car Pline a observé des plantes dans des
lieux qui ne sont point compris dans l'énumération
de Boerhaave, et qui croissent sur les tuiles des maisons, sur les cribles pourris et sur les têtes des
vieilles statues. Ce qu'il y a de certain, c'est qu'on
en découvre de temps en temps dans les environs
de Paris, qui ne sont point inscrites dans le *Botanicon* de Le Vaillant.

Pour moi, s'il m'est permis de hasarder mes conjectures sur le nombre des espèces de plantes répandues sur la terre, j'ai une telle idée de l'immensité de la nature et de ses répartitions, que j'estime qu'il n'y a point de lieue carrée de terrein qui
n'en présente quelqu'une qui lui soit propre, ou
du moins qui n'y vienne plus belle que dans aucun
autre endroit du monde; ce qui doit porter à plusieurs millions le nombre d'espèces primordiales de
végétaux réparties sur autant de millions carrés de
lieues qui composent la surface solide de notre
globe. Plus on avance vers le midi, plus leur variété augmente dans le même territoire. L'île de
Taïty, dans la mer du Sud, avoit sa botanique particulière, qui n'avoit rien de commun avec celle
des autres lieux situés en Afrique et en Amérique à
la même latitude, ni même avec celle des îles voisines. Si on songe à présent que chaque plante a

plusieurs noms différens dans son propre pays, que chaque nation lui en donne de particuliers, et que tous ces noms varient pour la plupart à chaque siècle, quelles difficultés n'ajoute pas à l'étude de la botanique, sa seule nomenclature ?

Cependant toutes ces notions préliminaires ne formeroient encore qu'une vaine science, quand même on connoîtroit, dans le plus grand détail, toutes les parties qui composent les plantes. C'est leur ensemble, leur attitude, leur port, leur élégance, les harmonies qu'elles forment étant groupées ou en contraste les unes avec les autres, qu'il seroit intéressant de déterminer. Je ne sache pas qu'on ait seulement rien tenté à ce sujet. Quant à leurs vertus, on peut dire que la plupart sont inconnues, ou négligées, ou employées mal-à-propos. Souvent on abuse de leurs qualités, pour faire des expériences cruelles sur des bêtes innocentes, tandis qu'on pourroit s'en servir pour apporter des remèdes miraculeux aux maux de la vie humaine. Par exemple, on conserve au cabinet du roi des flèches plus redoutables que celles d'Hercule trempées dans le sang de l'hydre de Lerne. Leurs pointes sont pénétrées du suc d'une plante si venimeuse, que, quoiqu'elles soient exposées à l'air depuis un grand nombre d'années, elles peuvent, d'une seule piqûre, tuer dans quelques minutes l'animal le plus robuste. Pour peu qu'il en soit blessé, son sang se

coagule tout-à-coup. Mais si on lui fait avaler aussi-
tôt un peu de sucre, la circulation s'en rétablit sur
le champ. Le poison et le remède ont été trouvés
par des sauvages qui habitent les bords de l'Amazone ; et il n'est pas inutile d'observer qu'ils n'emploient jamais à la guerre, mais à la chasse, un
moyen aussi meurtrier. Pourquoi, nous qui sommes
si humains et si éclairés, n'avons-nous pas essayé si
ce poison ne seroit pas salutaire dans les maladies
où le sang éprouve une dissolution subite, et le
sucre dans celles où il vient à s'épaissir? Hélas!
comment pourrions-nous appliquer à la conservation du genre humain les qualités redoutables et
malfaisantes des végétaux étrangers, nous qui em-
ployons à notre commune destruction ceux même
que la nature nous a donnés pour mener une vie
heureuse et innocente? Ces ormes et ces hêtres, à
l'ombre desquels dansent les bergères, servent à
faire des flasques d'affûts aux terribles canons. Nous
environs de fureur nos soldats, qui se tuent sans
se haïr, avec ce même jus de la vigne, donné par
la Providence pour réconcilier les ennemis. Ces
hauts sapins qu'elle a plantés dans les neiges du
nord, pour en abriter et réchauffer les habitans,
servent de mâts aux vaisseaux européens qui vont
porter l'incendie aux peuples paisibles du midi.
C'est avec les chanvres qui habillent nos pauvres
villageoises, que sont faites les voiles des corsaires

qui vont dépouiller les cultivateurs de l'Inde. Nos
récoltes et nos forêts voguent sur les mers, pour
désoler les deux mondes.

Mais laissons l'histoire des hommes, et revenons
à celle de la nature. Si du règne végétal nous passons
au règne animal, nous verrons s'ouvrir devant nous
une carrière incomparablement plus étendue. Un
savant naturaliste annonça à Paris, il y a quelques
années, qu'il possédoit une collection de plus de
trente mille espèces d'animaux. J'ignore si celle du
magnifique cabinet du muséum d'Histoire naturelle
en renferme davantage; mais je sais que ses herbiers
ne contiennent que dix-huit mille plantes, et qu'on
en cultive environ six mille dans son jardin. Cependant ce nombre d'animaux, si supérieur à celui des
végétaux, n'est rien en comparaison de celui qui existe
sur le globe. Qu'on se rappelle que chaque espèce de
plante est un point de réunion pour différens genres
d'insectes, et qu'il n'y en a peut-être pas une seule
qui n'ait en propre une espèce de mouche, de papillon, de puceron, de scarabée, de gallinsecte, de
limaçon, &c.; que ces insectes servent de pâture
à d'autres espèces très-nombreuses, telles qu'à
celles des araignées, des demoiselles, des fourmis,
des formicaleo, et aux familles immenses des petits
oiseaux, dont plusieurs classes, telles que celles
des piverds et des hirondelles, n'ont pas d'autre
nourriture; que ces oiseaux sont mangés à leur tour

par les oiseaux de proie, tels que les milans, les
faucons, les buzes, les corneilles, les corbeaux,
les éperviers, les vautours, &c.; que la dépouille
générale de ces animaux, entraînée par les pluies
aux fleuves, et de là dans les mers, devient l'aliment des tribus presque infinies de poissons, à
la plupart desquels les naturalistes de l'Europe n'ont
pas encore donné de nom; que des légions innombrables d'oiseaux de rivière et de marine vivent aux
dépens de ces poissons : on sera fondé à croire que
chaque espèce du règne végétal sert de base à un
grand nombre d'espèces du règne animal, qui se
multiplient autour d'elle, comme les rayons d'un
cercle autour de son centre. Cependant je n'ai compris, dans ce simple aperçu, ni les quadrupèdes,
dont tous les intervalles de grandeur sont remplis,
depuis la souris qui vit sous l'herbe, jusqu'au camé-
léopart qui paît le feuillage des arbres, à quinze
pieds de hauteur; ni les amphibies, ni les oiseaux
de nuit, ni les reptiles, ni les polypes à peine connus, ni les insectes de la mer, dont quelques
familles, comme celles des cancres et des coquillages, suffiroient seules pour remplir nos plus vastes
cabinets, quand on n'y mettroit qu'un individu de
chaque espèce. Je n'y comprends point les madrépores, dont la mer est pavée entre les tropiques, et
qui sont d'espèces si variées, que j'ai vu à l'Ile-de-
France deux grandes salles remplies de celles qui

croissent seulement autour de cette île, quoiqu'il
n'y en eût qu'un de chaque sorte. Je n'ai point fait
mention d'insectes de plusieurs genres, tels que le
pou et le ver, dont chaque espèce d'animal a ses
variétés particulières qui lui sont affectées, et qui
triplent au moins le règne de tout ce qui respire ;
ni ceux , en nombre infini , visibles et invisibles ,
connus et inconnus , qui n'ont aucune détermination fixe, et que la nature a répandus dans les airs ,
les terres et les profondeurs de l'Océan.

Que seroit-ce donc s'il falloit décrire chacun de
ces êtres avec la sagacité d'un Réaumur ? La vie
d'un homme de génie suffiroit à peine à l'histoire
de quelques insectes. Quelque curieux même que
soient les mémoires que l'on a rassemblés sur les
mœurs et l'anatomie des animaux qui nous sont les
plus familiers, on se flatte encore en vain de les
connoître. La principale partie y manque à mon gré;
c'est l'origine de leurs amitiés et de leurs inimitiés.
C'est là, ce me semble, l'essence de leur histoire,
à laquelle il faut rapporter leurs instincts , leurs
amours, leurs guerres, les parures, les armes et
la forme même que la nature leur donne. Un sentiment moral semble avoir déterminé leur organisation physique. Je ne sache pas qu'aucun naturaliste
se soit jamais occupé de cette recherche. Les poètes
ont tâché d'expliquer ces instincts merveilleux et
innés, par des fables ingénieuses. L'hirondelle Pro-

gué fuyoit les forêts ; sa sœur Philomèle aimoit à chanter dans ces lieux solitaires ; Progné lui dit un jour :

> Le désert est-il fait pour des talens si beaux ?
> Venez faire aux cités éclater leurs merveilles ;
>   Aussi-bien, en voyant les bois,
> Sans cesse il vous souvient que Térée autrefois,
>   Parmi des demeures pareilles,
> Exerça sa fureur sur vos divins appas. —
> Et c'est le souvenir d'un si cruel outrage
> Qui fait, reprit sa sœur, que je ne vous suis pas :
>   En voyant les hommes, hélas !
>   Il m'en souvient bien davantage.

Je n'entends point de fois les airs ravissans et mélancoliques d'un rossignol caché sous une feuillée, et les piou-piou prolongés, qui traversent, comme des soupirs, le chant de cet oiseau solitaire, que je ne sois tenté de croire que la nature a révélé son aventure au sublime La Fontaine, en même temps qu'elle lui inspiroit ces vers. Si ses fables n'étoient pas l'histoire des hommes, elles seroient encore pour moi un supplément à celle des animaux. Des philosophes fameux, infidèles au témoignage de leur raison et de leur conscience, ont osé en parler comme de simples machines. Ils leur attribuent des instincts aveugles qui règlent d'une manière uniforme toutes leurs actions, sans passion, sans volonté, sans choix, et même sans aucune sensibilité. J'en

marquois un jour mon étonnement à J. J. Rousseau ;
je lui disois qu'il étoit bien étrange que des hommes
de génie eussent soutenu une thèse aussi extrava-
gante. Il me répondit fort sagement : *C'est que quand
l'homme commence à raisonner, il cesse de sentir.*

Pour détruire leur opinion, je ne recourrai pas
aux animaux qui nous étonnent par leur industrie,
tels que les castors, les abeilles, les fourmis, etc.
Je ne citerai qu'un exemple pris dans la classe de
ceux qui sont les plus indociles, tels que les poissons, et je le choisirai parmi ceux qui sont guidés
par l'instinct le plus impétueux et le plus stupide,
qui est celui de la gourmandise. Le requin est un
poisson si vorace, que non-seulement il dévore
ses semblables quand il en trouve l'occasion, mais
qu'il avale, sans distinction, tout ce qui tombe
des vaisseaux à la mer, cordes, toile, goudron,
bois, fer, et jusqu'à des couteaux. Cependant j'ai
toujours été témoin de sa sobriété dans deux circonstances remarquables ; dans l'une, c'est que,
quelque affamé qu'il soit, il ne touche jamais à une
espèce de petits poissons bariolés de jaune et de
noir, appelés pilotins, qui nagent devant son museau
pour le conduire vers sa proie, qu'il ne voit que
lorsqu'il en est fort près ; car la nature, pour balancer la férocité de ce poisson, l'a rendu presque
aveugle. Dans l'autre, c'est que si on jette à la mer
une poule morte, il s'en approche au bruit de sa

chute ; mais, dès qu'il l'a reconnue pour un oiseau, il s'en éloigne aussi-tôt : ce qui a fait dire en proverbe aux matelots, que *le requin fuit la plume*. Il est impossible, dans le premier cas, de ne pas lui supposer une portion d'intelligence qui réprime sa voracité en faveur de ses guides ; et de ne pas attribuer, dans le second, son aversion pour les oiseaux, à cette raison universelle qui, le destinant à vivre le long des écueils où échouent les cadavres de tout ce qui périt dans les eaux, lui a donné de l'aversion pour les animaux emplumés, afin qu'il n'y détruisît pas les oiseaux de mer qui y nagent en grand nombre, occupés comme lui à y chercher leur vie et à en nettoyer les rivages.

D'autres philosophes, au contraire, ont attribué les mœurs des animaux, comme celles des hommes, à leur éducation ; et leurs affections, ainsi que leurs haines naturelles, à des ressemblances ou à des dissemblances de forme. Mais si leurs amitiés naissent de leurs ressemblances, pourquoi la poule qui se promène avec sécurité à la tête de ses poussins autour des chevaux et des bœufs d'une métairie, qui en marchant écrasent assez souvent une partie de sa famille, rappelle-t-elle ses petits avec inquiétude à la vue d'un milan emplumé comme elle, qui ne paroît en l'air que comme un point noir, et que la plupart du temps elle n'a jamais vu ? Pourquoi un chien de basse-cour hurle-t-il la nuit, à la simple

odeur d'un loup qui lui ressemble ? Si de longues
habitudes pouvoient influer sur les animaux comme
sur les hommes, pourquoi a-t-on rendu l'autruche
du désert familière jusqu'à lui faire porter des enfans
sur sa croupe emplumée ; tandis qu'on n'a jamais pu
apprivoiser l'hirondelle qui, de temps immémorial,
bâtit son nid dans nos maisons ?

Où sont, dans les historiens de la nature, les Ta-
cites qui nous dévoileront ces mystères du cabinet
des cieux, sans l'explication desquels il est impossible d'écrire l'histoire d'aucun animal sur la terre ?
Jamais on n'en vit aucune espèce déroger comme
celle de l'homme aux loix qu'elle a reçues de la
nature. Par-tout les abeilles vivent en républiques,
comme elles y vivoient du temps d'Esope. Par-
tout les mouches communes sont restées vagabondes
comme une populace sans police et sans frein. Comment, parmi celles-ci, ne s'est-il pas trouvé quelque
Lycurgue qui les ait rassemblées pour leur bien général, et qui leur ait donné, comme des philosophes
disent que firent les premiers législateurs parmi les
hommes, des lois tirées de leur foiblesse et de la
nécessité de se réunir ? D'un autre côté, pourquoi,
comme Machiavel l'assure des peuples trop heureux, parmi les chiens, fiers de la surabondance de
leurs forces, ne s'élève-t-il pas quelque Catilina
qui les invite à abuser de la sécurité de leurs maîtres, pour les détruire tous à la fois ; ou quelque

Spartacus qui les appelle par ses hurlemens à la
liberté, et à vivre en souverains dans les forêts, eux à
qui la nature a donné des armes, du courage, et
l'art de dompter en corps les animaux les plus redoutables ? Lorsque tant de lois triviales sont, sous
nos yeux, ignorées ou méconnues, comment osons-
nous assigner celles qui règlent le cours des astres,
et qui embrassent l'immensité de l'univers ?

A ces difficultés que nous oppose la nature, ajoutons celles que nous y apportons nous-mêmes.
D'abord, des méthodes et des systêmes de toutes
les sortes préparent dans chaque homme la manière
de la voir. Je ne parle pas des métaphysiciens qui
l'expliquent avec des idées abstraites, ni des algé-
bristes avec des formules, ni des géomètres avec leur
compas, ni des chimistes avec des sels, ni des révolutions que leurs opinions, quoique très-intolé-
rantes, éprouvent dans chaque siècle. Tenons-nous-
en aux notions les plus constantes et les plus accréditées. Commençons par les géographes. Ils nous
montrent la terre divisée en quatre parties principales, quoiqu'elle ne le soit réellement qu'en deux ;
au lieu des fleuves qui l'arrosent, des rochers qui
la fortifient, des chaînes de montagnes qui la partagent par climats, et des autres sous-divisions naturelles, ils nous la présentent bariolée de lignes de
toutes couleurs, qui la divisent et subdivisent en
empires, en diocèses, en sénéchaussées, en élec-

tions, en bailliages, en greniers à sel. Ils ont défi-
guré ou substitué des noms sans aucun sens, à ceux
que les premiers habitans de chaque contrée leur
avoient donnés, et qui en exprimoient si bien la nature. Ils appellent, par exemple, Ville-des-anges, une
ville près de celle du Mexique, où les Espagnols ont
répandu souvent le sang des hommes, mais que les
Mexicains nommoient *Cuet-lax-coupan,* c'est-à-dire,
couleuvre dans l'eau, parce que de deux fontaines
qui s'y trouvent, il y en a une qui est venimeuse;
Mississipi, ce grand fleuve de l'Amérique septentrionale que les Sauvages appellent *Méchassipi,* le père
des eaux; Cordilières, ces hautes montagnes toujours couvertes de glace, qui bordent la mer du Sud,
et que les Péruviens appeloient, dans la langue
royale des Incas, *Ritisuyu,* écharpe de neige; ainsi
d'une infinité d'autres. Ils ont ôté aux ouvrages de la
nature leurs caractères, et aux nations leurs monumens. En lisant ces anciens noms et leur explication
dans Garcillaso de la Véga, dans Thomas Gage et
dans les premiers voyageurs, vous vous imprimez
dans l'esprit, avec quelques mots simples, le paysage et l'histoire de chaque pays : sans compter le
respect attaché à leur antiquité, qui rend les lieux
dont ils nous parlent encore plus vénérables. Les
Chinois ne savent point que leur pays s'appelle la
Chine, si ce ne sont ceux qui trafiquent avec les
Européens. Ils l'appellent *Chium hoa,* le royaume

du milieu. Ils en changent le nom lorsque les familles
de leurs souverains viennent à s'éteindre. Une nouvelle dynastie lui donne un nouveau nom ; ainsi l'a
voulu la loi, afin d'apprendre aux rois que les destinées de leurs peuples leur étoient attachées comme
celle de leur propre famille. Les Européens ont
détruit toutes ces convenances. Ils porteront éter-
nellement la peine de cette injustice, comme celle
de tant d'autres ; car s'obstinant à donner les noms
qui leur plaisent aux pays dont ils s'emparent et à
ceux où ils s'établissent, il arrive de là que lorsque
vous voyez les mêmes contrées sur des cartes, ou
dans des relations hollandaises, anglaises, portu-
gaises, espagnoles ou françaises, vous n'y recon-
noissez plus rien. Leur longitude même est chan-
gée, chaque nation la comptant aujourd'hui de sa
capitale.

Les botanistes nous égarent encore davantage.
J'ai parlé des variations perpétuelles de leurs dic-
tionnaires ; mais leur méthode n'est pas moins fau-
tive. Ils ont imaginé, pour reconnoître les plantes,
des caractères très-compliqués, qui les trompent
souvent quoique tirés de toutes les parties du règne
végétal, et ils n'ont jamais pu exprimer celui de leur
ensemble, où les ignorans les reconnoissent d'abord.
Il leur faut des loupes et des échelles pour classer
les arbres d'une forêt. Il ne leur suffit pas de les voir
en pied et couverts de feuilles, il leur faut des fleurs

et souvent de la fructification. Un paysan les reconnoît tous dans les branches de son fagot. Pour me donner une idée des variétés de la germination, ils me montrent, dans des bocaux, une longue suite de graines nues de toutes les formes; mais c'est la capsule qui les conserve, les aigrettes qui les ressèment, la branche élastique qui les élance au loin, qu'il m'importoit d'examiner. Pour me montrer le caractère d'une fleur, ils me la font voir sèche, décolorée, et étendue dans un herbier. Est-ce dans cet état où je reconnoîtrai un lis? N'est-ce pas sur le bord d'un ruisseau, élevant au milieu des herbes sa tige auguste, et réfléchissant dans les eaux ses beaux calices (1) plus blancs que l'ivoire, que j'ad-

---

(1) Suivant les botanistes, le lis n'a point de calice, il n'a qu'une corolle pluripétale. Ils appellent les fleurs, des corolles, et les étuis des fleurs, des calices : c'est évidemment par un abus des termes. *Calix*, en grec et en latin, veut dire une coupe; et *corolla*, une petite couronne. Or une infinité de fleurs, comme les cruciées, les papilionacées, les fleurs en gueules, et une multitude d'autres, ne sont point faites en couronne, ni leurs étuis en calice. J'ose assurer que si les botanistes avoient donné le simple nom d'étui ou d'enveloppe aux parties de la floraison qui protègent la fleur avant son développement, ils auroient été sur la route de plus d'une découverte curieuse. Cette impropriété de termes élémentaires dans les sciences, est la première entorse donnée à la raison humaine; elle la met, dès les premiers pas, hors du chemin de la nature. *Voyez* tome II, Etude XI.

mirerai le roi des vallées ? Sa blancheur incompa-
rable n'est-elle pas encore plus éclatante quand elle
est mouchetée, comme de gouttes de corail, par de
petits scarabées écarlates, hémisphériques, piquetés de noir, qui y cherchent presque toujours un
asyle ? Qui est-ce qui peut reconnoître dans une rose
sèche la reine des fleurs ? Pour qu'elle soit à la fois
un objet de l'amour et de la philosophie, il faut la
voir lorsque sortant des fentes d'un rocher humide,
elle brille sur sa propre verdure, que le zéphyr la
balance sur sa tige hérissée d'épines, que l'aurore
l'a couverte de pleurs, et qu'elle appelle par son
éclat et par ses parfums la main des amans. Quelquefois une cantharide, nichée dans sa corolle, en
relève le carmin par son verd d'émeraude ; c'est alors
que cette fleur semble nous dire, que symbole du
plaisir par ses charmes et par sa rapidité, elle porte,
comme lui, le danger autour d'elle, et le repentir
dans son sein.

Les naturalistes nous éloignent encore bien davantage de la nature, quand ils veulent nous expliquer
par des lois uniformes et par la simple action de
l'air, de l'eau et de la chaleur, le développement
de tant de plantes qui naissent sur le même fumier,
de couleurs, de formes, de saveurs et de parfums si
différens. Veulent-ils en décomposer les principes ? le
poison et l'aliment présentent dans leurs fourneaux
les mêmes résultats. Ainsi la nature se joue de leur

art comme de leur théorie. La seule plante du blé,
qui n'a été manipulée que par le peuple, sert à une
infinité d'usages, tandis qu'une multitude de végétaux sont restés inutiles dans de savans laboratoires.
Je me souviens d'avoir lu autrefois de grandes disser-
tations sur la manière d'employer les marrons d'Inde
à la nourriture des bestiaux. Chaque académie de
l'Europe a, au moins, donné la sienne ; et de toutes
ces lumières, il en est résulté que le marron d'Inde
étoit inutile s'il n'étoit préparé à grands frais, et
qu'il ne pouvoit servir qu'à faire de la bougie ou de
la poudre à poudrer. Je m'étonnois, non pas de ce
que les naturalistes en ignorassent l'usage, et qu'ils
n'eussent étudié que les intérêts du luxe, mais que
la nature eût produit un fruit qui ne servît pas même
aux animaux. Je fus à la fin tiré de mon ignorance
par les bêtes mêmes. Je me promenois un jour
au bois de Boulogne, en tenant dans ma main un
marron d'Inde, lorsque j'apperçus une chèvre qui
étoit à pâturer. Je m'approchai d'elle, et je m'amusai
à la caresser. Dès qu'elle eut vu le marron que je
tenois entre mes doigts, elle le saisit, et le croqua
sur le champ. L'enfant qui la conduisoit me dit que
toutes les chèvres en mangeoient, ce qui leur faisoit
venir beaucoup de lait. A quelque distance de là, je
vis, dans l'allée des marroniers qui conduit au château de Madrid, un troupeau de vaches uniquement occupées à chercher des marrons d'Inde,

qu'elles mangeoient d'un grand appétit, sans lessive et sans saumure. Ainsi nos méthodes savantes nous cachent les vérités naturelles, connues même des simples bergers.

Quel spectacle nous présentent nos collections d'animaux, dans nos cabinets ? En vain l'art des Daubentons leur rend une apparence de vie : quelque industrie qu'on emploie pour conserver leurs formes, leur attitude roide et immobile, leurs yeux fixes et mornes, leurs poils hérissés, nous disent que les traits de la mort les ont frappés. C'est là que la beauté même inspire l'horreur, tandis que les objets les plus laids sont agréables lorsqu'ils sont à la place où les a mis la nature. J'ai vu plus d'une fois aux îles, avec plaisir, des crabes sur le sable, s'efforcer d'entamer avec leurs tenailles un gros coco ; ou un singe velu se balancer au haut d'un arbre, à l'extrémité d'une liane toute chargée de gousses et de fleurs brillantes. Nos livres sur la nature n'en sont que le roman, et nos cabinets que le tombeau. Combien nos spéculations et nos coutumes ne l'ont-elles pas dégradée ! Nos traités d'agriculture ne nous montrent plus, dans les champs de Cérès, que des sacs de blé ; dans les prairies aimées des nymphes, que des bottes de foin ; et dans les majestueuses forêts, que des cordes de bois et des fagots. Que dire du tort que lui ont fait l'orgueil et l'avarice ? Que de collines charmantes sont devenues

roturières par nos lois ! que de fleuves majestueux
sont réduits en servitude par les impôts ! L'histoire
des hommes a été bien autrement défigurée. Si on
en excepte l'intérêt que la religion ou l'humanité
ont inspiré en leur faveur à quelques hommes de
bien, mille passions ont conduit le reste des écrivains. Le politique les représente divisés en nobles
ou en vilains, en papistes ou en huguenots, en soldats ou en esclaves ; le moraliste, en avares, en
hypocrites, en débauchés, en orgueilleux ; le poète
tragique, en tyrans, en opprimés ; le comique, en
bouffons et en ridicules ; le médecin, en pituiteux,
en flegmatiques, en bilieux. Par-tout des sujets de
dégoût, de haine ou de mépris ; par-tout on a dis-
séqué l'homme, et on ne nous montre plus que son
cadavre. Ainsi le plus digne objet de la création a
été dégradé par notre savoir comme le reste de la
nature.

Je ne dis pas cependant que de ces moyens par-
tiaux il ne soit sorti quelque découverte utile ; mais
ous ces cercles dont nous circonscrivons la puissance suprême, loin d'en assigner les bornes, ne
montrent que celles de notre génie. Nous nous
accoutumons à y renfermer toutes nos idées, et à
rejeter avec mauvaise foi tout ce qui s'en écarte.
Nous ressemblons à ce tyran de Sicile, qui appliquoit les passans sur son lit de fer : il alongeoit de
force les jambes de ceux qui les avoient plus courtes

que son lit, et il les coupoit à ceux qui les avoient
plus longues. Ainsi nous appliquons toutes les opérations de la nature à nos petites méthodes, afin de
les restreindre à une seule loi. Moi-même, entraîné
par l'esprit de mon siècle, j'ai donné, à la fin d'une
relation du voyage que j'ai fait à l'Isle de France, un
système sur les plantes, où j'expliquois leur développement, comme nos physiciens expliquent celui
des madrépores par le mécanisme de petits animaux
qui les construisent. Je cite cet ouvrage, quoique
je l'aie fait en m'amusant, pour prouver combien il
est aisé d'étayer un principe faux d'observations
vraies ; car l'ayant communiqué à J. J. Rousseau,
qui étoit, comme on sait, très-savant en botanique,
il me dit : *Je n'adopte pas votre système ; mais il me*
faudroit six mois pour le réfuter ; encore je ne me
flatterois pas d'en venir à bout. Quand le suffrage de
cet homme sincère auroit été sans réserve, il ne jus-
tifieroit pas ce libertinage de mon esprit. La fiction
n'embellit que l'histoire des hommes ; elle dégrade
celle de la nature. La nature est elle-même la source
de tout ce qu'il y a d'ingénieux, d'utile, d'aimable
et de beau. En lui appliquant de force les lois
que nous imaginons, ou en étendant à toutes ses
opérations celles que nous connoissons, nous en
masquons de plus admirables que nous ne connoissons pas. Nous ajoutons au nuage dont elle voile sa
divinité, celui de nos erreurs. Elles s'accréditent

par le temps, les chaires, les livres, les protec-
teurs, les corps, et sur-tout par les pensions, tandis
que personne n'est payé pour chercher des vérités
qui ne tournent qu'au profit du genre humain. Nous
portons dans ces recherches si indépendantes et si
sublimes les passions du collége et du monde, l'intolérance et l'envie. Ceux qui sont entrés les premiers dans la carrière, forcent ceux qui viennent
après eux de marcher sur leurs pas ou d'en sortir :
comme si la nature étoit leur patrimoine, ou que son
étude fût un métier où il n'y eût pas de place pour
tout le monde. Que de peines n'a-t-il pas fallu pour
déraciner en France la métaphysique d'Aristote, de-
venue une espèce de religion ! La philosophie de Descartes, qui l'a détruite, y subsisteroit encore si elle
eût été aussi bien rentée. Celle de Newton, avec ses
attractions, n'est pas plus solidement établie. Je respecte infiniment la mémoire de ces grands hommes,
dont les écarts même ont servi à nous ouvrir de
grandes routes dans le vaste champ de la nature ;
mais en plus d'une occasion je combattrai leurs
principes, et sur-tout les applications générales
qu'on en a faites, bien persuadé que si je m'écarte
de leurs systêmes, je me rapproche de leur intention. Ils ont cherché toute leur vie à élever l'homme
vers la divinité par leurs sublimes découvertes, sans
se douter que les lois qu'ils établissoient en physique,
serviroient un jour à détruire celles de la morale.

Pour bien juger du spectacle magnifique de la nature, il faut en laisser chaque objet à sa place, et rester à celle où elle nous a mis. C'est pour notre bonheur qu'elle nous a caché les lois de sa toute-puissance. Comment des êtres aussi foibles que nous en pourroient-ils embrasser l'étendue infinie? Mais elle en a mis à notre portée qu'il étoit plus utile et plus doux de connoître : ce sont celles qui émanent de sa bonté. Afin de lier les hommes par une communication réciproque de lumières, elle a donné à chacun de nous en particulier l'ignorance, et elle a mis la science en commun, pour nous rendre nécessaires et intéressans les uns aux autres. La terre est couverte de végétaux et d'animaux, dont un savant, une académie, un peuple même ne pourra jamais savoir la simple nomenclature ; mais je présume que le genre humain en connoît toutes les propriétés. En vain les nations éclairées se vantent d'avoir réuni chez elles tous les arts et toutes les sciences ; c'est à des sauvages ou à des hommes ignorés que nous devons les premières observations qui les ont fait naître. Ce n'est ni aux Grecs ni aux Romains policés, mais à des peuples que nous appelons Barbares, que nous devons l'usage des simples, du pain, du vin, des animaux domestiques, des toiles, des teintures, des métaux, et de tout ce qu'il y a de plus utile et de plus agréable dans la vie humaine. L'Europe moderne se glorifie de ses découvertes; mais l'Imprimerie, qui doit, dit-on, les immortaliser, a été trouvée par un homme si peu connu, que plusieurs villes en Allemagne, en Hollande, et même à la Chine, s'en attribuent l'invention. Galilée n'eût point calculé la pesanteur de l'air, sans l'observation d'un fontainier qui remarqua que l'eau ne pouvoit s'élever qu'à trente-deux pieds dans les tuyaux des pompes aspirantes. Newton n'eût point lu dans les cieux, si des enfans, en se jouant en Zélande avec les verres d'un lunetier, n'eussent trouvé les premiers tuyaux du télescope. Notre artillerie n'eût point subjugué l'Amérique, si un moine oisif n'avoit trouvé par hasard la poudre à canon; et quelle que soit pour l'Espagne la gloire d'avoir découvert un nouveau monde, les Sauvages de l'Asie y avoient établi des empires avant que Christophe Colomb y eût abordé. Qu'y seroit-il devenu lui-même, si les hommes bons et simples qu'il y trouva ne l'eussent secouru de vivres? Que les académies accumulent donc les machines, les systêmes, les livres et les éloges, les principales louanges en sont dues à des ignorans, qui en ont fourni les premiers matériaux.

C'est à ce titre que je présente les miens. Ils sont les fruits de plusieurs années, qui, malgré de longs et de cruels orages, se sont écoulées dans ces douces recherches comme un jour tranquille. J'ai desiré, si je n'ai pu arriver à un terme où je pusse m'arrêter, de donner au moins à d'autres le plaisir que j'avois trouvé dans le chemin. J'ai mis dans ces observations le meilleur style que j'ai pu y mettre ; m'écartant souvent à droite et à gauche, entraîné par mon sujet ; quelquefois me livrant à une multitude de projets qu'inspire l'intelligence infinie de la nature ; tantôt me plaisant à m'arrêter sur des sites et des temps heureux que je ne reverrai jamais ; tantôt me jetant dans l'avenir vers une existence plus fortunée, que la bonté du ciel nous laisse entrevoir à travers les nuages de cette vie misérable. Descriptions, conjectures, aperçus, vues, objections, doutes, et jusqu'à mes ignorances, j'ai tout ramassé ; et j'ai donné à ces ruines le nom d'*Etudes*, comme un peintre aux études d'un grand tableau, auquel il n'a pu mettre la dernière main.

Au milieu de ce désordre il falloit cependant adopter un ordre, sans quoi la confusion de la matière eût ajouté encore à l'insuffisance de l'auteur. J'ai suivi le plus simple. Je réponds d'abord aux objections faites contre la providence ; j'examine ensuite l'existence de quelques sentimens qui sont communs à tous les hommes, et qui suffisent pour reconnoître dans tous les ouvrages de la nature les lois de sa sagesse et de sa bonté. Je fais ensuite l'application de ces lois au globe, aux plantes, aux animaux et à l'homme.

Voici d'abord comme je me proposois de déve-

lopper ma marche. Si dans l'exposé rapide que j'en
vais faire, le lecteur trouve un peu de sécheresse,
je le prie de considérer qu'elle est une suite nécessaire de tout abrégé; que d'un autre côté je lui
sauve l'ennui d'une préface; et que Pline, qui
avoit une meilleure tête que la mienne, n'a pas balancé à faire le premier livre de son histoire naturelle avec les seuls titres des chapitres qui la composent.

Je me disois donc : J'exposerai dans la PREMIÈRE
PARTIE de mon ouvrage les bienfaits de la nature
envers notre siècle, et les objections qu'on y a élevées contre la providence de son auteur. Je ne dis-
simulerai aucune de celles que je connois, et je leur
donnerai de l'ensemble, afin de leur donner plus de
force. J'emploierai pour les détruire, non pas des
raisonnemens métaphysiques, tels que ceux dont
elles sont formées, parce qu'ils n'ont jamais terminé
aucune dispute; mais les faits même de la nature,
qui sont sans réplique. Avec ces mêmes faits j'éle-
verai à mon tour des difficultés contre les principes
de nos sciences humaines, que nous croyons infail-
libles. Je remonterai de là à la foiblesse de notre
raison; j'examinerai s'il y a des vérités universelles;
ce que nous entendons par ordre, beauté, convenance, harmonie, plaisir, bonheur, et par leurs
contraires; ce que c'est enfin qu'un corps organisé.
De cet examen de nos facultés et des effets de la

nature, résultera l'évidence de plusieurs lois physiques, dirigées constamment vers une seule fin, et
celle d'une loi morale qui n'appartient qu'à l'homme,
et dont le sentiment a été universel dans tous les
siècles et chez tous les peuples. Ces préliminaires
étoient nécessaires : avant d'élever l'édifice, il falloit nettoyer le terrein, et y poser des fondemens.

Dans la seconde partie je ferai l'application de
ces lois au globe; j'examinerai sa forme, son étendue, la division de ses hémisphères ; et comme il
est composé, ainsi que tous les ouvrages organisés
de la nature, de parties semblables et de parties
contraires, j'en considérerai successivement les élémens, et la manière dont ils sont ordonnés entre
eux, le feu à l'air, l'air à l'eau, l'eau à la terre.
Cet ordre établit entr'eux une véritable subordina-
tion, dont le soleil est le principal agent ; mais il
n'est pas le seul moteur de la nature, et il en est
encore moins l'ordonnateur. Son action uniforme
sur les élémens devroit à la fin les séparer ou les
confondre. D'autres lois balancent les siennes, et
entretiennent l'harmonie générale. J'observerai l'admirable variété de son cours, les effets de sa chaleur et de sa lumière, et de quelle manière merveilleuse ils sont affoiblis et multipliés dans les cieux,
en raison inverse des latitudes et des saisons. Je
parlerai des grands réverbères du ciel, de la lune,

des aurores boréales, des étoiles et des mystères de
la nuit, seulement autant qu'il est permis à l'œil
de l'homme de les apercevoir, et à son cœur
d'en être ému. J'y parlerai aussi de la nature du
feu, non pas pour l'expliquer, mais pour nous convaincre à cet égard de notre ignorance profonde.
Cet élément, qui nous fait apercevoir toutes choses,
échappe lui-même à toutes nos recherches. Nous
observerons qu'il n'y a ni animal, ni plante, ni
même de fossile qui puisse y subsister long-temps.
Il est le seul être qui augmente son volume en se
communiquant. Il pénètre tous les corps sans en
être pénétré. Il n'est divisible que dans une dimension. Il n'a point de pesanteur. Quoique rien ne
l'attire au centre de la·terre, il est répandu dans
toutes ses parties. Sa nature diffère de celle de tous
les autres corps. Son caractère destructeur et indé-
finissable semble favoriser l'opinion de Newton, qui
ne le regardoit que comme un mouvement communiqué à la matière, et partant réduisoit les élémens
à trois. Cependant, comme il est un des quatre
principes généraux de la vie dans tous les êtres vivans, qu'on le découvre souvent dans les autres dans
un état de repos, et qu'il n'en est aucun, comme
nous le verrons, qui n'ait, ou des organes, ou des
parties disposées pour affoiblir ou pour multiplier
ses effets, nous le reconnoissons, non-seulement
comme élément, mais comme le premier agent de la

nature. Du feu je passerai à l'air. J'examinerai la
qualité qu'il a de s'étendre et de se resserrer, de
s'échauffer ou de se refroidir, et les effets de cette
grande couche d'air glacial qui environne notre
globe à une lieue environ de sa surface, et dont
on n'a déduit jusqu'ici l'explication de presque
aucun phénomène. Je considérerai ensuite les
effets de l'eau : de quelle manière la chaleur l'évapore, et le froid la fixe ; ses diverses existences ;
de volatilité dans l'air, en nuages, en rosées et en
pluies ; de fluidité sur la terre, en rivières et en
mers ; de solidité sur les pôles et sur les hautes
montagnes, en neiges et en glaces. J'observerai
comment les mers, qui sont les grands réservoirs de
cet élément, sont distribuées par rapport au soleil ;
comment elles reçoivent de lui, par la médiation de
l'air, une partie de leurs mouvemens, de quelle
manière elles renouvellent sans cesse leurs eaux au
moyen des glaces accumulées sur les pôles, dont
la fusion annuelle et périodique entretient leur cours
aussi constamment que la fusion des glaces qui sont
sur les sommets des hautes montagnes entretient et
renouvelle les eaux des grands fleuves. J'en dédui-
rai l'origine des marées, des moussons de l'Inde,
et des courans principaux de l'Océan. Je hasarderai
ensuite mes conjectures sur la quantité d'eaux qui
environnent la terre dans les trois états de volatilité,
de fluidité et de solidité ; j'examinerai s'il est pos-

sible qu'étant toutes réunies dans un état de fluidité,
elles couvrent entièrement le globe. Je considérerai de quelle manière toutes les parties de la terre,
c'est-à-dire de l'élément aride, sont distribuées par
rapport au soleil; de sorte qu'il n'y a aucun enton-
noir de vallée ni aucun escarpement de rocher qui
n'en soit vu dans quelque saison de l'année, et qui
ne soit disposé en même temps dans l'ordre le plus
convenable pour multiplier sa chaleur ou pour l'affoiblir, soit par sa forme, soit même par sa couleur.
Je ferai voir que, malgré l'irrégularité apparente des
diverses parties de ce globe, elles sont opposées
avec tant d'harmonies aux différens cours de l'air,
qu'il n'en est aucune où il ne souffle tour-à-tour
des vents chauds, froids, secs et humides; que les
vents froids soufflent le plus constamment dans les
pays chauds, et les vents chauds dans les pays froids;
que ces mêmes pays réagissent à leur tour sur
l'air, en sorte que la cause des vents n'est pas, comme
on le croit communément, aux lieux d'où ils partent,
mais à ceux où ils arrivent. Je parlerai ensuite de
la direction des montagnes, de leurs pentes, et
de leurs aspects par rapport aux lacs et aux mers où
leurs chaînes sont toutes ordonnées pour en recevoir les émanations, et de la matière qui les attire
et les fixe autour de leurs pics, qui sont comme
autant d'aiguilles électriques. J'examinerai enfin par
quelle raison la nature a divisé ce globe en deux

hémisphères, et quels moyens elle emploie pour
accélérer ou retarder le cours des fleuves, et protéger leur embouchure contre les mouvemens et
les courans de l'Océan. Je traiterai des bancs, des
écueils, des rochers, des îles maritimes et fluviatiles; et je démontrerai, j'ose dire, jusqu'à l'évidence, que ces portions détachées du continent
n'en sont pas plus des ruines que les baies, les
golfes et les méditerranées ne sont des irruptions
de la mer. Je terminerai cette partie par indiquer
les principaux agens dont la nature se sert pour
réparer ses ouvrages; comment elle emploie le feu
pour purifier, au moyen des tonnerres, l'air souvent chargé de méphitisme pendant les chaleurs de
l'été, et les eaux des grands lacs et des mers, par
des volcans qu'elle a placés dans leur voisinage à
l'extrémité de leurs courans, et qu'elle a multipliés
dans les pays chauds; comment elle nettoie les bassins de ces mêmes eaux, qui seroient en peu de
siècles comblés par les dépouilles de la terre, au
moyen des tempêtes et des ouragans qui en boule-
versent le fond, et couvrent leurs rivages de débris;
et comment, après avoir rendu ces débris à leurs
premiers élémens, par les feux de l'air, des volcans, et le mouvement perpétuel des flots, qui les
réduit en sable et en poudre impalpable sur les
bords de la mer, elle en répare, par la voie des
vents et des attractions, les montagnes sans cesse

I.   K

dégradées par les pluies et par les torrens. Je ferai
voir enfin que, malgré les masses énormes des montagnes, les profondeurs des vallées, les mers tem-
pétueuses et les températures les plus opposées qui
entrent dans la distribution de ce globe, la communication de toutes ses parties a été rendue facile à
un être ausi petit et aussi foible que l'homme, et
n'est possible qu'à lui seul. Cette dernière vue me
fournira quelques conjectures curieuses sur les premiers voyages du genre humain. Je me flatte d'en
avoir dit assez pour montrer, dans ce simple aperçu,
que la même intelligence dont nous admirons les
ouvrages dans les plantes et dans les animaux, pré-
side encore à l'édifice que nous habitons. Jusqu'ici on n'a considéré la terre que dans un état de
ruine, et c'est ce préjugé qui rend l'étude de la
géographie si aride; mais j'ose dire que quand on
aura lu mes foibles observations, le cours d'un ruisseau sur une carte paroîtra plus agréable que le port
d'une plante dans un herbier, et la topographie d'un
lieu aussi intéressante que son paysage.

Dans la TROISIÈME PARTIE de cet ouvrage, je
montrerai comment les diverses parties des plantes
sont ordonnées avec les élémens, de manière que,
loin d'en être une production nécessaire, comme
l'ont prétendu quelques philosophes, elles sont au
contraire presque toujours opposées à leur action.
Je rapporterai donc leurs fleurs au soleil, l'épais-

seur de leurs écorces, les cuirs qui couvrent leurs
bourgeons, les poils, les duvets et les résines dont
elles sont revêtues, à l'absence de sa chaleur ; la
souplesse ou la roideur de leurs tiges, aux diverses
impulsions de l'air ; leurs feuilles, aux eaux du ciel ;
enfin leurs racines, aux sables, aux vases, aux
roches, par leur chevelu, leurs pivots et leurs
longs cordages. Ce dernier rapport des plantes avec
la terre, est à mon gré un des principaux de tous,
quoique le moins observé, parce qu'il n'y en a
aucune qui n'y soit attachée, soit qu'elle flotte dans
l'eau, ou qu'elle se balance dans l'air ; qu'elles en
tirent toutes une partie de leur nourriture, et qu'elles
réagissent à leur tour sur la terre, par leurs ombrages qui en entretiennent la fraîcheur, par leurs
dépouilles qui la fertilisent, et par leurs racines qui
en fortifient les différentes couches. Cependant je
m'en tiendrai aux caractères extérieurs par lesquels
la nature semble les répartir en différens genres.
Leur caractère principal est fort difficile à déterminer, non-seulement parce que la plante la plus
simple réunit beaucoup de relations différentes avec
tous les élémens, mais parce que la nature ne place
le caractère de ses ouvrages dans aucune de leurs
parties, mais dans leur ensemble. Nous chercherons
donc celui de chaque plante dans sa graine, qui,
comme principe, doit réunir tout ce qui convient à
son développement, et déterminer au moins l'élé-

K 2

ment où elle doit naître. Ainsi , celles qui ont des graines très-volatiles ou accompagnées d'aigrettes , d'ailerons , de volans , &c. seront rapportées à l'air. Elles naissent en effet aux lieux battus des vents , comme la plupart des graminées , des chardons , &c. Celles qui ont des nacelles , des nageoires et diffé-rens moyens de flotter , seront assignées à l'eau , non-seulement comme les fucus, les algues et les plantes marines , mais comme les cocotiers , les noyers , les amandiers et les autres végétaux de rivage. Enfin celles qui , par leur rondeur et les autres variétés de leurs formes , sont propres à rouler , à s'élancer , à s'accrocher, &c. et sont sus-ceptibles de plusieurs autres mouvemens, appar-tiendront à la terre proprement dite. Ce rapport des plantes à la géographie nous offre à la fois un grand ordre facile à saisir , et une multitude de divisions très-agréables à parcourir en détail. D'abord leurs genres se trouvent divisés , comme ceux des ani-maux, en aériens , en aquatiques et en terrestres. Leurs classes sont réparties aux zônes et aux degrés de latitude de chaque zône; telles sont au midi la classe des palmiers , et au nord celle des sapins ; et leurs espèces , aux territoires de chaque zône , à ses plaines, montagnes , rochers , marais , &c. Ainsi , dans la classe des palmiers , le cocotier des rivages de la mer , le latanier de ses grèves , le dat-tier des rochers , le palmiste des montagnes , &c.

couronnent les divers sites de la zône torride, tandis que dans celle des sapins , les pins, les épicéa ,
les mélèzes, les cèdres , &c. se partagent l'empire du nord. Cet ordre, en plaçant chaque végétal
dans son lieu naturel , nous donne encore les moyens
de reconnoître l'usage de toutes ses parties , et j'ose
dire, les raisons qui ont déterminé la nature à en
varier la forme et à créer tant d'espèces du même
genre , et tant de variétés de la même espèce , en
nous découvrant les convenances admirables qu'elles
ont dans chaque latitude avec le soleil , les vents ,
les eaux et la terre. On peut entrevoir par ce plan ,
quel jour la géographie peut répandre sur l'étude de
la botanique, et de quelle lumière à son tour la
botanique peut éclairer la géographie ; car je suppose qu'on vînt à faire des cartes botaniques, où ,
par des couleurs et des signes, on représentât dans
chaque pays le règne de chaque végétal qui y croît,
en en déterminant le centre et les limites , on
apercevroit d'abord la fécondité propre à chaque
terrein. Cette connoissance donneroit de grands
moyens d'économie rurale , puisqu'on pourroit substituer aux plantes indigènes qui y seroient les plus
communes et les plus vigoureuses , celles de nos
plantes domestiques qui sont de la même espèce , et
qui y réussiroient à coup sûr. De plus , ces différentes classes de végétaux nous y présenteroient les
degrés d'humidité , de sécheresse , de froid , de

chaleur et d'élévation de chaque territoire , avec
une précision à laquelle ne peuvent atteindre les
baromètres, les thermomètres et les autres instrumens de notre physique. J'omets une multitude
d'autres rapports d'agrément et d'utilité qui en
résulteroient, et que nous tâcherons de développer
dans leur lieu.

Dans la QUATRIÈME PARTIE, qui traitera des animaux , nous suivrons la même marche. Nous pré-
senterons d'abord leurs relations avec les élémens.
En commençant par celui du feu , nous considére-
rons les rapports qu'ils ont avec l'astre qui en est la
source , par leurs yeux garnis de paupières et de
cils , pour modérer l'éclat de sa lumière ; par cet
état d'engourdissement appelé sommeil, dans lequel
la plupart d'entre eux tombent lorsqu'il n'est plus
sur l'horizon , et par la couleur de leur peau et
l'épaisseur de leurs fourrures , ordonnées à son éloignement. Nous suivrons ensuite ceux qu'ils ont avec
l'air , par leur attitude , leur pesanteur , leur légèreté, et les organes de la respiration; avec l'eau ,
par les différentes courbures de leur corps , l'onc-
tuosité de leurs poils et de leurs plumes , leurs
écailles et leurs nageoires ; enfin avec la terre , par
la forme de leurs pieds , tantôt fourchus ou armés
de pointes et de crochets , pour les sols durs , tantôt larges ou garnis de peaux , pour les sols qui cèdent
aisément, et par les autres moyens de progression

que la nature a aussi variés que les obstacles qu'ils
avoient à surmonter. Sur quoi nous observerons ,
comme dans les plantes , que tant de configurations
si différentes , loin d'être dans les animaux des
effets mécaniques de l'action des élémens dans lesquels ils vivent, sont , au contraire , presque toujours en raison inverse de ces mêmes causes. Ainsi ,
par exemple , beaucoup de poissons sont revêtus
d'âpres et dures coquilles au sein des eaux , et beaucoup d'animaux qui habitent les rochers sont couverts de molles fourrures. Nous diviserons donc les
animaux comme les végétaux , en rapportant leur
genre aux élémens, leurs classes aux zônes, et leurs
espèces aux divers territoires de chaque zône. Cet
ordre met d'abord chaque animal dans son lieu naturel ; mais nous l'y fixerons d'une manière encore
plus précise et plus intéressante , en rapportant son
espèce à l'espèce de plante qui y est la plus commune.

La nature elle-même nous indique cet ordre; elle
a ordonné aux plantes l'odorat, les bouches , les
lèvres, les langues, les mâchoires, les dents , les
becs, l'estomac, la chylification , les sécrétions qui
s'ensuivent, enfin l'appétit et l'instinct des animaux.
On ne peut pas dire , à la vérité, que chaque espèce
d'animal vive d'une seule espèce de plante ; mais
on peut se convaincre, par l'expérience, que chacun d'eux en préfère une à toutes les autres , quand

il peut se livrer à son choix. C'est sur-tout dans la
saison où ils font leurs petits, qu'on peut remarquer cette préférence. Ils se déterminent alors pour
celle qui leur donne à la fois des nourritures, des
litières et des abris dans la plus parfaite convenance.
C'est ainsi que le chardonneret affectionne le char-
don, dont il a pris son nom, parce qu'il y trouve
un rempart dans ses feuilles épineuses, des vivres
dans sa semence, et de quoi bâtir son nid dans sa
bourre. L'oiseau-mouche de la Floride préfère, par
de semblables raisons, la bignonia; c'est une plante
sarmenteuse qui s'élève à la hauteur des plus grands
arbres, et qui en couvre souvent tout le tronc. Il
fait son nid dans une de ses feuilles, qu'il roule en
cornet; il trouve sa vie dans ses fleurs rouges, semblables à celles de la digitale, dont il lèche les
glandes nectarées; il y enfonce son petit corps, qui
paroît dans ses fleurs comme une émeraude enchâs-
sée dans du corail, et il y entre quelquefois si
avant, qu'il s'y laisse prendre. C'est donc dans les
nids des animaux que nous chercherons leurs caractères, comme nous avons cherché celui des plantes
dans leurs graines. C'est là que l'on peut reconnoître
l'élément où ils doivent vivre, le site qu'ils doivent
habiter, les alimens qui leur sont propres, et les
premières leçons d'industrie, d'amour ou de férocité qu'ils reçoivent de leurs parens. Le plan de leur
vie est renfermé dans leurs berceaux. Quelque

étranges que paroissent ces indications, elles sont
celles de la nature , qui semble nous dire que nous
reconnoîtrons le caractère de ses enfans comme le
sien propre, dans les fruits de l'amour et dans les
soins qu'ils prennent de leur postérité. Souvent elle
couvre du même toit une vie végétale et une vie
animale , en les liant des mêmes destinées. On les
voit ensemble sortir de la même coque, éclore, se
développer, se propager et mourir. C'est dans le
même temps qu'elles offrent , si j'ose dire , les
mêmes métamorphoses. Tandis qu'une plante développe successivement ses germes, ses boutons , ses
fleurs et ses fruits , un insecte se montre sur son
feuillage , tour-à-tour œuf, ver, nymphe et papillon , qui renferme, comme ses pères , les semences
de sa postérité avec celles de la plante qui l'a nourri.
C'est ainsi que la fable, moins merveilleuse que la
nature , renfermoit sous l'écorce des chênes la vie
des dryades. Ces rapports sont si frappans dans les
insectes, que les naturalistes eux-mêmes , malgré
leur nombre prodigieux de classes isolées et sans
détermination, en ont caractérisé quelques-uns par le
nom de la plante où ils vivent; tels sont la chenille du
tithymale et le ver-à-soie du mûrier. Mais je ne crois
pas qu'il y ait un seul animal qui s'écarte de ce
plan , sans en excepter même les carnivores. Quoique la vie de ceux-ci paroisse en quelque sorte
greffée sur celle des espèces vivantes , il n'y a aucun

d'entre eux qui ne fasse usage de quelque espéce de
végétal. C'est ce qu'on peut observer non-seulement dans les chiens qui paissent le chiendent, et
dans les loups, les renards, les oiseaux de proie,
qui mangent des plantes qui ont pris d'eux leurs
noms; mais dans les poissons même de la mer, qui
sont tout-à-fait étrangers à notre élément. Ils sont
attirés d'abord sur nos rivages par les insectes dont
ils recueillent les dépouilles, ce qui établit entre
eux et les végétaux, des rapports intermédiaires;
ensuite par les plantes elles-mêmes, car la plupart ne
viennent frayer sur nos côtes que lorsque certaines
espèces y sont en fleur ou en fructification. Si elles
viennent à y être détruites, ils s'en éloignent. Denis,
gouverneur du Canada, rapporte, dans son Histoire
naturelle de l'Amérique septentrionale (1), que les
morues qui fréquentoient en foule les côtes de l'île
de Miscou, y disparurent en 1669, parce que l'année précédente les forêts en avoient été consumées
par un incendie. Il remarque que la même cause
avoit produit le même effet en différens lieux. Quoiqu'il attribue la fuite de ces poissons aux effets particuliers du feu, et que cet écrivain soit d'ailleurs
plein d'intelligence, nous prouverons, par d'autres
observations curieuses, qu'elle fut occasionnée par
la destruction du végétal qui les attiroit au rivage.

_____

(1) Tome II, chap. 22, page 350.

Ainsi tout est lié dans la nature. Les faunes , les
dryades et les néréides s'y donnent la main. Quel
spectacle charmant nous offriroit une zoologie botanique ! Que d'harmonies inconnues se refléte-
roient d'une plante sur son animal, et d'un animal
sur sa plante ! Que de beautés pittoresques s'y dé-
couvriroient ! Que de relations d'utilité de toute
espèce en résulteroient pour nos plaisirs et nos
besoins ! Il ne faudroit qu'une plante nouvelle dans
nos champs pour attirer de nouveaux oiseaux dans
nos bosquets et des poissons inconnus à l'embouchure de nos fleuves. Ne pourroit-on pas même
accroître la famille de nos animaux domestiques, en
peuplant le voisinage des glaciers des hautes montagnes du Dauphiné et· de l'Auvergne , avec des
troupeaux de rennes , si utiles dans le nord de
l'Europe , ou avec des lamas du Pérou , qui se
plaisent aux pieds des neiges des Andes , et que la
nature a revêtus de la plus belle des laines? Quelques mousses , quelques joncs de leurs pays suffiroient pour les fixer dans le nôtre. A la vérité, on a
souvent tenté d'élever dans nos parcs des animaux
étrangers, en observant même de choisir les espèces
dont le climat approchoit le plus du nôtre ; mais ils
y ont bientôt dépéri , parce qu'on avoit oublié de
transplanter avec eux le végétal qui leur étoit propre.
On les voyoit toujours inquiets, la tête baissée ,
gratter la terre , et lui redemander en soupirant la

nourriture qu'ils avoient perdue. Une herbe eût
suffi pour les calmer , en leur rappelant les goûts
du premier âge , les vents qui leur étoient connus ,
et les doux ombrages de la patrie ; moins malheureux toutefois que les hommes , qui n'en peuvent
perdre les regrets qu'en en perdant entièrement le
souvenir.

Dans la CINQUIÈME PARTIE , nous parlerons de
l'homme. Chaque ouvrage de la nature ne nous a
présenté jusqu'ici que des relations particulières ;
l'homme nous en offrira d'universelles. Nous examinerons d'abord celles qu'il a avec les élémens.
En commençant par celui de la lumière et du feu ,
nous observerons que ses yeux ne sont pas tournés
vers le ciel, comme le disent les poètes , et même
des philosophes, mais à l'horizon ; en sorte qu'il voit
à la fois le ciel qui l'éclaire , et la terre qui le porte.
Ses rayons visuels embrassent à-peu-près la moitié de
l'hémisphère céleste et de la plaine où il marche, et
leur portée s'étend depuis le grain de sable qu'il foule
aux pieds, jusqu'à l'étoile qui brille sur sa tête, à
une distance qu'on ne peut assigner. Il n'y a que lui
qui jouisse du jour et de la nuit, et qui puisse
vivre dans la zône torride et dans la zône glaciale.
Si quelques animaux partagent avec lui ces avantages, ce n'est que par ses soins et sous sa protection ; il ne les doit qu'à l'élément du feu, dont
il est seul le maître. Quelques écrivains ont pré-

tendu que les animaux pouvoient s'en servir, et que
les singes en Amérique entretenoient les feux que
les voyageurs allumoient dans les forêts. Il est constant qu'ils en aiment la chaleur, et qu'ils viennent
s'y chauffer dès qu'ils n'y voient plus d'hommes.
Mais, puisqu'ils en ont senti l'utilité, pourquoi n'en
ont-ils pas conservé l'usage ? Quelque simple que
soit la manière de l'entretenir, en y mettant du bois,
aucun d'eux ne s'élevera jamais à ce degré de sagacité. Le chien, bien plus intelligent que le singe,
témoin chaque jour des effets du feu, accoutumé
dans nos cuisines à ne vivre que de chair cuite, ne
s'avisera jamais, si on lui en donne de crue, de la
porter sur les charbons du foyer. Quelque foible
que paroisse cette barrière qui sépare l'homme de
la brute, elle est insurmontable aux animaux. C'est
par un bienfait de la Providence pour la sûreté commune ; car, que d'incendies imprévus et irréparables
arriveroient si le feu étoit en leur disposition ? Dieu
n'a confié le premier agent de la nature qu'au seul
être capable d'en faire usage par sa raison. Pendant que quelques historiens l'accordent aux bêtes,
d'autres le refusent aux hommes. Ils disent que plusieurs peuples en étoient privés avant l'arrivée des
Européens dans leur pays. Ils citent en preuve les
habitans des îles Mariannes, autrement dites îles
des Larrons, par une dénomination calomnieuse si
commune à nos navigateurs ; mais ils ne fondent

cette assertion que sur une supposition. C'est sur
l'étonnement très-naturel où parurent ces insulaires, lorsqu'ils virent leurs villages incendiés par
les Espagnols (1) qu'ils avoient bien reçus ; et ils se
contredisent en même temps, en rapportant que ces
peuples se servoient de canots qu'ils enduisoient de
bitume, ce qui suppose, dans des sauvages qui ne
connoissoient pas le fer, qu'ils employoient le feu
pour les creuser, ou au moins pour les espalmer.
Enfin, ils ajoutent qu'ils vivoient de riz, dont l'ap-
prêt, quel qu'il soit, en exige nécessairement l'usage.
Cet élément est par-tout nécessaire à l'existence de
l'homme dans les climats les plus chauds. Ce n'est
qu'avec le feu qu'il éloigne la nuit les bêtes de son
habitation ; qu'il en chasse les insectes avides de
son sang ; qu'il nettoie la terre des arbres et des
herbes qui la couvrent, et dont les tiges et les troncs
s'opposeroient à toute espèce de culture, quand il
trouveroit d'ailleurs le moyen de les renverser.
Enfin, dans tout pays, avec le feu il prépare ses
alimens, fond les métaux, vitrifie les rochers, durcit
l'argile, pétrit le fer, et donne à toutes les productions de la terre les formes et les combinaisons qui
conviennent à ses besoins.

_____

(1) *Voyez* l'Histoire de leur découverte, par Magellan, dans
l'Histoire des îles Mariannes, par le P. Le Gobien, tome 2,
page 44 ; et dans celle des Indes occidentales, par Herrera,
tome 3, pag. 10 et 712.

L'utilité qu'il tire de l'air n'est pas moins étendue.
Il y a peu d'animaux qui puissent, comme lui, le
respirer au niveau des mers et au sommet des plus
hautes montagnes. Il est le seul être qui lui donne
toutes les modulations dont il est susceptible. Avec
sa seule voix, il imite les sifflemens, les cris et les
chants de tous les animaux, et il n'y a que lui qui
emploie la parole dont aucun d'eux ne peut se servir.
Tantôt il rend l'air sensible, il le fait soupirer dans les
chalumeaux, gémir dans les flûtes, menacer dans les
trompettes, et animer au gré de ses passions le
bronze, le buis et les roseaux : tantôt il en fait son
esclave ; il le force de moudre, de broyer et de
mouvoir à son profit une multitude de machines ;
enfin il l'attelle à son char, et il l'oblige de le voi-
turer sur les flots même de l'Océan.

Cet élément où ne peuvent vivre la plupart des
habitans de la terre, et qui sépare leurs différentes
classes d'une barrière plus difficile à franchir que les
climats, offre à l'homme seul la plus facile des communications. Il y nage, il y plonge, il y poursuit les
monstres marins dans leurs abîmes, il y darde la
baleine jusque sous les glaces, et il aborde dans
toutes ses îles pour y faire reconnoître son empire.

Mais il n'avoit pas besoin de celui qu'il exerce
sur l'air et sur les eaux pour le rendre universel. Il
lui suffit de rester sur la terre où il est né. La nature
a placé son trône sur son berceau. Tout ce qui a vie

vient y rendre hommage. Il n'y a point de végétal qui n'y attache ses racines, point d'oiseau qui n'y fasse son nid, point de poisson qui n'y vienne frayer. Quelque irrégularité qui paroisse à la surface de son domaine, il est le seul être qui soit formé d'une manière propre à en parcourir toutes les parties. Ce qu'il y a d'admirable, c'est qu'il règne entre tous ses membres un équilibre si parfait, si difficile à conserver, si contraire aux lois de notre mécanique, qu'il n'y a point de sculpteur qui puisse faire une statue à l'imitation de l'homme, plus large et plus pesante par le haut que par le bas, qui puisse se soutenir droite et immobile sur une base aussi petite que ses pieds. Elle seroit bientôt renversée par le moindre vent. Que seroit-ce donc s'il falloit la faire mouvoir comme l'homme même ! Il n'y a point d'animaux dont le corps se prête à tant de mouvemens différens, et je suis tenté de croire qu'il réunit en lui tous ceux dont ils sont capables, en voyant comme il s'incline, s'agenouille, rampe, glisse, nage, se renverse en arc, fait la roue sur les pieds et sur les mains, se met en boule, court, marche, saute, s'élance, descend, monte, grimpe, enfin comme il est également propre à gravir au sommet des rochers et à marcher sur la surface des neiges, à traverser les fleuves et les forêts, à cueillir la mousse des fontaines et le fruit des palmiers, à nourrir l'abeille et à dompter l'éléphant.

Avec tous ces avantages la nature a rassemblé dans sa figure ce que les couleurs et les formes ont de plus aimable par leurs consonnances et par leurs contrastes. Elle y a joint les mouvemens les plus majestueux et les plus doux. C'est pour les avoir bien observés, que Virgile a achevé par un coup de maître, le portrait de Vénus déguisée parlant à Enée, qui la méconnoît malgré toute sa beauté, mais qui la reconnoît à sa démarche : *Vera incessu patuit dea.* « A son marcher elle parut une vraie déesse ». L'auteur de la nature a réuni dans l'homme tous les genres de beauté, il en a formé un assemblage si merveilleux, que les animaux, dans leur état naturel, sont frappés à sa vue d'amour ou de crainte; c'est ce que nous prouverons par plus d'une observation curieuse. Ainsi s'accomplit encore cette parole qui lui donna l'empire dès les premiers jours du monde (1) : « Que tous les animaux de la terre » et tous les oiseaux du ciel soient frappés de ter- » reur, et tremblent devant vous avec tout ce qui » se meut sur la terre. J'ai mis entre vos mains tous » les poissons de la mer ».

Comme il est le seul être qui dispose du feu qui est le principe de la vie, il est encore le seul qui exerce l'agriculture qui en est le soutien. Tous les animaux frugivores en ont comme lui le besoin, la

(1) Génèse, chap. 10, vers. 2.

I.　　　　　　　　　L

plupart l'expérience, mais aucun n'en a l'exercice.
Le bœuf ne s'avisa jamais de ressemer les grains
qu'il foule dans l'aire, ni le singe, le maïs des champs
qu'il ravage. On va chercher bien loin les rapports
que les bêtes peuvent avoir avec l'homme pour les
mettre de niveau, et on écarte ces différences triviales qui mettent sous nos yeux, entre elles et nous,
un intervalle incommensurable, et qui sont d'autant
plus merveilleuses qu'elles paroissent plus faciles à
franchir. Chacune d'elles est circonscrite dans un
petit cercle de végétaux et de moyens propres à les
recueillir ; elle n'étend point son industrie au-delà
de son instinct, quels que soient ses besoins.
L'homme seul élève son intelligence jusqu'à celle
de la nature. Non-seulement il suit ses plans, mais
il s'en écarte. Il leur en substitue de nouveaux. Il
couvre de vignes et de moissons les lieux destinés
aux forêts. Il dit au pin de la Virginie et au marronier de l'Inde : « Vous croîtrez en Europe. » La
nature seconde ses travaux, et semble, par sa complaisance, l'inviter à lui donner des lois. C'est pour
lui qu'elle a couvert la terre de plantes ; et quoique
leurs espèces soient en nombre infini, il n'y en a
pas une seule qui ne tourne à son usage. D'abord
elle en a tiré de chaque classe pour subvenir à sa
nourriture et à ses plaisirs, par-tout où il voudroit
habiter ; dans les palmiers de l'Arabie, le dattier ;
dans les fougères des Moluques, le sagou ; dans les

roseaux de l'Asie, la canne à sucre; dans les solanum de l'Amérique, la pomme-de-terre; dans les lianes, la vigne; dans les papilionacées, les haricots et les pois; enfin la patate, le manioc, le maïs et une multitude innombrable de fruits, de graines et de racines comestibles, sont distribuées pour lui dans toutes les familles des végétaux, et sous toutes les latitudes du globe. Elle a donné aux plantes qui lui sont les plus utiles, de croître dans tous les climats; les plantes domestiques, depuis le chou jusqu'au blé, sont les seules qui, comme l'homme, soient cosmopolites. Les autres servent à son lit, à son toit, à son vêtement, à la guérison de ses maux, ou au moins à son foyer. Mais afin qu'il n'y en eût aucune qui ne fût utile au soutien de sa vie, et que l'éloignement et l'âpreté du sol où elles croissent ne fussent pas des obstacles pour en jouir, la nature a formé des animaux pour les aller chercher, et pour les tourner à son profit.

Ces animaux sont à la fois formés d'une manière admirable, pour vivre dans les sites les plus rudes, et animés de l'instinct le plus docile pour se rapprocher de l'homme. Le lamas du Pérou gravit avec ses pieds fourchus et armés de deux ergots les précipices des Andes, et lui rapporte sa toison couleur de rose. La renne au pied large et fendu parcourt les neiges du nord, et remplit pour lui ses mamelles de crême, dans des pâturages de mousses. L'âne,

le chameau, l'éléphant, le rhinocéros, sont répartis
pour son service aux rochers, aux sables, aux
montagnes et aux marais de la zône torride. Tous
les territoires lui nourrissent un serviteur ; les plus
âpres, le plus robuste ; les plus ingrats, le plus patient. Mais les animaux qui réunissent le plus grand
nombre d'utilités, sont les seuls qui vivent avec lui
par toute la terre. La vache pesante paît au fond
des vallées ; la brebis légère, sur les flancs des collines ; la chèvre grimpante broute les arbrisseaux
des rochers ; le porc armé d'un groin fouille les
racines des marais, à l'aide des ergots en appendices
que la nature a placés au-dessus de ses talons pour
l'empêcher d'y enfoncer ; le canard nageur mange
les plantes fluviatiles ; la poule à l'œil attentif ramasse toutes les graines perdues dans les champs,
le pigeon aux ailes rapides, celles des forêts les plus
écartées, et l'abeille économe, jusqu'aux poussières
des fleurs. Il n'y a point de coin de terre dont ils ne
puissent moissonner toutes les plantes. Celles qui
sont rebutées des uns font les délices des autres, et
jusqu'aux poisons servent à les engraisser. Le porc
dévore la prêle et la jusquiame ; la chèvre, la tithymale et la ciguë. Tous reviennent le soir à l'habitation de l'homme avec des murmures, des bêle-
mens et des cris de joie, en lui rapportant les doux
tributs des plantes, changés, par une métamor-

phose inconcevable, en miel, en lait, en beurre, en œufs et en crême.

Non-seulement l'homme fait ressortir à lui toutes les plantes, mais encore tous les animaux ; quoique leur petitesse, leur légèreté, leurs forces, leurs ruses et les élémens même semblent les soustraire à son empire. A commencer par les légions infinies d'insectes, son canard et sa poule s'en nourrissent. Ces oiseaux avalent jusqu'aux reptiles venimeux, sans en éprouver aucun mal. Son chien lui assujettit toutes les autres bêtes. Ses nombreuses variétés paroissent ordonnées à leurs différentes espèces ; le chien de berger, aux loups ; le basset, aux renards ; le lévrier, aux animaux de la plaine ; le mâtin, à ceux de la montagne ; le chien couchant, aux oiseaux ; le barbet, aux amphibies ; enfin, depuis l'épagneul de Malte fait pour plaire, jusqu'à ces énormes chiens des Indes qui ne veulent combattre que des lions et des éléphans, suivant Pline et Plutarque, et dont la race subsiste encore chez les Tartares, leurs espèces sont si variées en formes, en grandeurs et en instincts, que je pense que la nature en a fait d'autant de sortes qu'il y avoit d'espèces d'animaux à subjuguer. Nous croisons les races des chats, des chèvres, des moutons et des chevaux de mille manières ; et, malgré toutes nos combinaisons, il n'en sort que quelques variétés qui ne peuvent en aucune façon être comparées à celles des chiens.

Tandis que des philosophes donnent à toutes les
espèces de chiens une origine commune, d'autres
en attribuent de différentes aux hommes. Ils fondent
leur système sur la variété des tailles et des couleurs
dans l'espèce humaine ; mais ni la couleur ni la
grandeur ne sont des caractères, au jugement de
tous les naturalistes. Selon eux, la première n'est
qu'un accident ; la seconde n'est qu'un plus grand
développement de formes. La différence des espèces
vient de la différence des proportions ; or elle caractérise celle des chiens. Les proportions de l'homme
ne varient nulle part : sa couleur noire entre les
tropiques est un simple effet de la chaleur du soleil
qui le rembrunit à mesure qu'il approche de la ligne.
Elle est, comme nous le verrons, un bienfait de la
nature. Sa taille est constamment la même dans tous
les temps et dans tous les lieux, malgré les influences de la nourriture et du climat, qui sont si
puissantes sur les autres animaux. Il y a des races
de chevaux et de bœufs d'une grandeur double
l'une de l'autre, comme on peut le remarquer en
comparant les grands chevaux d'artillerie tirés du
Holstein, aux petits chevaux de Sardaigne qui sont
grands comme des moutons, et les gros bœufs de
la Flandre aux petits bœufs du Bengale ; mais de la
plus grande race d'hommes à la plus petite, il y a
tout au plus un pied de différence. Leur grandeur
est la même aujourd'hui que du temps des Égyp-

tiens, et la même à Archangel qu'en Afrique,
comme on le peut voir à la grandeur des momies, et
à celle des tombeaux des anciens Indiens qu'on
trouve en Sibérie le long du fleuve Petzora. La
taille un peu raccourcie des Lapons est, à ce que
je présume, un effet de leur vie trop sédentaire ;
car j'ai observé parmi nous le même raccourcisse-
ment dans les hommes de certains métiers qui de-
mandent peu d'exercice. Celle des Patagons, au
contraire, est plus développée que celle des Lapons, quoiqu'ils vivent sous une latitude aussi froide,
parce qu'ils s'y donnent beaucoup plus de mouvement. Les Lapons passent la plus grande partie de
l'année renfermés au milieu de leurs troupeaux de
rennes ; les Patagons, au contraire, sont sans cesse
errans, ne vivant que de chasses et de pêches.
D'ailleurs, les premiers voyageurs qui ont parlé de
ces deux peuples, ont beaucoup exagéré la petitesse
des uns et la grandeur des autres, parce qu'ils ont
vu les premiers accroupis dans leurs cabanes enfu-
mées, et les autres dans une position qui agrandit
tous les objets, c'est-à-dire, de loin, sur les hauteurs de leurs rivages où ils accourent dès qu'ils
voient des vaisseaux, et à travers les brumes qui sont
si fréquentes dans leurs climats, et qui, comme on
sait, agrandissent tous les corps, sur-tout ceux qui
sont à l'horizon, en réfrangeant la lumière qui les
environne. Les Suédois et les Norvégiens qui habitent

des latitudes semblables, où le froid empêche, dit-on,
le développement du corps humain , sont de la même
taille que les habitans du Sénégal , où la chaleur , par
la raison contraire , devroit le favoriser , et les uns et
les autres ne sont pas plus grands que nous. L'homme
par toute la terre est au centre de toutes les grandeurs , de tous les mouvemens et de toutes les harmonies. Sa taille , ses membres et ses organes ont
des proportions si justes avec tous les ouvrages de la
nature , qu'elle les a rendues invariables comme leur
ensemble. Il fait à lui seul un genre qui n'a ni classes
ni espèces , et qui a mérité par excellence le nom
de genre humain. Il forme une véritable famille ,
dont tous les membres sont dispersés sur la terre
pour en recueillir les productions , et qui peuvent
se correspondre d'une manière admirable dans leurs
besoins. Non-seulement les hommes ont été unis ,
dans tous les temps , par les intérêts du commerce ,
mais par les liens plus sacrés et plus durables, de
l'humanité. Des sages ont paru en orient ; il y a deux
ou trois mille ans , et leur sagesse nous éclaire encore au fond de l'occident. Aujourd'hui, un sauvage est opprimé dans un désert de l'Amérique ; il
fait courir sa flèche de famille en famille , de nation
en nation , et la guerre s'allume dans les quatre parties du monde. Nous sommes tous solidaires les uns
pour les autres ; nous reviendrons souvent sur cette
grande vérité, qui est la base de la morale des particu-

liers comme de celle des rois. Le bonheur de chaque homme est attaché au bonheur du genre humain. Il doit travailler au bien général, parce que le sien en dépend. Mais son intérêt n'est pas le seul motif qui lui fasse un devoir de la vertu; il en doit de plus sublimes leçons à la nature. Comme il est né sans instinct, il a été obligé de former son intelligence sur ses ouvrages. Il n'a rien imaginé que d'après les modèles qu'elle lui a présentés dans tous les genres; il a créé les arts mécaniques d'après l'industrie des animaux; les arts libéraux et les sciences, d'après les harmonies et les plans même de la nature. Il doit à ses études sublimes une lumière qui n'éclaire aucun animal. L'instinct ne montre à celui-ci que ses besoins; mais l'homme seul, du sein d'une ignorance profonde, a connu qu'il y avoit un Dieu. Cette connoissance n'a point été particulière aux Socrates et aux Platons; elle est commune aux Tartares, aux Indiens, aux Sauvages, aux Nègres, aux Lapons, à tous les hommes : elle est le résultat de toutes les contemplations; de celle d'une mousse comme de celle du soleil. C'est sur elle que sont fondées toutes les sociétés du genre humain, sans en excepter aucune. Comme l'homme a développé son intelligence sur celle de la nature, il a cherché à régler sa morale sur celle de son auteur. Il a senti que pour plaire à celui qui étoit le principe de tous les biens, il falloit concourir au bien général, et il

s'est efforcé dans tous les temps de s'élever à lui
par la vertu. Ce caractère religieux, qui le distingue
de tous les êtres sensibles, appartient encore plus
à son cœur qu'à sa raison; c'est moins en lui une
lumière qu'un sentiment, car il paroît indépendant
du spectacle même de la nature, et il se manifeste
avec autant de force dans ceux qui en vivent les
plus éloignés, que dans ceux qui en jouissent continuellement. Les sensations de l'infini, de l'universalité, de la gloire et de l'immortalité qui en sont
les suites, agitent sans cesse les habitans des villes
comme ceux des campagnes. L'homme foible, misérable et mortel, s'abandonne par-tout à ses passions célestes. Il y dirige, sans s'en apercevoir, ses
espérances, ses craintes, ses plaisirs, ses peines,
ses amours; et il passe sa vie à poursuivre ces impressions fugitives de la divinité, ou à les combattre.

Telle est la carrière que je me suis proposé de
parcourir. Mais comme dans un long voyage on
aperçoit quelquefois sur la route des îles fleuries au
milieu d'un grand fleuve, et des bocages enchantés
sur le sommet d'un rocher inaccessible; de même
les pas que nous ferons dans l'étude de la nature
nous ouvriront, le long de notre chemin, des pers-
pectives ravissantes. Si nous n'y pouvons mettre les
pieds, nous y jetterons au moins les yeux. Nous
remarquerons que tous les ouvrages de la nature

ont dés contrastes , des consonnances et des passages qui joignent leurs différens règnes les uns aux
autres.

Nous examinerons par quelle magie les contrastes
font naître à la fois le plaisir et la douleur , l'amitié
et la haine , l'existence et la destruction. C'est d'eux
que sort ce grand principe d'amour qui divise tous
les individus en deux grandes classes d'objets aimans
et d'objets aimés. Ce principe s'étend depuis les animaux et les plantes qui ont des sexes, jusqu'aux
fossiles insensibles , comme les métaux qui ont des
aimans , dont la plupart nous sont encore inconnus ;
et depuis les sels qui cherchent à se réunir dans les
fluides où ils nagent , jusqu'aux globes qui s'attirent mutuellement dans les cieux. Il oppose les
individus par les sexes , et les genres par les formes ,
afin d'en tirer une infinité d'harmonies. Dans les
élémens, la lumière est opposée aux ténèbres , le
chaud au froid, la terre à l'eau, et leurs accords
produisent les jours , les températures et les vues
les plus agréables. Dans les végétaux nous verrons ,
dans les forêts du nord , le feuillage épais et sombre ,
l'attitude tranquille et la forme pyramidale des sapins,
contraster avec la verdure tendre et le feuillage mobile des bouleaux , qui ressemblent , par leurs vastes
cimes et leurs bases étroites, à des pyramides renver-
sées. Les forêts du midi nous offriront de pareilles
harmonies, et nous les retrouverons jusque dans les

herbes de nos prairies. Les mêmes oppositions règnent dans les animaux ; et sans sortir de ceux qui
nous sont les plus familiers, la mouche et le papillon, la poule et le canard, le moineau sédentaire
et l'hirondelle voyageuse, le cheval fait pour la
course et le bœuf pesant, l'âne patient et la chèvre
capricieuse, enfin le chat et le chien contrastent sur
nos fleurs, dans nos prairies et dans nos maisons,
en formes, en mouvemens et en instincts.

Je ne comprends point dans ces oppositions harmoniques les animaux carnassiers qui font la guerre
aux autres ; ils ne sont point ordonnés aux vivans,
mais aux morts. J'entends par contrastes ceux que
la nature a établis entre deux classes différentes en
mœurs, en inclinations et en figures, et auxquels
cependant elle a donné des convenances secrètes qui
les portent, dans l'état naturel, à habiter les mêmes
lieux, à se rapprocher les unes des autres, et à y
vivre en paix. Tel est le contraste du cheval, qui
aime à s'exercer à la course dans la même prairie
où le bœuf se promène gravement en ruminant.
Tel est encore celui de l'âne qui se plaît à suivre
d'un pas lent et tranquille la chèvre légère jusque
dans les rochers où elle grimpe. Depuis la mouche
et le papillon, jusqu'à l'éléphant et au caméléopard,
il n'y a point d'animal sur la terre qui n'ait son contraste, excepté l'homme.

Les contrastes de l'homme sont au-dedans de

lui-même. Deux passions opposées balancent toutes
ses actions, l'amour et l'ambition. A l'amour se rapportent tous les plaisirs des sens ; à l'ambition tous
ceux de l'ame. Ces deux passions sont toujours en
contre-poids égal dans le même sujet ; et tandis que
la première rassemble sur l'homme toutes les jouissances corporelles, et le fait descendre insensiblement au-dessous de la bête, la seconde le porte à
réunir sur lui tous les empires, et à se mettre à la
fin au-dessus de la divinité. On peut observer ces
deux effets contradictoires dans tous les hommes qui
ont pu se livrer, sans obstacles, à ces deux impulsions, dans la classe des rois comme dans celle des
esclaves. Les Nérons, les Caligulas, les Domitiens
vécurent comme des brutes, et se firent adorer
comme des dieux. On retrouve chez des nègres la
même incontinence, le même orgueil et la même
stupidité.

Cependant la nature a donné à l'homme ces deux
passions pour son bonheur. Elle fait naître les deux
sexes en nombre égal, afin de fixer l'amour de
chaque homme à un seul objet, sur lequel elle a réuni
toutes ses harmonies éparses dans ses plus beaux
ouvrages. Il y a entre l'homme et la femme une
grande analogie de formes, d'inclinations et de goûts,
mais il y a une différence encore plus grande de
ces qualités. L'amour, comme nous le verrons, ne
résulte que des contrastes ; et plus ils sont grands,

plus il a d'énergie : c'est ce que je pourrois
prouver par mille traits d'histoire. On sait, par
exemple, avec quelle ivresse ce grand et lourd soldat de Marc-Antoine aima et fut aimé de Cléo-
pâtre, non pas de celle que nos sculpteurs représentent avec une taille de Sabine, mais de la Cléo-
pâtre que l'histoire nous dépeint petite, vive, en-
jouée, courant la nuit les rues d'Alexandrie déguisée en marchande, et se faisant porter, cachée
parmi des hardes, sur les épaules d'Apollodore,
pour aller voir Jules-César.

L'influence des contrastes en amour est si certaine, qu'en voyant l'amant on peut faire le portrait
de l'objet aimé sans l'avoir vu, pourvu qu'on sache
seulement qu'il est affecté d'une forte passion. C'est
ce que j'ai éprouvé plusieurs fois, entre autres dans
une ville où j'étois tout-à-fait étranger. Un de mes
amis m'y mena voir sa sœur, demoiselle fort vertueuse, et il m'apprit en chemin qu'elle avoit une
passion. Quand nous fûmes chez elle, la conversa-
tion s'étant tournée sur l'amour, je m'avisai de lui
dire que je connoissois les lois qui nous détermi-
noient à aimer, et que je lui ferois, si elle vouloit,
le portrait de son amant, quoiqu'il me fût tout-à-
fait inconnu. Elle m'en défia. Alors, prenant l'opposé de sa grande et forte taille, de son tempérament et de son caractère, dont son frère m'avoit
entretenu, je lui dépeignis son amant petit, peu

chargé d'embonpoint, aux yeux bleus, aux cheveux blonds, un peu volage, aimant à s'instruire.... Chaque mot la fit rougir jusqu'au blanc des yeux, et elle se fâcha fort sérieusement contre son frère, en l'accusant de m'avoir révélé son secret. Il n'en étoit cependant rien, et il fut aussi étonné qu'elle. Ces observations sont plus importantes qu'on ne pense. Elles nous prouveront combien nos institutions s'écartent des lois de la nature, et affoiblissent le pouvoir de l'amour, lorsqu'elles donnent aux femmes les études et les occupations des hommes. La vertu seule sait faire usage de ces contrastes dans le mariage, où les devoirs des deux sexes sont si différens. Elle y présente encore à leur ambition naturelle, la plus sublime des carrières dans l'éducation de leurs enfans, dont ils doivent former la raison, et recevoir en hommage les premiers sentimens. Ce sont les cœurs de leurs enfans qui doivent perpétuer leur mémoire sur la terre, d'une manière plus touchante et plus durable que les monumens publics n'y conservent le souvenir des rois. Quelle puissance peut égaler celle qui donne l'existence et la pensée; et quel souvenir peut durer autant que celui de la reconnoissance filiale? On compare le gouvernement d'un bon roi à celui d'un père, mais on ne peut comparer celui d'un père vertueux, qu'à celui de Dieu même. La vertu est pour l'homme la véritable loi de la nature; elle est l'harmonie de toutes les harmonies. Elle seule rend l'amour et l'ambition bienfaisante. Elle tire des privations même ses plus grandes jouissances. Otez - lui l'amour, l'amitié, l'honneur, le soleil, les élémens, elle sent que, sous un être juste et bon, d'autres compensations lui sont réservées, et elle accroît sa confiance en Dieu de l'injustice même des hommes. C'est elle qui a soutenu dans toutes les positions de la vie, les Antonins, les Socrates, les Epictètes, les Fénélons, et qui les a fait vivre à la fois les plus heureux des hommes, et les plus dignes de leurs hommages.

Si d'un côté la nature a établi des contrastes dans tous ses ouvrages, de l'autre elle en fait sortir des consonnances qui en rapprochent tous les genres. Il semble qu'après avoir déterminé un modèle, elle a voulu que tous les lieux participassent de sa beauté. C'est ainsi que la lumière et le disque du soleil sont réfléchis de mille manières, par les planètes dans les cieux, par les parhélies et l'arc-en-ciel dans les nuages, par les aurores boréales dans les glaces du nord ; enfin par les réfractions de l'air, les reflets des eaux, et les réflexions spéculaires de la plupart des corps sur la terre. Les îles représentent au milieu des mers les formes montueuses du continent, et les méditerranées et les lacs au sein des montagnes, les vastes plaines de la mer.

Des arbres dans le climat de l'Inde affectent le port des herbes, et des herbes dans nos jardins celui

des arbres. Une multitude de fleurs semblent patro-
nées sur les roses et sur les lis. Dans nos animaux
domestiques, le chat paroît formé sur le tigre, le
chien sur le loup, le mouton sur le chameau. Tous
les genres ont leurs consonnances, excepté le genre
humain. Celui des singes, dont on a voulu faire
une variété de l'espèce humaine, a des relations
beaucoup plus directes avec les autres animaux.
L'homme des bois, avec ses longs bras, ses pieds
maigres, ses pattes décharnées, son nez écrasé, sa
gueule sans lèvres terminées, ses yeux ronds, son
vilain poil, a certainement des ressemblances fort
imparfaites avec l'Apollon du Vatican; et quelque
envie qu'on ait de rapprocher l'homme de la bête,
il seroit difficile de trouver dans la femelle de cet
animal, un second modèle de la figure humaine qui
approchât de la Vénus de Médicis, ou de la Diane
d'Allegrain qu'on voit à Lucienne. Mais j'ai vu des
singes qui ressembloient fort bien à des ours, comme
le bavian du Cap de Bonne-Espérance, ou à des
lévriers, comme le maki de Madagascar. Il y en a
qui sont faits comme de petits lions; telle est une
très-jolie espèce blanche, à crinière, qu'on trouve
au Brésil. Je présume que la plupart des espèces de
quadrupèdes, sur-tout parmi les bêtes féroces, ont
leurs consonnances dans celles des singes. Ces
mêmes consonnances se retrouvent dans les variétés
nombreuses des perroquets, qui, par leurs formes,

I. M

leurs becs, leurs cris et leurs jeux, imitent la plupart des oiseaux de proie. Enfin, elles s'étendent
jusque dans les plantes, appelées pour cette raison
mimeuses, qui représentent, dans leurs fleurs ou
dans l'agrégation de leurs graines, des insectes et
des reptiles, tels que des limaçons, des mouches,
des chenilles, des lézards, des scorpions, &c.....
La nature, dans ces sortes de consonnances, a
quelque intention qui ne m'est pas connue. Ce qu'il
y a de remarquable, c'est qu'elles ne sont communes qu'entre les tropiques, dont les forêts four-
millent de toutes sortes d'espèces de singes et de
perroquets. Peut-être a-t-elle voulu mettre sous des
formes innocentes celles des animaux nuisibles qui
y sont très-nombreuses, afin de faire paroître à la
lumière du jour, la figure terrible de ces enfans de
la nuit et du carnage, et qu'aucun de ses ouvrages
ne demeurât caché dans les ténèbres aux yeux de
l'homme. Quoi qu'il en soit, aucun animal sur la
terre n'est formé sur les nobles proportions de la
figure humaine ; et si l'homme descend souvent par
ses passions au niveau des bêtes, ses inquiétudes,
ses lumières et ses affections sublimes démontrent
assez qu'il est lui-même une consonnance de la divinité.

Enfin, les sphères de tous les êtres se communiquent par des rayons qui semblent réunir leurs
extrémités. Nous remarquerons dans les stalactites

et les cristallisations des fossiles , des procédés de
végétation , et nous croirons même apercevoir le
mouvement des animaux dans celui de leurs aimans.
D'un autre côté , nous verrons des plantes se former , à la manière des fossiles , sans organisation
apparente ; telle est , entre autres , la truffe , qui
n'a ni feuilles , ni fleurs , ni racines : d'autres ,
représenter dans leurs fleurs la figure des animaux ,
comme les orchites ; ou leur sensibilité , comme la
sensitive , qui abaisse ses feuilles et les ferme au
moindre attouchement ; ou leur instinct , comme la
dionæa muscipula , qui prend des mouches. Les
feuilles de cette plante sont formées de folioles
opposées, enduites d'une substance sucrée qui attire
les mouches ; mais , dès qu'elles s'y posent , ces
folioles se rapprochent tout-à-coup comme les mâchoires d'un piége à loup , et les percent des épines
dont elles sont hérissées. Il y en a encore de plus
étonnantes , en ce qu'elles ont en elles-mêmes le
principe du mouvement ; tel est le *hedysarum mo-
vens* ou *burum chandali* , qu'on a apporté , il y a
quelques années , du Bengale en Angleterre. Cette
plante remue alternativement les deux lobes alongés
qui accompagnent ses feuilles, sans qu'aucune cause
extérieure et apparente contribue à cette espèce
d'oscillation. Mais , sans aller chercher des merveilles si loin , nous en trouverons peut-être de plus
surprenantes dans nos jardins. Nous verrons nos

pois pousser leurs vrilles précisément à la hauteur
où ils commencent à avoir besoin d'appui , et les
accrocher aux ramées avec une adresse qu'on ne
peut attribuer au hasard. Ces relations semblent
supposer de l'intelligence ; mais nous en trouverons
encore de plus aimables , qui prouvent de la bonté ,
non pas dans le végétal , mais dans la main qui l'a
formé. Le *silphium* de nos jardins est une grande
férulacée qui ressemble , au premier coup d'œil , à
la plante qu'on appelle soleil. Ses larges feuilles
sont opposées à leur base , et leurs aisselles , qui
s'unissent , forment un godet ovale où l'eau des
pluies se ramasse jusqu'à la concurrence d'un bon
verre d'eau. Elles sont placées par étages , non pas
dans la même direction , mais à angles droits ,
afin qu'elles puissent recevoir l'eau des pluies dans
toute l'étendue de leur circonférence ; sa tige carrée est très-propre à être saisie fermement par les
pattes des oiseaux ; et ses fleurs leur présentent des
graines que plusieurs d'entre eux , entre autres les
grives , aiment beaucoup. En sorte que toute cette
plante , semblable à un bâton de perroquet , offre
à la fois aux oiseaux , à se percher , à manger et à
boire.

Nous parlerons aussi des parfums et des saveurs
des plantes. Nous remarquerons , sous ces relations ,
un grand nombre de caractères botaniques qui ne
sont pas les moins sûrs. C'est par l'odorat et le goût

que l'homme a acquis les premières connoissances
de leurs qualités vénéneuses , médicinales ou alimentaires. Les bruits même des plantes ne sont pas
à négliger ; car , lorsqu'elles sont agitées par les
vents , la plupart rendent des sons qui leur sont
propres , et qui produisent des convenances ou des
contrastes fort agréables avec les sites où elles ont
coutume de naître. Aux Indes, les cannes creuses
du bambou qui ombragent les rivages des fleuves ,
imitent , en se froissant les unes contre les autres ,
le gémissement des manœuvres d'un vaisseau ; et
les siliques du caneficier, agitées par les vents sur
le haut d'une montagne , le tic-tac d'un moulin.
Les feuilles mobiles des peupliers font entendre ,
au milieu de nos bois, les bouillonnemens des ruisseaux. Les vertes prairies et les tranquilles forêts
agitées par les zéphyrs , représentent au fond des
vallées et sur les pentes des coteaux , les ondula-
tions et les murmures des flots de la mer qui se
brisent sur le rivage. Les premiers hommes, frappés de ces bruits mystérieux, crurent entendre des
oracles sortir du tronc des chênes, et que des nymphes et des dryades habitoient, sous leurs rudes
écorces, les montagnes de Dodone.

La sphère des animaux étend encore plus loin
ses consonnances merveilleuses. Depuis le co-
quillage immobile qui pave et fortifie le bassin des
mers , jusqu'à la mouche qui vole la nuit sur les

campagnes de la zône torride , tout étincelante de
lumière comme une étoile , vous trouverez en eux
les configurations des rochers , des végétaux et des
astres. Mille passions et mille instincts ineffables
les animent, et leur font produire des chants, des
cris , des bourdonnemens , et jusqu'à des mots arti-
culés de la voix humaine. Les uns vivent en républiques tumultueuses , d'autres dans une solitude
profonde. Les uns passent leur vie à faire la guerre ,
d'autres à faire l'amour. Ils emploient dans leurs
combats toutes les espèces d'armures imaginables ,
et toutes les manières de s'en servir , depuis le
porc-épic qui lance des traits , jusqu'à la torpille
qui frappe invisiblement comme l'électricité. Leurs
amours ne sont pas moins variées que leurs haines.
Aux uns il faut des sérails ; aux autres des maî-
tresses passagères; à d'autres des compagnes fidèles,
qu'ils n'abandonnent qu'au tombeau. L'homme réunit, dans ses jouissances , leurs plaisirs et leurs
fureurs ; et quand il les a satisfaites , il soupire et
demande au ciel un autre bonheur. Nous examinerons , par les seules lumières de la raison , si l'homme
assujéti par son corps à la condition des animaux
dont il réunit en lui tous les besoins , ne tient pas ,
par son ame , à des créatures d'un ordre supérieur ;
si la nature, qui a fait ressortir sur la terre l'immensité de ses productions à un être nu , sans instinct,
et à qui il faut plusieurs années d'apprentissage

pour apprendre seulement à marcher, l'a mis dès sa naissance dans l'alternative d'en étudier les qualités ou de périr, et si elle ne s'est pas réservé quelque moyen extraordinaire de venir à son secours, au milieu des maux de toute espèce qui traversent son existence, jusque parmi ses semblables.

En parcourant ces passages qui unissent les différens règnes, et qui étendent leurs limites à des régions qui nous sont encore inconnues, nous n'adopterons pas l'opinion de ceux qui croient que les ouvrages de la nature étant les résultats de toutes les combinaisons possibles, toutes les manières d'exister doivent s'y rencontrer. « Vous y trouverez » l'ordre, disent-ils, et en même temps le désordre. » Jetez d'une infinité de manières les caractères de » l'alphabet, vous en formerez l'Iliade et des poëmes » même supérieurs à l'Iliade ; mais vous aurez » en même temps une infinité d'assemblages in- » formes. » Nous adoptons cette comparaison, en observant cependant que la supposition des vingt-quatre lettres de l'alphabet renferme déjà une idée d'ordre qu'on est forcé d'admettre pour établir l'hypothèse même du hasard. Si donc, les jets multipliés de ces vingt-quatre lettres donnoient en effet une infinité de poëmes bons et mauvais, combien les principes bien plus nombreux de l'existence en elle-même, tels que les élémens, les cou-

leurs , les surfaces , les formes , les profondeurs ,
les mouvemens, produiroient de diverses manières
d'exister ? Quand on ne prendroit qu'une centaine
de modifications de chaque combinaison primordiale
de la matière , on auroit au moins les passages généraux des différens règnes. On verroit des plantes
marcher avec des pieds , comme les animaux; des
animaux fixés à la terre avec des racines , comme
les plantes; des rochers avec des yeux , des herbes
qui ne végéteroient qu'en l'air. Les principaux intervalles des sphères de l'existence seroient remplis.
Mais tout ce qui est possible n'existe pas. Il n'y a
d'existant que ce qui est utile relativement à l'homme.
Le même ordre qui règne dans l'ensemble des sphères
subsiste dans les parties de chacun des individus qui
les composent. Il n'y en a aucun qui ait dans ses
organes quelque excès ou quelque défaut. Leurs
convenances sont si sensibles , et elles ont des caractères si frappans , que si on montre à un habile
naturaliste quelque représentation de plante ou
d'animal qu'il n'ait jamais vu , il pourra juger à
l'harmonie de ses parties, si elle est faite d'après
l'imagination ou d'après la nature. Un jour , des
élèves de botanique voulant éprouver le savoir du
célèbre Bernard de Jussieu , lui présentèrent une
plante qui n'étoit point dans l'école du Jardin du
Muséum, en le priant d'en déterminer le genre et l'espèce. Dès qu'il y eut jeté les yeux , il leur dit :

« Cette plante est composée artificiellement; vous
» en avez pris les feuilles de celle-ci, la tige de
» celle-là, et la fleur de cette autre ». C'étoit la
vérité. Ils avoient cependant rassemblé, avec le plus
grand art, les parties de celles qui avoient le plus
d'analogie. J'ose assurer que par la méthode que je
présenterai, la science peut aller beaucoup plus
loin, et déterminer à la vue d'une plante étrangère,
la nature du sol où elle croît, si elle est d'un pays
chaud ou d'un pays froid, de montagne ou aquatique, et peut-être même les espèces d'animaux
auxquelles elle est particulièrement affectée.

En étudiant ces lois, dont la plupart sont inconnues ou négligées, nous en détruirons d'autres qui
ne sont fondées que sur des observations particulières qu'on a rendues trop générales. Telles sont,
par exemple, celles-ci, que le nombre et la fécondité des êtres sont en raison inverse de leur grandeur, et que le temps de leur dépérissement est
proportionné à celui de leur accroissement. Nous
ferons voir qu'il y a des mousses moins fécondes
que les sapins, et des coquillages moins nombreux
que les baleines : tel est, entre autres, le marteau.
Il y a des animaux qui croissent fort vîte et qui dé-
périssent fort lentement : tels sont la plupart des
poissons. Nous ne nous lasserons pas de prouver
que la durée, la force, la grandeur, la fécondité,
la forme de chaque être, sont proportionnées d'une

manière admirable , non-seulement à son bonheur
particulier , mais au bonheur général de tous ,
d'où résulte celui du genre humain. Nous détruirons aussi ces analogies si communes, que l'on tire du
sol et du climat , pour expliquer toutes les opérations de la nature par des causes mécaniques , en
faisant voir qu'elle y fait naître souvent les végétaux et les animaux dont les qualités y sont les plus
opposées. Les plantes tubulées et les plus sèches ,
comme les roseaux , les joncs , ainsi que les bouleaux , dont l'écorce , semblable à un cuir passé à
l'huile , est incorruptible à l'humidité , croissent sur
le bord des eaux , comme des bateaux propres à les
traverser. Au contraire , les plantes les plus grasses
et les plus humides viennent dans les lieux les plus
secs, telles que les aloès , les cierges du Pérou et les
lianes pleines d'eau , qu'on ne trouve que dans les
rochers arides de la zône torride , où elles sont
placées comme des fontaines végétales. Les instincts
même des animaux paroissent moins ordonnés à
leur utilité propre qu'à celle de l'homme , et sont
tantôt d'accord et tantôt en opposition avec la nature
du sol qu'ils habitent. Le porc gourmand se plaît à
vivre dans les fanges dont il devoit nettoyer l'habitation de l'homme ; et le chameau sobre , à voyager
dans les sables arides de l'Afrique , inaccessibles
sans lui , aux voyageurs. Les appétits de ces animaux ne naissent point des lieux qu'ils habitent ,

car l'autruche , qui vit dans les mêmes déserts que le chameau , est encore plus vorace que le porc. Aucune loi de magnétisme , de pesanteur, d'attraction, d'électricité , de chaleur ou de froid ne gouverne le monde. Ces prétendues lois générales ne sont que des moyens particuliers. Nos sciences nous trompent, en supposant à la nature une fausse providence. Elles mettent , à la vérité , des balances dans ses mains , mais ce ne sont pas celles de la justice, ce sont celles du commerce. Elles ne pèsent que des sels et des masses , et elles mettent de côté la sagesse , l'intelligence et la bonté. Elles ne craignent pas d'écarter du cœur de l'homme le sentiment des qualités divines, qui lui donne tant de force , et de rassembler sur son esprit des poids et des mouvemens qui l'accablent. Elles mettent en opposition les carrés des temps et des vîtesses , et elles négligent ces compensations admirables avec lesquelles la nature est venue au secours de tous les êtres , et a donné les plus ingénieuses aux plus foibles , les plus abondantes aux plus pauvres , et les a toutes réunies sur le genre humain , sans doute comme sur l'espèce la plus misérable.

Nous ne pouvons connoître que ce que la nature nous fait sentir, et nous ne pouvons juger de ses ouvrages que dans le lieu et dans le temps où elle nous les montre. Tout ce que nous nous figurons au-delà, ne nous présente que contradiction, doute,

erreur ou absurdité. Je n'en excepte pas même les
plans de perfection que nous imaginons. Par exemple,
c'est une tradition commune à tous les peuples ,
appuyée sur le témoignage de l'Ecriture-Sainte, et
fondée sur un sentiment naturel , que nous avons
vécu dans un meilleur ordre de choses, et que nous
sommes destinés à un autre qui doit le surpasser.
Cependant nous ne pouvons rien dire ni de l'un ni
de l'autre. Il nous est impossible de rien retrancher
ou de rien ajouter à celui où nous vivons , sans
empirer notre situation. Tout ce que la nature y a
mis est nécessaire. La douleur et la mort même sont
des témoignages de sa bonté. Sans la douleur ,
nous nous briserions à chaque pas , sans nous en
apercevoir. Sans la mort, de nouveaux êtres ne
pourroient renaître dans le monde ; et si on suppose
que ceux qui existent maintenant pouvoient être
éternels, leur éternité entraîneroit la ruine des
générations , de la configuration des deux sexes , et
toutes les relations de l'amour conjugal , filial et
paternel , c'est-à-dire tout le systême du bonheur
actuel. En vain nous allons chercher dans nos berceaux les archives que le tombeau nous refuse ; le
passé comme l'avenir couvre nos mystérieuses destinées d'un voile impénétrable. En vain nous y
portons la lumière qui nous éclaire , et nous cherchons dans l'origine des choses les poids, les temps
et les mesures que nous trouvons dans leur jouis-

sance ; mais l'ordre qui les a produites n'a eu , par rapport à Dieu , ni temps , ni poids , ni mesure. Les divisions de la matière et du temps n'ont été faites que pour l'homme circonscrit, foible et passager. L'univers , disoit Newton , a été jeté d'un seul jet. Nous cherchons une jeunesse à ce qui a toujours été vieux, une vieillesse à ce qui est toujours jeune, des germes aux espèces , des naissances aux générations , des époques à la nature; mais quand la sphère où nous vivons sortit de la main divine de son auteur , tous les temps, tous les âges, toutes les proportions s'y manifestèrent à la fois. Pour que l'Etna pût vomir ses feux , il fallut à la construction de ses fourneaux des laves qui n'avoient jamais coulé. Pour que l'Amazone pût rouler ses eaux à travers l'Amérique , les Andes du Pérou durent se couvrir de neiges que les vents d'orient n'y avoient point encore accumulées. Au sein des forêts nouvelles naquirent des arbres antiques , afin que les insectes et les oiseaux pussent trouver des alimens sous leurs vieilles écorces. Des cadavres furent créés pour les animaux carnassiers. Il dut naître dans tous les règnes des êtres jeunes , vieux , vivans , mourans et morts. Toutes les parties de cette immense fabrique parurent à la fois , et si elle eut un échafaud , il a disparu pour nous.

Que d'autres étendent les bornes de nos sciences, je me croirai plus utile si je peux fixer celles de

notre ignorance. Nos lumières, comme nos vertus, consistent à descendre, et notre force à sentir
notre foiblesse. Si je ne suis la route que la nature
s'est réservée, au moins je marcherai dans celle que
l'homme doit parcourir. C'est la seule qui lui présente des observations faciles, des découvertes
utiles, des jouissances de toute espèce, sans instrument, sans cabinet, sans métaphysique et sans systême.

Pour nous convaincre de son agrément, ordon-
nons, d'après notre méthode, quelque groupe avec
les sites, les végétaux et les animaux les plus communs de nos climats. Supposons le terroir le plus
ingrat, un écueil sur nos côtes à l'embouchure
d'un fleuve, escarpé du côté de la mer, et en pente
douce de celui de la terre. Que du côté de la mer,
les flots couvrent d'écumes ses roches revêtues de
varecs, de fucus et d'algues de toutes les couleurs
et de toutes les formes, vertes, brunes, purpu-
rines, en houppes et en guirlandes, comme j'en ai
vu sur les côtes de Normandie à des roches de
marne blanche que la mer détache de ses falaises.
Que du côté du fleuve on voie, sur son sable jaune,
un gazon fin mêlé d'un peu de trèfle, et çà et là
quelques touffes d'absynthe marine. Mettons-y quelques saules, non pas comme ceux de nos prairies,
mais avec leur crue naturelle, et semblables à ceux
que j'ai vus sur les bords de la Sprée, aux environs

de Berlin , qui avoient une large cime et plus de
cinquante pieds de hauteur. N'y oublions pas l'harmonie des différens âges , si agréable à rencontrer
dans toute espèce d'agrégation, mais sur-tout dans
celles des végétaux. Qu'on voie de ces saules lisses
et remplis de suc , dresser en l'air leurs jeunes rameaux , et d'autres bien vieux , dont la cime soit
pendante et les troncs caverneux. Ajoutons-y leurs
plantes auxiliaires , telles que des mousses vertes et
des lichens dorés qui marbrent leurs écorces grises ,
et quelques-uns de ces convolvulus appelés che-
mises de Notre-Dame, qui se plaisent à grimper sur
leur tronc et à en garnir les branches , sans fleurs
apparentes , de leurs feuilles en cœur et de fleurs
évidées en cloches blanches comme la neige. Mettons-y les habitans naturels au saule et à ses plantes ,
leurs papillons, leurs mouches , leurs scarabées et
leurs autres insectes , avec les volatiles qui leur
font la guerre , tels que les demoiselles aquatiques, polies comme l'acier bruni, qui les attrapent
en l'air ; les bergeronnettes qui les poursuivent à
terre en hochant la queue, et des martins-pêcheurs
qui les prennent à fleur d'eau , vous verrez naître
d'une seule espèce d'arbre une multitude d'harmonies agréables.

Cependant elles sont encore imparfaites. Oppo-
sons au saule l'aune, qui se plaît comme lui sur les
bords des fleuves, et qui , par sa forme pareille à

celle d'une longue tour , son feuillage large , sa
verdure sombre , ses racines charnues faites comme
des cordes qui courent le long des rivages , dont
elles lient les terres, contraste en tout avec la masse
étendue , la feuille légère , la verdure frappée de
blanc et les racines pivotantes du saule. Ajoutons-y
les individus de l'aune de différens âges , qui s'élèvent comme autant d'obélisques de verdure , avec
leurs plantes parasites , telles que des capillaires
qui rayonnent en étoile de verdure sur leur tronc
humide , de longues scolopendres qui pendent de
leurs rameaux jusqu'à terre, et les autres accessoires
en insectes et en oiseaux, et même en quadrupèdes,
qui contrastent probablement en formes , en couleurs , en allures et en instinct avec ceux du saule ,
nous aurons , avec deux genres d'arbres , un concert ravissant de végétaux et d'animaux. Si nous
éclairons ces bosquets des premiers rayons de l'aurore , nous verrons à la fois des ombres fortes et des
ombres transparentes se répandre sur le gazon , une
verdure sombre et une verdure argentée se découper sur l'azur des cieux, et leurs doux reflets confondus ensemble , se mouvoir au sein des eaux. Suppo-
sons-y ce que ne peut rendre ni la peinture ni la
poésie , l'odeur des herbes et même celle de la marine , le frémissement des feuilles , le bourdonnement des insectes , le chant matinal des oiseaux , le
murmure sourd et entremêlé de silence des flots

qui se brisent sur le rivage, et les répétitions que les échos font au loin de tous ces bruits, qui, se perdant sur la mer, ressemblent aux voix des Néréides : ah ! si l'amour ou la philosophie vous porte dans cette solitude, vous y trouverez un asyle plus doux à habiter que les palais des rois.

Voulez-vous y faire naître des sensations d'un autre ordre, et entendre des passions et des sentimens sortir du sein des rochers ? qu'au milieu de cet écueil s'élève le tombeau d'un homme vertueux et infortuné, et qu'on y lise ces mots : ICI REPOSE J. J. ROUSSEAU.

Voulez-vous augmenter l'impression de ce tableau, sans toutefois en dénaturer le sujet ? éloignez le lieu, le temps et le monument. Que cette île soit celle de Lemnos, les arbres de ces bosquets des lauriers et des oliviers sauvages, et ce tombeau celui de Philoctète. Qu'on y voie la grotte où ce grand homme vécut abandonné des Grecs qu'il avoit servis, son pot de bois, les lambeaux dont il se couvroit, l'arc et les flèches d'Hercule, qui renversèrent tant de monstres dans ses mains, et dont il se blessa lui-même, vous éprouverez à la fois deux grands sentimens, l'un physique, qui s'accroît à mesure qu'on s'approche des ouvrages de la nature, parce que leur beauté ne se développe que par l'examen ; l'autre moral, qui augmente à mesure qu'on s'éloigne des monumens de la vertu, parce

I. N

que faire du bien aux hommes et n'être plus à leur portée , est une ressemblance avec la Divinité.

Que seroit-ce donc si nous jetions un coup d'œil sur les harmonies générales de ce globe ? En ne nous arrêtant qu'à celles qui nous sont les mieux connues , voyez comme le soleil environne constamment de ses rayons une moitié de la terre , tandis que la nuit couvre l'autre de son ombre. Combien de contrastes et d'accords résultent de leurs oppositions versatiles ! Il n'y a pas un point des deux hémisphères où ne paroisse tour-à-tour une aube , un crépuscule , une aurore , un midi , un occident chargé de feux , et une nuit tantôt constellée , tantôt ténébreuse. Les saisons s'y donnent la main comme les heures du jour. Le printemps , couronné de fleurs , y devance le char du soleil , l'été l'environne de ses moissons, et l'automne le suit avec sa corne chargée de fruits. En vain l'hiver et la nuit, retirés sur les pôles du monde , veulent donner des bornes à sa magnifique carrière ; en vain ils élèvent du sein des mers australes et boréales , de nouveaux continens qui ont leurs vallées , leurs montagnes et leurs clartés : le père du jour renverse de ses flèches de feu ces ouvrages fantastiques ; et , sans sortir de son trône , il reprend l'empire de l'univers. Rien n'échappe à sa chaleur féconde. Du sein de l'Océan , il élève dans les airs les fleuves qui vont couler dans les deux mondes. Il ordonne

aux vents de les distribuer sur les îles et sur les
continens. Ces invisibles enfans de l'air les trans-
portent sous mille formes capricieuses. Tantôt ils
les étendent dans le ciel comme des voiles d'or et
des pavillons de soie ; tantôt ils les roulent en forme
d'horribles dragons et de lions rugissans, qui
vomissent les feux du tonnerre. Ils les versent sur
les montagnes d'autant de manières différentes, en
rosées, en pluies, en grêles, en neiges, en torrens
impétueux. Quelque bizarres que paroissent leurs
services, chaque partie de la terre n'en reçoit, tous
les ans, que sa portion d'eau accoutumée. Chaque
fleuve remplit son urne, et chaque naïade sa coquille. Chemin faisant, ils déploient sur les plaines
liquides de la mer la variété de leurs caractères. Les
uns rident à peine la surface de ses flots ; les autres
les sillonnent en ondes d'azur ; d'autres les boule-
versent en mugissant, et couvrent d'écume les hauts
promontoires. Chaque lieu a ses harmonies qui lui
sont propres, et chaque lieu les présente tour-à-
tour. Parcourez à votre gré un méridien ou un
parallèle, vous y trouverez des montagnes à glace et
des montagnes à feu, des plaines de toutes sortes
de niveaux, des collines de toutes les courbures,
des îles de toutes les formes, des fleuves de tous
les cours ; les uns qui jaillissent et semblent sortir
du centre de la terre ; d'autres qui se précipitent
en cataractes, et paroissent tomber des nues. Cepen-

N 2

dant ce globe, agité de tant de mouvemens, et chargé de poids en apparence si irréguliers, s'avance d'une course ferme et inaltérable à travers l'immensité des cieux.

Des beautés d'un autre ordre décorent son architecture, et le rendent habitable aux êtres sensibles. Une ceinture de palmiers, auxquels sont suspendus la datte et le coco, l'entoure entre les brûlans tropiques, et des forêts de sapins mousseux le couronnent sous les cercles polaires. D'autres végétaux s'étendent comme des rayons du midi au nord, et viennent expirer à différens degrés. Le bananier s'avance depuis la ligne jusqu'aux bords de la Méditerranée. L'oranger passe la mer, et borde de ses fruits dorés les rivages méridionaux de l'Europe. Les plus nécessaires, comme le blé et les graminées, pénètrent le plus loin, et forts de leur foiblesse, s'étendent, à l'abri des vallées, depuis les bords du Gange jusqu'à ceux de la mer Glaciale. D'autres, plus robustes, partent des rudes climats du nord, s'avancent sur les croupes du Taurus, et arrivent, à la faveur des neiges, jusque dans le sein de la zône torride. Les sapins et les cèdres couronnent les montagnes de l'Arabie et du royaume de Cachemire, et voient à leurs pieds les plaines brûlantes d'Aden et de Lahor, où se recueillent la datte et la canne à sucre. D'autres arbres, ennemis à la fois du chaud et du froid, ont leurs centres

dans les zônes tempérées. La vigne languit en Allemagne et au Sénégal. Le pommier, l'arbre de ma
patrie, n'a jamais vu le soleil à plomb sur sa tête,
ou, décrivant autour de lui le cercle entier de
l'horizon, mûrir ses beaux fruits. Mais chaque sol
a sa Flore et sa Pomone. Les rochers, les marais,
les vases, les sables, ont des végétaux qui leur sont
propres. Les écueils même de la mer sont fertiles.
Le cocotier ne se plaît que sur les sables marins,
où il laisse pendre ses fruits pleins de lait au-dessus
des flots salés. D'autres plantes sont ordonnées aux
vents, aux saisons et aux heures du jour avec tant
de précision, que Linnæus en avoit formé des
almanachs et des horloges botaniques. Qui pourroit
décrire la variété infinie de leur figure ? Que de
berceaux, de voûtes, d'avenues, de pyramides de
verdure chargées de fruits, offrent de ravissantes
habitations ! Que d'heureuses républiques vivent
sous leurs tranquilles ombrages ! Que de banquets
délicieux y sont préparés ! Rien n'en est perdu. Les
quadrupèdes en mangent les tendres feuillages, les
oiseaux les semences, d'autres animaux les racines
et les écorces. Les insectes en ont la desserte : leurs
légions infinies sont armées de toutes sortes d'instrumens pour la recueillir. Les abeilles ont sur leurs
cuisses des cuillers garnies de poils pour ramasser les poussières de leurs fleurs ; les mouches, des
pompes pour en sucer la sève ; les vers, des

tarières, des vilebrequins et des râpes pour en dé-
pecer les parties solides ; et les fourmis, des pinces
pour en emporter les miettes. A la diversité de
formes, de mœurs, de gouvernemens, et aux guerres
perpétuelles de tous ces animaux, vous diriez d'une
multitude de nations étrangères et ennemies, qui
vont bientôt s'entre - détruire. A la constance de
leurs amours, à la perpétuité de leurs espèces, à
leur admirable harmonie avec toutes les parties du
règne végétal, vous diriez d'un seul peuple qui a sa
noblesse domaniale, ses charpentiers, ses pom-
piers et ses artisans.

D'autres tribus dédaignent les végétaux, et sont
ordonnées aux élémens, aux jours, à la nuit, aux
tempêtes, et aux diverses parties du globe. L'aigle
confie son nid au rocher qui se perd dans la nue ;
l'autruche, aux sables arides des déserts ; le flamant
couleur de rose, aux vases de l'océan méridional.
L'oiseau blanc du tropique et la noire frégate se
plaisent à parcourir ensemble la vaste étendue des
mers, à voir du haut des airs voguer les flottes des
Indes sous leurs ailes, et à circonscrire ce globe
d'orient en occident, en disputant de rapidité avec
le cours même du soleil. Sous les mêmes latitudes,
des tourterelles et des perroquets, moins hardis,
ne voyagent que d'îles en îles, promenant à leur
suite leurs petits, et ramassant dans les forêts les
graines d'épiceries qu'ils font crouler de branches

en branches. Pendant que ces oiseaux conservent
une température égale sous les mêmes parallèles ,
d'autres la trouvent en suivant le même méridien.
De longs triangles d'oies sauvages et de cygnes vont
et viennent chaque année du midi au nord , ne
s'arrêtent qu'aux limites brumeuses de l'hiver ; passent, sans s'étonner, au-dessus des cités populeuses
de l'Europe , et dédaignent leurs campagnes fécondes , sillonnées de blés verts au milieu des
neiges , tant la liberté paroît préférable à l'abou-
dance , même aux animaux ! D'un autre côté , des
légions de lourdes cailles traversent la mer , et vont
au midi chercher les chaleurs de l'été. Vers la fin de
septembre elles profitent d'un vent de nord pour
quitter l'Europe , et en battant une aile et présentant l'autre au vent, moitié voile , moitié rame ,
elles rasent les flots de la Méditerranée de leurs
croupions chargés de graisse, et se réfugient dans
les sables de l'Afrique pour y servir de nourriture
aux faméliques habitans du Zara. Il y a des animaux
qui ne voyagent que la nuit. Des millions de crabes
descendent , aux Antilles , des montagnes , à la
clarté de la lune , en faisant sonner leurs tenailles ,
et offrent aux Caraïbes sur les grèves stériles de
leurs îles , leurs écailles remplies de moelles ex-
quises. Dans d'autres saisons, au contraire, les tortues quittent la mer pour aborder aux mêmes
rivages, et entassent des sachées d'œufs dans leurs

sables chauds. Les glaces même des pôles sont
habitées. On voit dans leurs mers et sous leurs promontoires flottans de cristal, de noires baleines
chargées de plus d'huile que n'en peut donner un
champ d'oliviers. Des renards, revêtus de précieuses fourrures, trouvent à vivre sur leurs rivages
abandonnés du soleil ; des troupeaux de rennes y
grattent la neige pour chercher les mousses, et
s'avancent en bramant dans ces régions désolées
de la nuit, à la lueur des aurores boréales. Par une
providence admirable, les lieux les plus arides présentent à l'homme, dans la plus grande abondance,
des vivres, des habits, des lampes et des foyers
qu'ils n'ont pas produits.

Qu'il seroit doux de voir le genre humain recueillir tant de biens, et se les communiquer en
paix d'un climat à l'autre ! Nous attendons chaque
hiver que l'hirondelle et le rossignol nous annoncent
le retour des beaux jours. Il seroit bien plus touchant de voir des peuples éloignés arriver avec le
printemps sur nos rivages, non pas au bruit de l'artillerie, comme les modernes Européens, mais au
son des flûtes et des hautbois, comme les anciens
navigateurs, aux premiers temps du monde. Nous
verrions les noirs Indiens de l'Asie méridionale
remonter, comme autrefois, leurs grands fleuves dans
des canots de cuir, pénétrer par les eaux du Petzora jusqu'aux extrémités du nord, et étaler, sur

les bords de la mer Glaciale, les richesses du Gange.
Nous verrions les Indiens cuivrés de l'Amérique
parcourir en pirogues la longue chaîne des Antilles,
et d'îles en îles, de rivages en rivages, apporter
peut-être jusque dans notre continent, leur or et
leurs émeraudes. De longues caravanes d'Arabes mon-
tés sur des chameaux et sur des bœufs, viendroient
en suivant le cours du soleil, de prairies en prairies, nous rappeler la vie innocente et heureuse des
anciens patriarches. L'hiver même ne seroit point
un obstacle à la communication des peuples. Des
Lapons couverts de chaudes fourrures, arriveroient,
à la faveur des neiges, dans leurs traîneaux tirés
par des rennes, et étaleroient dans nos marchés
les zibelines de la Sibérie. Si les hommes vivoient
en paix, toutes les mers seroient naviguées, toutes
les terres seroient parcourues, toutes les productions en seroient ramassées. Qu'il seroit curieux
d'entendre les aventures de ces voyageurs étrangers, attirés chez nous par la douceur de nos
mœurs ! Ils ne tarderoient pas à donner à notre hospitalité les secrets de leurs plantes, de leur industrie et de leurs traditions, qu'ils cacheront toujours
à notre commerce ambitieux. C'est parmi les membres de la vaste famille du genre humain, que sont
épars les fragmens de son histoire. Qu'il seroit intéressant d'entendre celle de notre antique sépara-
tion, les motifs qui déterminèrent chaque peuple à

se partager sur un globe inconnu, et à traverser
au hasard des montagnes qui n'avoient pas de chemins, et des fleuves qui ne portoient pas encore
de noms ! Quels tableaux nous offriroient les descriptions de ces pays, décorés d'une pompe magnifique, puisqu'ils sortoient des mains de la nature,
mais sauvage et inutile aux besoins de l'homme sans
expérience ! Ils nous diroient quel fut l'étonnement
de leurs aïeux à la vue des nouvelles plantes que
leur présentoit chaque nouveau climat ; les essais
qu'ils en firent pour subsister ; comment ils furent
aidés, sans doute, dans leurs besoins et dans leur
industrie, par quelque intelligence céleste touchée
de leurs malheurs ; comment ils s'établirent, quelle
fut l'origine de leurs lois, de leurs coutumes et de
leurs religions. Que d'actes de vertu, que d'amours
généreux ont ennobli des déserts, et sont inconnus
à notre orgueil ! Nous nous flattons, d'après quelques anecdotes recueillies au hasard par les voyageurs, d'avoir mis en évidence l'histoire des nations
étrangères. Mais c'est comme s'ils composoient la
nôtre d'après les contes d'un matelot, ou les récits
artificieux d'un courtisan au milieu des méfiances
de la guerre ou des corruptions du commerce. Les
lumières et les sentimens d'un peuple ne sont point
renfermés dans des livres ; ils reposent dans la tête
et dans le cœur de ses sages, si toutefois la vérité
peut avoir sur la terre quelque asyle assuré. Nous

les avons assez jugés : il seroit plus intéressant pour nous d'en être jugés à notre tour, et d'éprouver leur surprise à la vue de nos coutumes, de nos sciences et de nos arts. S'il est doux d'acquérir des lumières, il est bien plus doux de les répandre. Le plus noble prix de la science, est le plaisir de l'ignorant éclairé. Quelle joie pour nous, de jouir de leur joie, de voir leurs danses dans nos places publiques, et d'entendre retentir les tambours des Tartares et les cornets d'ivoire des Nègres autour des statues de nos rois ! Ah ! si nous étions bons, je me les figure frappés de l'excessive et malheureuse population de nos villes, nous inviter à nous répandre dans leurs solitudes, à contracter avec eux des mariages, et à rapprocher par de nouvelles alliances les branches du genre humain, qui s'écartent de plus en plus, et que les passions nationales divisent encore plus que les siècles et que les climats.

Hélas ! les biens nous ont été donnés en commun, et nous n'avons partagé que les maux. Par-tout l'homme manque de terre, et le globe est couvert de déserts. L'homme seul est exposé à la famine, et jusqu'aux insectes regorgent de biens. Presque partout il est esclave de son semblable, et les animaux les plus foibles se sont maintenus libres contre les plus forts. La nature, qui l'avoit fait pour aimer, lui avoit refusé des armes ; et il s'en est forgé pour combattre ses semblables. Elle présente à tous ses

enfans des asyles et des festins, et les avenues de
nos villes ne s'annoncent au loin que par des roues
et par des gibets. L'histoire de la nature n'offre que
des bienfaits, et celle de l'homme que brigandage
et fureur. Ses héros sont ceux qui se sont rendus
les plus redoutables. Par-tout il méprise la main
qui file ses habits et qui laboure pour lui le sein de la
terre. Par-tout il estime qui le trompe, et révère
qui l'opprime. Toujours mécontent du présent, il est
le seul être qui regrette le passé et qui redoute l'avenir. La nature n'avoit donné qu'à lui d'entrevoir
qu'il existât un Dieu, et des milliers de religions
inhumaines sont nées d'un sentiment si simple et
si consolant. Quelle est donc la puissance qui a mis
obstacle à celle de la nature ? Quelle illusion a
égaré cette raison merveilleuse d'où sont sortis tant
d'arts, excepté celui d'être heureux ? O législateurs !
ne vantez plus vos lois. Ou l'homme est né pour
être misérable, ou la terre, arrosée par-tout de son
sang et de ses larmes, vous accuse tous d'avoir
méconnu celles de la nature.

Qui ne s'ordonne pas à sa patrie, sa patrie au
genre humain, et le genre humain à Dieu, n'a pas
plus connu les lois de la politique, que celui qui,
se faisant une physique pour lui seul, et séparant
ses relations personnelles d'avec les élémens, la
terre et le soleil, n'auroit connu les lois de la
nature. C'est à la recherche de ces harmonies

divines que j'ai consacré ma vie et cet ouvrage. Si
comme tant d'autres je me suis égaré, au moins mes
erreurs ne seront point fatales à ma religion. Elle
seule m'a paru le lieu naturel du genre humain,
l'espoir de nos passions sublimes, et le complément
de nos destins misérables. Heureux si j'ai pu quelquefois étayer de mon foible support son édifice
merveilleux, ébranlé aujourd'hui de toutes parts!
Mais ses fondemens ne portent point sur la terre,
et c'est au ciel que sont attachées ses colonnes augustes. Quelque hardies que soient mes spéculations, il n'y a rien pour les méchans. Mais peut-
être plus d'un Epicurien y reconnoîtra que la volupté suprême est dans la vertu. Peut-être de bons
citoyens y trouveront de nouveaux moyens d'être
utiles. Au moins je serai récompensé de mes travaux, si un seul infortuné, troublé par le spectacle
du monde, se rassure en voyant dans la nature un
père, un ami et un rémunérateur.

Tel est le vaste plan que je me proposois de remplir. J'avois ramassé pour cet objet plus de matériaux que je n'en avois besoin; mais plusieurs obstacles m'ont empêché de les rassembler en entier.
Je m'en occuperai peut-être dans des temps plus
heureux. En attendant, j'en ai extrait ce qui étoit
suffisant pour donner une idée des harmonies de la
nature. Quoique mes travaux se trouvent réduits ici
à de simples études, j'y ai conservé cependant assez

d'ordre pour y laisser entrevoir mon plan général.
C'est ainsi qu'un péristyle, des arcades à demi-rui-
nées, des avenues de colonnes, de simples pans de
murs, présentent encore aux voyageurs, dans une
île de la Grèce, l'image d'un temple antique, malgré
les injures du temps et des barbares qui l'ont renversé.

D'abord je ne change presque rien à la première
partie de mon ouvrage, si ce n'est la distribution.
J'y expose en premier lieu les bienfaits de la nature
envers notre siècle, et les objections qu'on y a élevées contre la providence de son Auteur. Je réponds
ensuite successivement à celles qui sont tirées des
désordres des élémens, des végétaux, des animaux,
des hommes, et à celles qui sont dirigées contre la
nature même de Dieu. J'ose dire que j'ai traité ces
sujets sans aucune considération personnelle ni
étrangère. Après avoir répondu à ces objections,
j'en propose à mon tour quelques-unes contre les
élémens de nos sciences, que nous croyons in-
faillibles, et je combats ce principe prétendu de nos
lumières, que nous appelons RAISON.

Après avoir nettoyé le champ de nos opinions
dans mes premières Etudes, je tâche d'élever dans
les suivantes l'édifice de nos connoissances. J'examine quelle est la portion de notre intelligence où
se fixe la lumière naturelle; ce que nous entendons
par beauté, ordre, vertu, et par leurs contraires.

J'en déduis l'évidence de plusieurs lois physiques et morales, dont le sentiment est universel chez tous les peuples. Je fais ensuite l'application des lois physiques, non pas à l'ordre de la terre, mais à celui des plantes.

J'ai balancé beaucoup entre ces deux ordres, je l'avoue. Le premier auroit présenté des relations, j'ose dire tout-à-fait neuves, utiles à la navigation, au commerce et à la géographie ; mais le second m'en a offert d'aussi nouvelles, d'aussi agréables, de plus aisées à vérifier au commun des lecteurs, de très-importantes à l'agriculture, et par conséquent à un plus grand nombre d'hommes. D'ailleurs, quelques-unes des relations harmoniques de ce globe se trouvent présentées dans mes réponses aux objections contre la providence, et dans les relations élémentaires des plantes, d'une manière assez développée pour démontrer l'existence de ce nouvel ordre. L'ordre végétal m'a donné, de plus, l'occasion de parler des relations du globe, qui s'étendent directement aux animaux et aux hommes, et de toucher même quelque chose des premiers voyages du genre humain vers les principales parties du monde.

J'applique dans l'Etude suivante les lois de la nature à l'homme. J'établis des preuves de l'immortalité de l'ame et de la Divinité, non pas d'après notre raison qui nous égare si souvent, mais d'après notre sentiment intime, qui ne nous trompe jamais. Je rapporte à ces lois physiques et morales l'origine de nos principales passions, l'amour et l'ambition, et les causes même qui en troublent les jouissances, et qui rendent nos joies si volages, et nos mélancolies si profondes. J'ose croire que ces preuves intéresseront par leur nouveauté et leur simplicité.

Je pars ensuite de ces notions, pour proposer les remèdes et les palliatifs convenables aux maux de la société, dont j'ai exposé le tableau dans le premier volume. Je n'ai pas voulu imiter la plupart de nos moralistes, qui se contentent de sévir contre nos vices, ou de les tourner en ridicule, sans nous en assigner ni les causes principales ni les remèdes ; et bien moins encore nos politiques modernes, qui les fomentent pour en tirer parti. J'ose espérer que dans cette dernière Etude, qui m'a été très-agréable, il se trouvera plus d'une vue utile à ma patrie.

Les riches et les puissans croyent qu'on est misérable et hors du monde quand on ne vit pas comme eux ; mais ce sont eux qui, vivant loin de la nature, vivent hors du monde. Ils vous trouveroient ! ô éternelle beauté ! toujours ancienne et toujours nouvelle (1); ô vie pure et bienheureuse de tous ceux qui vivent véritablement, s'ils vous cherchoient seulement au-dedans d'eux-mêmes ! Si vous étiez un amas

(1) S. Augustin, Cité de Dieu.

d'or, ou un roi victorieux qui ne vivra pas demain,
ou quelque femme attrayante et trompeuse, ils vous
apercevroient et vous attribueroient la puissance
de leur donner quelque plaisir. Votre nature vaine
occuperoit leur vanité. Vous seriez un objet proportionné à leurs pensées craintives et rampantes. Mais
parce que vous êtes trop au-dedans d'eux, où ils
ne rentrent jamais, et trop magnifique au-dehors,
où vous vous répandez dans l'infini, vous leur êtes
un Dieu caché (1). Ils vous ont perdu en se perdant.
L'ordre et la beauté même que vous avez répandus
sur toutes vos créatures, comme des degrés pour
élever l'homme à vous, sont devenus des voiles qui
vous dérobent à leurs yeux malades. Ils n'en ont plus
que pour voir des ombres. La lumière les éblouit.
Ce qui n'est rien est tout pour eux; ce qui est tout
ne leur semble rien. Cependant qui ne vous voit pas
n'a rien vu; qui ne vous goûte point n'a jamais rien
senti : il est comme s'il n'étoit pas, et sa vie entière
n'est qu'un songe malheureux. Moi-même, ô mon
Dieu! égaré par une éducation trompeuse, j'ai cherché un vain bonheur dans les systêmes des sciences,
dans les armes, dans la faveur des grands, quelquefois dans de frivoles et dangereux plaisirs. Dans
toutes ces agitations je courois après le malheur,
tandis que le bonheur étoit auprès de moi. Quand

_____

(1) Fénelon, Existence de Dieu.

I.   O

j'étois loin de ma patrie, je soupirois après des biens que je n'y avois pas ; et cependant vous me faisiez connoître les biens sans nombre que vous avez répandus sur toute la terre, qui est la patrie du genre humain. Je m'inquiétois de ne tenir ni à aucun grand, ni à aucun corps ; et j'ai été protégé par vous dans mille dangers où ils ne peuvent rien. Je m'attristois de vivre seul et sans considération ; et vous m'avez appris que la solitude valoit mieux que le séjour des cours, et que la liberté étoit préférable à la grandeur. Je m'affligeois de n'avoir pas trouvé d'épouse qui eût été la compagne de ma vie et l'objet de mon amour ; et votre sagesse m'invitoit à marcher vers elle, et me montroit dans chacun de ses ouvrages une Vénus immortelle. Je n'ai cessé d'être heureux que quand j'ai cessé de me fier à vous. O mon Dieu! donnez à ces travaux d'un homme, je ne dis pas la durée ou l'esprit de vie, mais la fraîcheur du moindre de vos ouvrages! Que leurs graces divines passent dans mes écrits et ramènent mon siècle à vous, comme elles m'y ont ramené moi-même! Contre vous toute puissance est foiblesse ; avec vous toute foiblesse devient puissance. Quand les rudes aquilons ont ravagé la terre, vous appelez le plus foible des vents ; à votre voix le zéphyr souffle, la verdure renaît, les douces primevères et les humbles violettes colorent d'or et de pourpre le sein des noirs rochers.

ÉTUDE II.

Bienfaisance de la Nature.

La plupart des hommes policés regardent la nature avec indifférence. Ils sont au milieu de ses ouvrages, et ils n'admirent que la grandeur humaine. Qu'a donc de si intéressant l'histoire des hommes ? Elle ne vante que de vains objets de gloire, des opinions incertaines, des victoires sanglantes, ou tout au plus des travaux inutiles. Si quelquefois elle parle de la nature, c'est pour en observer les fléaux, et pour mettre sur son compte des malheurs qui viennent presque toujours de notre imprudence. Quels soins, au contraire, cette mère commune ne prend-elle pas de notre bonheur ! Elle n'a répandu ses biens d'un pôle à l'autre, qu'afin de nous engager à nous réunir pour nous les communiquer. Elle nous rappelle sans cesse, malgré les préjugés qui nous divisent, aux lois universelles de la justice et de l'humanité, en mettant bien souvent nos maux dans les mains des conquérans si vantés, et nos plaisirs dans celles des opprimés, à qui nous n'accordons pas même de la pitié. Quand les princes de l'Europe furent, l'évangile à la main, ravager l'Asie, ils nous en rapportèrent la peste, la lèpre et la

O 2

petite-vérole ; mais la nature montra à un derviche
l'arbre du café dans les montagnes de l'Yemen, et
elle fit naître à la fois nos fléaux de nos croisades,
et nos délices de la tasse d'un moine mahométan.
Les descendans de ces princes se sont emparés de
l'Amérique, et ils nous ont transmis, par cette conquête, une succession inépuisable de guerres et de
maladies vénériennes. Pendant qu'ils en extermi-
noient les habitans à coups de canon, un Caraïbe
fait fumer, en signe de paix, des matelots dans son
calumet ; le parfum du tabac dissipe leurs ennuis ;
ils en répandent l'usage par toute la terre : et tandis
que les malheurs des deux mondes viennent de l'artillerie, que les rois appellent LEUR DERNIÈRE
RAISON, les consolations des peuples policés sortent de la pipe d'un sauvage.

A qui devons-nous l'usage du sucre, du choco-
lat, de tant de subsistances agréables et de tant de
remèdes salutaires ? A des Indiens tout nus, à de
pauvres paysans, à de misérables nègres. La bêche
des esclaves a fait plus de bien, que l'épée des conquérans n'a fait de mal. Cependant, dans quelles
places publiques sont les statues de nos obscurs
bienfaiteurs ? Nos histoires même n'ont pas daigné
conserver leurs noms. Mais, sans chercher au loin
des preuves des obligations que nous avons à la
nature, n'est-ce pas à l'étude de ses lois que Paris
doit ses lumières multipliées, qui s'y rassemblent

de toutes les parties de la terre , s'y combinent de
mille manières , et se réfléchissent sur l'Europe en
sciences ingénieuses , et en jouissances de toute
espèce ? Où est le temps où nos aïeux sautoient de
joie , quand ils avoient trouvé quelque prunier sauvage sur les rivages de la Loire , ou attrapé quelque
chevreuil à la course dans les vastes prairies de la
Normandie ? Nos terres aujourd'hui si couvertes de
moissons, de vergers et de troupeaux , ne leur four-
nissoient pas alors de quoi vivre. Ils erroient çà et
là , vivant de chasses incertaines , et n'osant se fier
à la nature. Ses moindres phénomènes leur faisoient
peur. Ils trembloient à la vue d'une éclipse , d'un
feu follet, d'une branche de gui de chêne. Ce n'est
pas qu'ils crussent les choses de ce monde livrées
au hasard. Ils reconnoissoient par-tout des dieux
intelligens ; mais n'osant les croire bons sous des
prêtres cruels , ces infortunés pensoient qu'ils ne se
plaisoient que dans les larmes , et ils leur immoloient
des hommes sur tel terrein peut-être , qui sert aujourd'hui d'hospice aux malheureux (1).

_____

(1) Quelques écrivains ont fait parmi nous l'éloge des
Druides. Je leur opposerai , entre autres témoignages, celui
des Romains, qui, comme on sait , étoient très-tolérans sur
la religion. César dit, dans ses Commentaires, que les Druides
brûloient des hommes en l'honneur des dieux, dans des pa-
niers d'osier, et qu'au défaut de coupables, ils prenoient des
innocens. Voici ce qu'en dit Suétone, dans la Vie de Claude :

Je suppose qu'un philosophe comme Newton leur
eût donné alors le spectacle de quelques-unes de
nos sciences naturelles , et qu'il leur eût fait voir,
avec le microscope , des forêts dans des mousses ,
des montagnes dans des grains de sable , des milliers
d'animaux dans des gouttes d'eau , et toutes les
merveilles de la nature , qui , en descendant vers le
néant, multiplie les ressources de son intelligence ,
sans que l'œil humain puisse en apercevoir le terme ;
qu'ensuite , leur découvrant dans les cieux une progression de grandeur également infinie , il leur eût

« La religion des Druides, trop cruelle à la vérité , et qui,
» du temps d'Auguste, avoit été simplement défendue, fut
» par lui entièrement abolie ». Hérodote leur avoit fait,
long-temps auparavant, le même reproche. On ne peut
opposer à l'autorité de trois empereurs romains , et du père
de l'histoire , que celle du roman de l'Astrée. N'avons-nous
pas assez de nos fautes , sans nous charger de justifier celles
de nos ancêtres? Au fond, ils n'étoient pas plus coupables
que les autres peuples, qui tous ont sacrifié des hommes à
la divinité. Plutarque reproche aux Romains eux-mêmes
d'avoir immolé , dès les premiers temps de la république,
deux Gaulois et deux Grecs qu'ils enterrèrent tout vifs.
Est-il donc possible que le premier sentiment de l'homme
dans la nature , ait été celui de la terreur, et qu'il ait cru au
Diable avant de croire en Dieu? Oh ! non. C'est l'homme
qui par-tout a égaré l'homme. Un des bienfaits de l'Evangile
a été de détruire , dans une grande partie du monde, ces
dogmes et ces sacrifices inhumains.

montré, dans des planètes qu'on aperçoit à peine,
des mondes plus grands que le nôtre, Saturne à trois
cents millions de lieues de distance; dans les étoiles
infiniment plus éloignées, des soleils qui probablement éclairent d'autres mondes; dans la blancheur
de la voie lactée, des étoiles, c'est-à-dire des soleils
innombrables, semés dans le ciel comme les grains
de poussière sur la terre, sans que l'homme sache
si ce sont là seulement les préliminaires de la création; avec quel ravissement eussent-ils vu un spectacle que nous regardons aujourd'hui avec indifférence!

Mais je suppose plutôt que, sans la magie de nos
sciences, un homme comme Fénelon se fût présenté
à eux avec sa vertu, et qu'il eût dit aux Druides:
« Vous vous effrayez vous-mêmes de l'effroi que
» vous donnez aux peuples. Dieu est juste. Il envoie
» aux méchans des opinions terribles qui réagissent
» sur ceux qui les répandent. Mais il parle à tous les
» hommes par ses bienfaits. Votre religion est de
» les gouverner par la crainte; la mienne est de les
» conduire par l'amour, et d'imiter son soleil, qu'il
» fait luire sur les bons comme sur les méchans ».
Qu'ensuite il leur eût distribué les simples présens
de la nature, qui leur étoient alors inconnus,
des gerbes de blé, des ceps de vigne, des brebis
couvertes de laine: oh! quelle eût été la reconnoissance de nos aïeux! Ils se fussent peut-être enfuis

de peur devant l'inventeur du télescope, en le prenant pour un esprit; mais certainement ils eussent
adoré l'auteur du Télémaque.

Cependant ce n'est là que la moindre partie des
biens dont leurs riches descendans sont redevables à
la nature. Je ne parle pas de ce nombre infini d'arts
qui travaillent dans la patrie à leur procurer des
lumières et des plaisirs, ni de cet art terrible de
l'artillerie, qui leur en assure la jouissance, sans que
son bruit trouble leur repos dans Paris, que pour
leur annoncer des victoires; ni de cet art nouveau,
et encore plus merveilleux, de l'électricité, qui
écarte (1) le tonnerre de leurs hôtels; ni du privilège

---

(1) On a exprimé, au sujet des effets de l'électricité, une
pensée assez impie, dans un vers latin dont le sens est que
l'homme a désarmé la divinité. Le tonnerre n'est point un
instrument particulier de la justice divine. Il est nécessaire
au rafraîchissement de l'air dans les chaleurs de l'été. Dieu
a permis à l'homme d'en disposer quelquefois, comme il lui
a donné le pouvoir de faire usage du feu, de traverser les
mers, et de se servir de tout ce qui existe dans la nature.
C'est la mythologie des anciens qui, nous représentant toujours Jupiter armé du foudre, nous en inspire tant de frayeur.
Il y a dans l'Ecriture Sainte des idées de la divinité bien plus
consolantes, et une bien meilleure physique. Je peux me
tromper, mais je ne crois pas qu'il y ait un seul endroit où
elle nous parle du tonnerre comme d'un instrument de la
justice divine. Sodome fut détruite par une pluie de feu et
de soufre. Les dix plaies dont l'Egypte fut frappée, furent

qu'ils ont dans ce siècle vénal, de présider dans tous les états au bonheur des hommes, lorsqu'ils croient n'avoir plus rien à craindre des puissances de la terre et du ciel.

Mais l'univers entier ne s'occupe que de leurs plaisirs. L'Angleterre, l'Espagne, l'Italie, l'Archipel, la Hongrie, toute l'Europe méridionale, ajoutent chaque année des laines à leurs laines, des vins à leurs vins, des soies à leurs soies. L'Asie leur donne des diamans, des épiceries, des mousselines, des toiles, et jusqu'à des porcelaines; l'Amérique, l'or

---

la corruption des eaux, les reptiles, les moucherons, les grosses mouches, la peste, les ulcères, la grêle, les sauterelles, les ténèbres très-épaisses, et la mort des premiers-nés. Coré, Dathan et Abiron furent dévorés par un feu qui sortit de la terre. Lorsque les Israélites murmurèrent dans le désert de Pharan, « une flamme du Seigneur s'étant allu-» mée contre eux, dévora tout ce qui étoit à l'extrémité du » camp ». *Nomb. chap. 11.* Dans les menaces faites au peuple dans le Lévitique, il n'est point parlé du tonnerre. Au contraire, ce fut au bruit des tonnerres que la loi que Dieu donna à son peuple, sur le mont Sinaï, fut promulguée. Enfin, dans le beau cantique où Daniel invite tous les ouvrages du Seigneur à le louer, il y appelle les tonnerres; et il n'est pas inutile de remarquer qu'il comprend dans son invitation tous les météores, qui entrent dans l'harmonie nécessaire de l'univers. Il les qualifie du titre sublime de PUISSANCES ET DE VERTUS DU SEIGNEUR. Voyez *Daniel*, *chap. 3.*

et l'argent de ses montagnes, les émeraudes de ses fleuves, les teintures de ses forêts, la cochenille, la canne à sucre et le cacao de ses brûlantes campagnes, que leurs mains n'ont point labourées; l'Afrique, son ivoire; son or, et ses propres enfans, qui leur servent de bêtes de somme par toute la terre. Il n'y a aucune portion du globe qui ne leur produise quelque jouissance. Les gouffres de la mer leur fournissent des perles, ses écueils de l'ambre gris, et ses glaces des fourrures. Ils ont rendu, dans leur patrie, des montagnes et des fleuves roturiers, afin de se réserver des pêches et des chasses nobles; mais il n'étoit pas besoin d'en faire les frais. Les sables de l'Afrique, où ils n'ont point de gardes-chasses, leur envoient des nuées de cailles et d'oiseaux de passage, qui traversent la mer au printemps pour couvrir leurs tables en automne. Le pôle du nord, où ils n'ont pas de gardes-côtes, verse chaque été sur leurs rivages, des légions de maquereaux, de morues fraîches et de turbots engraissés dans ses longues nuits. Non-seulement les poissons et les oiseaux, mais les arbres même changent pour eux de climats. Leurs vergers leur sont venus autrefois de l'Asie, leurs parcs viennent aujourd'hui de l'Amérique. Au lieu du châtaignier et du noyer qui entouroient les métairies de leurs vassaux dans les rustiques domaines de leurs ancêtres, l'ébénier, le sorbier du Canada, le pin de la Virginie, le magnolia, le laurier qui

porte des tulipes, environnent leurs châteaux des
ombrages du nouveau monde, et bientôt de ses
solitudes. Ils ont fait venir de l'Arabie des jasmins,
de la Chine des orangers, du Brésil des ananas, et
une foule de plantes parfumées de toutes les parties
de la zône torride. Ils n'ont plus besoin de ses soleils:
ils disposent des latitudes. Ils peuvent donner, dans
leurs serres, les chaleurs de la Syrie à des plantes·
étrangères, dans la saison même où leurs paysans
éprouvent le froid des Alpes dans leurs cabanes.
Rien ne leur échappe des productions de la nature.
Ce qu'ils ne peuvent avoir vivant, ils l'ont mort.
Les insectes, les oiseaux, les coquilles, les minéraux, et les terres même des pays les plus éloignés
remplissent leurs cabinets. La gravure et la peinture
leur en présentent les paysages, et les font jouir
des glaciers de la Suisse dans les chaleurs de la canicule, et du printemps des Canaries au milieu de
l'hiver. Des marins intrépides leur apportent, des
lieux où les arts n'ont osé pénétrer, des relations
de voyages, encore plus intéressantes que des
tableaux, et redoublent le silence, la paix et la
sécurité de leurs nuits, tantôt par le récit des horribles tempêtes du Cap Horn, tantôt par celui des
danses des heureux insulaires de la mer du Sud.

Non-seulement tout ce qui existe actuellement,
mais les siècles passés, concourent à leur félicité.
Ce n'est plus pour les temples de Vénus, que

Corinthe inventa ces belles colonnes qui s'élèvent
comme des palmiers, c'est pour soutenir les alcoves
de leurs lits. Un art voluptueux y voile la lumière
du jour à travers des taffetas de toutes couleurs ; et
imitant, par de doux reflets, ou des clairs de lune,
ou des levers du soleil, il y fait paroître les objets
de leurs amours semblables à des Dianes ou à des
Aurores. L'art des Phidias y fait contraster avec leurs
beautés, les bustes vénérables des Socrates et des
Platons. Des savans obscurs, par un travail que rien
ne peut payer, leur ont fait connoître les génies
sublimes qui ont illustré la terre dans les temps
même voisins de l'origine du monde ; Orphée,
Zoroastre, Esope, Lokman, David, Salomon, Con-
fucius, et une multitude d'autres inconnus à l'antiquité même. Ce n'est plus pour les Grecs, c'est
pour eux qu'Homère chante encore les dieux et les
héros, et que Virgile fait entendre les sons de la
flûte latine, qui ravirent la cour d'Auguste, et qui
y rappelèrent l'amour de la patrie et de la nature.
C'est pour eux qu'Horace, Pope, Adisson, Lafon-
taine, Gesner, ont applani les rudes sentiers de la
sagesse, et les ont rendus plus accessibles et plus
aimables que les précipices trompeurs de la folie.
Une foule de poètes et d'historiens de toutes les
nations, Sophocle, Euripide, Corneille, Racine,
Shakespeare, le Tasse, Xénophon, Tacite, Plutarque, Suétone, les introduisent jusque dans les

cabinets de ces princes terribles, qui brisèrent d'un
sceptre de fer la tête des nations qu'ils étoient
chargés de rendre heureuses, leur font bénir leurs
tranquilles destinées, et en espérer encore de meilleures sous le règne d'un autre Antonin. Ces vastes
génies de tous les temps et de tous les lieux, célé-
brant, sans s'être concertés, l'éclat immortel de la
vertu, et la providence du ciel dans la punition du
vice, ajoutent l'autorité de leur raison sublime à
l'instinct universel du genre humain, et multiplient
mille et mille fois, en leur faveur, les espérances
d'une autre vie plus durable et plus fortunée.

Ne semble-t-il pas que des concerts de louanges
devroient s'élever jour et nuit des voûtes de nos
hôtels vers l'Auteur de la nature ? Jamais les anciens
rois de l'Asie ne rassemblèrent autant de jouissances
dans Suze ou dans Ecbatane, que nos simples bourgeois dans Paris. Cependant chaque jour ces mo-
narques bénissoient les dieux. Ils n'entreprenoient
rien sans les consulter ; ils ne se mettoient pas
même à table sans leur offrir des libations. Plût à
Dieu que nos Epicuriens n'eussent que de l'indifférence pour la main qui les comble de biens ! mais
c'est du sein de leurs voluptés que sortent aujour-
d'hui les murmures contre la providence. C'est de
leurs bibliothèques, si remplies de lumières, que
s'élèvent les nuages qui ont obscurci les espérances
et les vertus de l'Europe.

ÉTUDE III.

Objections contre la Providence.

« İɪ n'y a point de Dieu, disent ces prétendus
» sages. Par l'ouvrage, jugez de l'ouvrier (1).
» Considérez d'abord notre globe sans propor-
» tion et sans symétrie. Ici il est noyé de vastes
» mers ; là il manque d'eau, et ne présente que
» des sables arides. Une force centrifuge, qu'il ·
» doit à son mouvement de rotation, a hérissé son
» équateur de hautes montagnes, tandis qu'elle
» aplatissoit ses pôles : car ce globe a été dans un
» état de mollesse, soit qu'il soit une vase sortie du
» sein des eaux, ou, ce qui est plus vraisemblable,
» une écume détachée du soleil. Les volcans semés
» par toute la terre démontrent que le feu qui l'a
» formée est encore sous nos pieds. Sur cette scorie,
» mal nivelée, les rivières coulent au hasard. Les
» unes inondent les campagnes, les autres s'englou-
» tissent ou se précipitent en cataractes, sans qu'au-
» cune d'elles ait un cours réglé. Les îles sont des
» restes de continens détruits par les mers, et notre
» continent n'est lui-même qu'une boue desséchée.

(1) *Voyez* les réponses à ces objections, dans l'Etude iv.

» Ici, l'Océan sans frein ronge ses rivages; là il les
» abandonne et nous présente de nouvelles mon-
» tagnes qu'il a formées dans son sein. Pendant ce
» conflit d'élémens, cette masse embrasée se refroi-
» dit chaque jour. Les glaces des pôles et des
» hautes montagnes s'avancent dans les plaines, et
» étendent insensiblement l'uniformité d'un hiver
» éternel, sur ce globe de confusion, ravagé par les
» vents, les feux et les eaux.

   » Le désordre augmente dans les végétaux (1).
» Ils sont une production fortuite de l'humide et du
» sec, du chaud et du froid, une moisissure de la
» terre. La chaleur du soleil les fait naître, le froid
» des pôles les fait mourir. Leur sève obéit aux
» mêmes lois mécaniques que les liqueurs dans le
» thermomètre et dans les tuyaux capillaires. Di-
» latée par la chaleur, elle monte par le bois, redes-
» cend par l'écorce, et suit dans sa direction la
» colonne verticale de l'air qui la dirige. De là vient
» que tous les végétaux s'élèvent perpendiculaire-
» ment, et que le plan incliné d'une montagne n'en
» contient pas davantage que le plan horizontal de sa
» base, comme le démontre la géométrie. D'ailleurs
» la terre est un jardin mal ordonné, qui n'offre pres-
» que par-tout que des plantes inutiles, ou des poi-
» sons mortels.

_____

(1) Dans l'Etude v.

» Quant aux animaux, que nous connoissons
» mieux parce qu'ils sont rapprochés de nous par
» les mêmes affections et par les mêmes besoins, ils
» nous présentent encore de plus grandes disso-
» nances (1). Ils sont sortis d'abord de la force ex-
» pansive de la terre dans les premiers temps; ils se
» formèrent des vases fermentées de l'Océan et du
» Nil, comme quelques historiens en font foi, entre
» autres Hérodote, qui l'avoit appris des prêtres de
» l'Egypte. La plupart sont sans proportions. Les
» uns ont des têtes et des becs énormes, comme le
» toucan; d'autres des longs cous et de longues
» jambes, comme les grues. Ceux-ci n'ont pas de
» pieds, ceux-là en ont des centaines; d'autres les
» ont défigurés par des excroissances superflues,
» telles que les ergots appendices du porc, qui, sus-
» pendus à la distance de plusieurs pouces de son
» pied, ne peuvent servir à sa marche. Il y a des
» animaux qui peuvent à peine se mouvoir, et qui
» sont nés paralytiques, comme le slugard ou pares-
» seux, qui ne peut faire cinquante pas dans un
» jour, et qui jette en marchant des cris lamen-
» tables. Nos cabinets d'Histoire naturelle sont pleins
» de monstres, de corps à deux têtes, de têtes à
» trois yeux, de brebis à six pattes, &c. qui at-
» testent que la nature agit au hasard, et qu'elle ne

_____

(1) Dans l'Etude vi.

» se propose aucune fin, si ce n'est celle de com-
» biner toutes les formes possibles : encore ce plan
» marqueroit une attention que sa monotonie désa-
» voue. Nos peintres imagineront toujours beau-
» coup plus d'êtres qu'elle n'en peut créer. Au reste,
» la rage et la fureur désolent tout ce qui respire ,
» et l'épervier dévore , à la face du ciel, l'innocente
» colombe.

» Mais la discorde qui divise les animaux , n'ap-
» proche pas de celle qui agite les hommes (1).
» D'abord plusieurs espèces d'hommes différentes ,
» répandues sur la terre , prouvent qu'ils ne sortent
» pas de la même origine. Il y en a de noirs, de
» blancs , de rouges , de cuivrés et de cendrés. Il y
» en a qui ont de la laine au lieu de cheveux ; d'au-
» tres qui n'ont point de barbe. Il y a des nains et
» des géans. Telles sont en partie les variétés du
» genre humain, par-tout également odieux à la
» nature. Nulle part elle ne le nourrit de son plein
» gré. Il est le seul être sensible qui soit forcé, pour
» vivre , de cultiver la terre ; et comme si cette
» marâtre repoussoit l'enfant sorti de ses latitudes ,
» les insectes ravagent ses semences, les ouragans
» ses moissons, les bêtes féroces ses troupeaux, les
» volcans et les tremblemens de terre ses villes ; et
» la peste, qui de temps en temps fait le tour du

_____

(1) Dans l'Etude vii.

I.   P

» globe, le menace de l'enlever quelque jour tout
» entier. Il a dû son intelligence à ses mains, sa
» morale au climat, ses gouvernemens à la force, et
» ses religions à la peur. Le froid lui donne de l'éner-
» gie; la chaleur la lui ôte. Libre et guerrier dans
» le nord, il est lâche et esclave entre les tropiques.
» Ses seules lois naturelles sont ses passions. Eh !
» quelles autres lois chercheroit-il ? Si elles le
» jettent dans quelque égarement, la nature, qui
» les lui a données, n'en est-elle pas complice ?
» Mais il ne les ressent que pour ne les jamais satis-
» faire. La difficulté de subsister, les guerres, les
» impôts, les préjugés, les calomnies, les ennemis
» irréconciliables, les amis perfides, les femmes
» trompeuses, quatre cents sortes de maladies du
» corps, celles de l'esprit, et plus cruelles et en
» plus grand nombre, en font le plus misérable ani-
» mal qui soit jamais venu à la lumière. Il vaudroit
» mieux qu'il ne fût jamais né. Par-tout il est la vic-
» time de quelque tyran. Les autres animaux ont
» au moins les moyens de fuir ou de combattre ;
» mais l'homme a été jeté au hasard sur la terre,
» sans asyle, sans griffes, sans gueule, sans légèreté,
» sans instinct, et presque sans peau; et comme si
» ce n'étoit pas assez d'être persécuté par toute la
» nature, il est en guerre avec sa propre espèce.
» En vain il chercheroit à s'en défendre. La vertu
» vient le lier, afin que le crime l'égorge à son aise.

» Il faut qu'il souffre et qu'il se taise. Quelle est
» après tout cette vertu dont il fait tant de bruit ?
» une combinaison de son imbécillité, un résultat de
» son tempérament. De quelles illusions se nourrit-
» elle ? d'opinions absurdes, appuyées par les seuls
» sophismes d'hommes trompeurs, qui ont acquis un
» pouvoir suprême en recommandant l'humilité, et
» des richesses immenses en prêchant la pauvreté.
» Tout meurt avec nous. Prenons du passé notre
» expérience de l'avenir : nous n'étions rien avant
» de naître, nous ne serons rien après la mort. L'es-
» poir de nos vertus est d'invention humaine, et
» l'instinct de nos passions d'institution divine.

» Mais il n'y a point de Dieu (1). S'il y en avoit
» un, il seroit injuste. Quel est l'être tout-puissant
» et bon qui auroit environné de tant de maux l'exis-
» tence de ses créatures, et qui auroit voulu que la
» vie des unes ne se soutînt que par la mort des
» autres ? Tant de désordres prouvent qu'il n'y en a
» point. C'est la crainte qui l'a fait. Oh ! que le monde
» a dû être étonné de cette idée métaphysique,
» quand le premier homme effrayé s'avisa de s'écrier
» qu'il y avoit un Dieu. Eh ! qu'est-ce qui auroit
» fait Dieu ? Pourquoi seroit-il Dieu ? Quel plaisir
» auroit-il dans ce cercle perpétuel de misères, de
» renaissances et de morts (2) ? »

(1) Dans l'Etude VIII.
(2) On trouvera la solution de cette objection aux numéros

ÉTUDE IV.

Réponses aux Objections contre la Providence.

Telles sont les principales objections qu'on a formées, presque dans tous les siècles, contre la Providence, et qu'on ne m'accusera pas d'avoir affoiblies. Avant d'essayer d'y répondre, je me permettrai quelques réflexions sur ceux qui les font.

Si ces murmures venoient de quelques pauvres matelots exposés sur la mer à toutes les révolutions de l'atmosphère, ou de quelque paysan accablé des mépris de la société qu'il nourrit, je ne m'en étonnerois pas. Mais nos athées sont, pour l'ordinaire, bien à l'abri des injures des élémens, et sur-tout de celles de la fortune. La plupart même d'entre eux n'ont jamais voyagé. Quant aux maux de la société, ils ont bien tort de s'en plaindre, car ils jouissent de ses plus doux hommages, après en avoir rompu les liens par leurs opinions. Que n'ont-ils pas écrit sur l'amitié, sur l'amour, sur les devoirs envers la patrie, et sur les affections humaines

---

de chaque Etude qui leur correspondent. Elles y sont toutes réfutées directement ou indirectement; car il n'a pas été possible de suivre, dans cet ouvrage, l'ordre scolastique d'un cahier de philosophie.

qu'ils ont rabaissées au niveau de celles des bêtes,
tandis que quelques-uns d'entre eux pouvoient les
rendre divines par la sublimité de leurs talens ! Ne
sont-ce pas eux qui sont en partie cause de nos
malheurs, en flattant en mille manières les passions
de nos tyrans modernes, pendant qu'une croix qui
s'élève dans un désert console les misérables? On
a bien de la peine même à retenir ces derniers dans
un culte sensé; et c'est un phénomène moral, qui
m'a paru long-temps inexplicable, de voir, dans
tous les siècles, l'athéisme naître chez les hommes
qui ont le plus à se louer de la nature, et la supersti-
tion chez ceux qui ont le plus à s'en plaindre. C'est
dans le luxe de la Grèce et de Rome, au sein des
richesses de l'Indoustan, du faste de la Perse, des
voluptés de la Chine, et de l'abondance des capitales de l'Europe, qu'ont paru les premiers hommes
qui ont osé nier la divinité. Au contraire, les Tartares sans asyles, les sauvages de l'Amérique toujours affamés, les Nègres sans prévoyance et sans
police, les habitans des rudes climats du Nord,
comme les Lapons, les Esquimaux, les Groënlan-
dais, voient des dieux par-tout, jusque dans des
cailloux.

J'ai cru long-temps que l'athéisme étoit chez les
hommes voluptueux et riches, un argument de leur
conscience. « Je suis riche, et je suis un fripon,
» doivent-ils se dire; il n'y a donc point de Dieu?

» D'ailleurs s'il y a un Dieu, il y a des comptes à
» rendre ». Mais ces raisonnemens, quoique naturels, ne sont pas généraux. Il y a des athées qui ont
des fortunes légitimes, et qui en usent moralement
bien, du moins à l'extérieur. D'ailleurs, par la
raison contraire, le pauvre devroit dire : « Je suis
» laborieux, honnête homme, et misérable; il n'y
» a donc point de Providence » ? Mais c'est dans la
nature même qu'il faut chercher la source de ces
raisonnemens dénaturés.

Par tout pays, les pauvres se lèvent matin, travaillent à la terre, vivent sous le ciel et dans les
champs. Ils sont pénétrés de cette puissance active
de la nature qui remplit l'univers. Mais leur raison,
affaissée par le malheur et distraite par leurs besoins
journaliers, n'en peut supporter l'éclat. Elle s'arrête, sans se généraliser, aux effets sensibles de
cette cause invisible. Ils croient, par un sentiment
naturel aux ames foibles, que les objets de leur
culte seront à leur disposition dès qu'ils seront à
leur portée. De là vient que, par tout pays, les
dévotions du petit peuple sont à la campagne, et
ont pour centre des objets naturels. Il y ramène
toujours la religion du pays. Un hermitage sur une
montagne, une chapelle à la source d'une fontaine,
une bonne Notre-Dame-des-Bois nichée dans le
tronc d'un chêne ou dans le feuillage d'une aube-
épine, l'attirent bien plus volontiers que les autels

dorés des cathédrales. J'en excepte cependant celui que l'amour des richesses a tout-à-fait corrompu ; car à celui-là, il faut des saints d'argent, même dans les campagnes. Les principaux actes de religion du peuple en Turquie, en Perse, aux Indes et à la Chine, sont des pélerinages dans les champs. Les riches, au contraire, prévenus dans tous leurs besoins par les hommes, n'attendent plus rien de Dieu. Ils passent leur vie dans leurs appartemens, où ils ne voient que des ouvrages de l'industrie humaine, des lustres, des bougies, des glaces, des secrétaires, des chiffonnières, des livres, des beaux-esprits. Ils viennent à perdre insensiblement de vue la nature, dont les productions d'ailleurs leur sont presque toujours présentées défigurées ou à contre-saison, et toujours comme des effets de l'art de leurs jardiniers ou de leurs artistes. Ils ne manquent pas aussi d'interpréter ses opérations sublimes par le mécanisme des arts qui leur sont les plus familiers. De là tant de systêmes qui font deviner les occupations de leurs auteurs. Epicure, épuisé par la volupté, tira son monde et ses atomes sans providence, de son apathie ; le géomètre le forme avec son compas ; le chimiste avec des sels ; le minéralogiste le fait sortir du feu ; et ceux qui ne s'appliquent à rien, et qui sont en bon nombre, le supposent, comme eux, dans le chaos et allant au hasard. Ainsi la corruption du cœur est la première source de nos

erreurs. Ensuite les sciences employant, dans la
recherche des choses naturelles, des définitions,
des principes et des méthodes revêtues d'un grand
appareil géométrique, semblent, par ce prétendu
ordre, remettre dans l'ordre ceux qui s'en écartent.
Mais quand cet ordre existeroit tel qu'elles nous le
présentent, pourroit-il être utile aux hommes? Suf-
firoit-il à contenir et à consoler des malheureux?
Et quel intérêt prendront-ils à celui d'une société
qui les écrase, quand ils n'ont plus rien à espérer
de celui de la nature qui les abandonne aux lois
du mouvement? Je vais répondre successivement
aux objections que j'ai rapportées contre la Providence, tirées des désordres du globe, des végétaux, des animaux, des hommes et de la nature de
Dieu même.

RÉPONSE aux Objections contre la Providence, tirées des désordres du globe.

Quoique mon ignorance des moyens que la nature
emploie dans le gouvernement du monde, soit plus
grande que je ne le puis dire, il suffit cependant
de jeter les yeux sur les cartes, et d'avoir un peu
lu, pour montrer que ceux par lesquels on nous
explique ses opérations, ne sont pas les véritables.
C'est de l'insuffisance humaine que sortent les objections dirigées contre la Providence divine.

D'abord il ne me paroît pas plus naturel de former

le mouvement uniforme de la terre dans les cieux,
des deux mouvemens de projection et d'attraction,
que d'attribuer à de pareilles causes celui d'un
homme qui marche sur la terre. Les forces centrifuge et centripète ne me semblent pas plus exister
dans le ciel, que les cercles de l'équateur et du
zodiaque. Quelque ingénieuses que soient ces lois,
ce ne sont que des échafaudages imaginés par des
hommes de génie pour élever l'édifice de la science,
mais qui ne servent pas davantage à pénétrer dans
le sanctuaire de la nature, que ceux qui servent à
construire nos temples ne nous aident à pénétrer
dans celui de la religion. Ces forces combinées ne
sont pas plus les mobiles de la course des astres,
que les cercles de la sphère n'en sont les barrières.
Ce ne sont que des signes qui ont, à la fin, rem-
placé les objets qu'ils devoient représenter, comme
il est arrivé dans tout ce qui est d'établissement
humain.

Si une force centrifuge avoit élevé les montagnes
du globe lorsqu'il étoit dans un état de fusion, il y
auroit des montagnes bien plus élevées que les Andes
du Pérou et du Chily. Celle de Chimboraco, qui en
est la plus haute, n'a que 3220 toises de hauteur,
ou 3350; car les sciences ne sont pas d'accord même
sur les observations. Cette élévation, qui est à-peu-
près la plus grande que l'on connoisse sur la terre,
y est moins sensible que ne seroit la troisième partie

d'une ligne sur un globe de six pieds de diamètre.
Or, un bloc de métal fondu présente, à proportion
de sa masse, des scories bien plus considérables.
Voyez les anfractuosités d'un simple morceau de
mâchefer. Quelles effroyables bouffissures auroient
dû donc se former sur un globe de matières hétérogènes et bouillantes, de trois mille lieues d'épaisseur ? La lune, d'un diamètre bien moins considérable, a des montagnes de trois lieues de hauteur,
suivant Cassini. Mais que seroit-ce si, avec l'action
de l'hétérogénéité de nos matières terrestres en
fusion, on suppose encore celle d'une force centrifuge produite par la rotation de la terre ? Je m'imagine que cette force se fût nécessairement dirigée
sur son équateur; et qu'au lieu d'en former un
globe, elle l'eût étendue dans le ciel, comme ces
grands plateaux de verre que soufflent les verriers.

Non-seulement la terre n'a pas plus de diamètre
sous son équateur que sous ses méridiens, mais les
montagnes n'y sont pas plus élevées qu'ailleurs. Les
fameuses Andes du Pérou ne commencent point à
l'équateur, mais plusieurs degrés au-delà vers le
sud; et côtoyant le Pérou, le Chily et la terre Magellanique, elles s'arrêtent au cinquante-cinquième
degré de latitude australe, dans la terre de Feu, où
elles présentent à l'Océan un promontoire de glaces
éternelles, d'une hauteur prodigieuse. Dans toute
cette longueur, elles ne s'ouvrent qu'au détroit de

Magellan , formant par-tout, suivant le témoignage
de Garcillaso de la Véga (1), un rempart hérissé de
pyramides de neiges, inaccessibles aux hommes,
aux quadrupèdes, et même aux oiseaux. Au contraire, les montagnes de l'isthme de Panama, qui
sont dans le voisinage de la ligne, sont si peu élevées en comparaison de celles-ci, que l'amiral
Anson, qui les avoit toutes côtoyées, rapporte que,
dès qu'il parvint à cette hauteur, il éprouva des
chaleurs étouffantes, parce que l'air, dit-il, n'étoit
plus rafraîchi par l'atmosphère des hautes montagnes du Chily et du Pérou. Les montagnes de
l'Asie les plus élevées, sont tout-à-fait hors des tropiques. La chaîne des monts Taurus et Imaüs commence en Afrique, au mont Atlas, vers le 30e degré
de latitude nord. Elle traverse toute l'Afrique et
toute l'Asie, entre le 38e et le 40e degré de latitude,
portant, dans cette longue étendue, la plupart de
ses sommets couverts de neiges en tout temps, ce
qui leur suppose, comme nous le verrons ailleurs,
une élévation considérable. Le mont Ararat, qui en
fait partie, est peut-être plus élevé qu'aucune montagne du Nouveau-Monde, si on en juge par le
temps que Tournefort et d'autres voyageurs ont mis
à venir de la base de cette montagne au pied de
ses neiges, et, ce qui est moins arbitraire, par la

_____

(1) Hist. des Incas, liv. 1, chap. 8.

distance où on l'aperçoit, qui est au moins de six journées de caravane. Le pic de Ténériffe se voit de quarante lieues. Les monts Félices en Norwège, appelés les Alpes du nord, se découvrent en mer à cinquante lieues de distance ; et, suivant un savant Suédois, elles ont trois mille toises d'élévation. Les pics du Spitzberg, de la Nouvelle-Zélande, des Alpes, des Pyrénées, de la Suisse, et ceux où l'on trouve de la glace toute l'année, sont très-élevés, et sont pour la plupart fort loin de l'équateur. Ils ne sont pas même dans des directions qui soient parallèles à ce cercle, comme il eût dû arriver par l'effet supposé de la rotation du globe ; car si la chaîne du Taurus va, dans l'ancien continent, d'occident en orient, celle des Andes va, dans le nouveau, du nord au midi. D'autres chaînes ont d'autres directions. Mais si la prétendue force centrifuge avoit pu élever autrefois des montagnes, pourquoi n'a-t-elle plus à présent la force d'élever en l'air une paille ? Elle ne devroit laisser aucun corps à la surface de la terre. Ils y sont fixés, dit-on, par la force centripète ou par la pesanteur. Mais si celle-ci y ramène en effet tous les corps, pourquoi donc les montagnes elles-mêmes n'y ont-elles pas obéi, lorsqu'elles étoient dans un état de fusion ? Je ne sais ce qu'on peut répondre à cette double objection.

La mer ne me paroît pas plus propre que la force centrifuge à former des montagnes. Comment peut-

on concevoir qu'elle ait jamais pu les élever hors
de son sein ? Il est constant toutefois que les marbres
et les pierres calcaires, qui ne sont que des pâtes
de madrépores et de coquilles amalgamées, que les
silex, qui en sont des concrétions, que les marnes,
qui en sont des dissolutions, et que tous les corps
marins qu'on trouve répandus dans les deux continens, sont sortis de la mer. Ces matières servent de
base à une grande partie de l'Europe ; des collines
fort hautes en sont composées, et on les trouve
dans plusieurs parties de l'Ancien et du Nouveau-
Monde, à une égale hauteur. Mais leur dépôt ne
peut s'expliquer par aucun des mouvemens actuels
de l'Océan. On a beau lui supposer des révolutions
d'occident en orient, jamais on ne lui fera rien élever au-dessus de son niveau. Si on cite quelques
ports de la Méditerranée, qui en effet ont été laissés
à sec par la mer, il n'est pas moins certain qu'il y
en a un bien plus grand nombre sur les mêmes côtes
qui n'en ont point été abandonnés. Voici ce que dit
à ce sujet le judicieux observateur Maundrel, dans
son Voyage d'Alep à Jérusalem, en 1699 : « Dans le
» golfe Adriatique, le phare d'Arminium ou Rimini
» est à une lieue de la mer ; mais Ancône, bâtie par
» les Syracusains, est toujours sur le même rivage.
» L'arc de Trajan, qui rendit son port plus com-
» mode aux marchands, est situé immédiatement
» au-dessus. Bérite, si aimée d'Auguste qui lui donna

» le nom de *Julia felix*, n'a plus de son ancienne
» beauté que sa situation sur le bord de la mer, au-
» dessus de laquelle elle n'est élevée qu'autant qu'il
» le faut pour n'être pas sujette aux inondations de
» cet élément ».

Le témoignage des voyageurs les plus exacts est
conforme à celui de ce savant Anglais. Son compatriote Richard Pockoke, qui voyageoit en Egypte
en 1737 avec moins de goût, mais avec encore plus
d'exactitude, atteste que la Méditerranée a gagné autant de terrein qu'elle en a perdu (1). « Il suffit, dit-
» il, pour s'en convaincre, d'en examiner le rivage;
» et l'on voit non-seulement dans la mer quantité
» d'ouvrages taillés dans le roc, mais encore les
» ruines de plusieurs édifices. Environ à deux milles
» d'Alexandrie, on aperçoit dans l'eau les ruines
» d'un ancien temple ». Un anonyme anglais, dans
un voyage rempli d'excellentes observations, décrit
plusieurs villes fort anciennes de l'Archipel, telles
que Samos, dont les ruines sont sur le bord de la
mer. Voici ce qu'il dit de Délos, qui est, comme on
sait, au centre des Cyclades (2): « Nous ne trou-
» vâmes rien autre chose le long de la côte, que des
» restes d'ouvrages superbes; et nous aperçûmes

---

(1) Voyage en Egypte, tome 1, page 4 et 30.
(2) Voyage en France, en Italie, et aux îles de l'Archipel,
1763, 4 vol. lett. 127, page 256.

» jusque dans l'eau, des fondations de quelques
» grands édifices qui n'ont jamais été continués, et
» des ruines d'autres qui ont été détruits. La mer
» semble avoir anticipé sur l'île de Délos ; et comme
» l'eau étoit claire et le temps calme, nous eûmes la
» commodité de voir des restes de beaux édifices à
» des endroits où les poissons nagent à l'aise, et sur
» lesquels les petits vaisseaux de ces cantons voguent
» pour arriver à la côte ». Les ports de Marseille, de
Carthage, de Malte, de Rhodes, de Cadix, &c.
sont encore fréquentés des navigateurs, comme ils
l'étoient dans la plus haute antiquité. La Méditerranée n'eût pu baisser dans un seul point de ses
rivages, qu'elle ne se fût abaissée dans tous les
autres ; car les eaux se mettent toujours de niveau
dans un bassin. Ce raisonnement peut s'étendre à
toutes les côtes de l'Océan. Si on trouve quelque
part des plages abandonnées, ce n'est point la mer
qui se retire, c'est la terre qui s'avance. Ce sont des
alluvions occasionnées souvent par les dégorgemens
des fleuves, et quelquefois par les travaux imprudens des hommes. Les invasions de la mer dans les
terres sont également locales, et ont pour cause
quelque tremblement de terre dont l'effet ne s'est
pas étendu fort loin. Comme ces empiettemens réci-
proques des deux élémens sont particuliers et souvent en opposition sur les mêmes rivages, qui ont
d'ailleurs conservé constamment leur ancien niveau,

on n'en peut conclure aucune loi générale pour les mouvemens de l'Océan.

Nous allons examiner bientôt comment tant de corps marins fossiles ont pu sortir de son lit; et nous osons croire qu'en nous conformant à des traditions respectables, nous dirons à ce sujet des choses dignes de l'attention des lecteurs. Pour revenir donc aux montagnes, telles que celles de granit qui sont les plus élevées du globe, et dont la formation n'est pas attribuée à la mer, parce qu'elles ne contiennent aucun dépôt qui atteste son passage, les mêmes physiciens emploient un autre système pour nous en expliquer l'origine. Ils supposent une terre primitive qui avoit de hauteur celle où s'élèvent aujourd'hui les pics les plus élevés des Andes, du mont Taurus, des Alpes, &c. qui sont restés comme autant de témoins de l'existence de ce premier sol : ensuite ils emploient les neiges, les pluies, les vents, et je ne sais quoi encore, à dégrader cet ancien continent jusqu'au rivage de la mer; en sorte que nous n'habitons que le fond de cette énorme fondrière. Cette idée a quelque chose d'imposant; d'abord, parce qu'elle fait peur; de plus, parce qu'elle est conforme au tableau de ruine apparente que nous présente le globe : mais elle s'évanouit par une simple question. Que sont devenues les terres et les roches de cet effroyable déblai ?

Si on dit qu'elles se sont jetées dans la mer, il

faut supposer avant toute dégradation l'existence
du bassin de la mer ; et son excavation présenteroit
alors bien d'autres difficultés. Mais admettons-la.
Comment ces ruines ne l'ont-elles pas comblé en
partie ? Comment la mer ne s'est-elle pas débordée ?
Comment est-il arrivé, au contraire, qu'elle ait
abandonné des terreins si grands, que la plus grande
partie des deux continens en est formée ? Ainsi nos
systêmes ne peuvent rendre raison de l'escarpement
des montagnes de granit par aucune dégradation,
parce qu'ils ne savent où en placer les débris ; ni de
la formation des montagnes calcaires par les mouvemens de l'Océan, parce que dans son état actuel
il ne peut les couvrir. Au reste, ce n'est pas d'aujourd'hui que des philosophes ont considéré la terre
comme un édifice qui dépérissoit. Voici ce que dit
de l'opinion de Polybe, le baron de Busbek, dans
ses Lettres curieuses et agréables : « Polybe prétend
» avoir prouvé que l'entrée de la mer Noire seroit
» dans la suite comblée par des bancs de sable et par
» le limon que le Danube et le Borystène y entraîne-
» roient, que l'on ne pourroit plus par conséquent
» entrer dans la mer Noire, et que les embarque-
» mens que l'on feroit pour y aller, seroient totale-
» ment inutiles. Cependant la mer du Pont est aujour-
» d'hui aussi navigable que du temps de Polybe (1) ».

(1) Lettre 1, page 131.

1.   Q

Les baies, les golfes et les méditerranées ne sont
pas plus des irruptions de l'Océan dans les terres,
que les montagnes ne sont des productions du mouvement centrifuge. Ces prétendus désordres sont
nécessaires à l'harmonie de toutes les parties de la
terre. Qu'on suppose, par exemple, que le détroit
de Gibraltar soit fermé, comme on dit qu'il l'étoit
autrefois, et que la Méditerranée n'existe plus ; que
deviendront tant de fleuves de l'Europe, de l'Asie
et de l'Afrique, qui sont entretenus par les vapeurs
qui s'élèvent de cette mer, et qui y rapportent leurs
eaux dans une proportion admirable, comme les
calculs de plusieurs savans l'ont très-bien démontré ? Les vents du nord, qui rafraîchissent constamment l'Egypte en été, et qui chassent les émanations de la Méditerranée jusqu'aux montagnes de
l'Ethiopie pour entretenir les sources du Nil, passant alors sur un espace sans eaux, porteroient
l'aridité et la sécheresse sur toute la partie septentrionale de l'Afrique, et jusques dans l'intérieur de
son continent. Il arriveroit encore pis aux parties
méridionales de l'Europe ; car les vents chauds et
brûlans de l'Afrique, qui se chargent de tant de
nuées pluvieuses en traversant la Méditerranée,
venant à souffler sur le bassin desséché de cette
mer, sans tempérer leur chaleur par aucune humidité, frapperoient d'une stérilité brûlante toute
cette vaste partie de l'Europe qui s'étend depuis le

détroit de Gibraltar jusqu'au Pont-Euxin, et assé-
cheroient toutes les terres d'où coulent aujourd'hui
une multitude de fleuves, tels que le Rhône, le Pô,
le Danube, &c. Il ne suffit pas d'ailleurs de supposer que la mer s'est ouvert un passage dans le
bassin de la Méditerranée, comme une rivière qui
se répand dans une prairie après avoir rompu ses
digues; il faut supposer encore que ce terrein inondé
ait été plus bas que l'Océan, ce qui ne se rencontre
nulle part dans aucune partie de la terre ferme, qui
sont toutes au-dessus du niveau de la mer, à l'exception de celles qui ont été enlevées aux eaux par
les travaux des hommes, comme on le voit en Hollande. Il faut de plus supposer qu'il se soit fait un
affaissement latéral de la terre tout autour du bassin
de la Méditerranée, pour régler les circuits, pentes,
canaux et détours de tant de fleuves qui viennent
s'y rendre de si loin, et que cet affaissement se soit
fait avec des proportions admirables : car ces fleuves
partant souvent de la même montagne, arrivent par
les mêmes pentes, à des distances fort différentes,
sans que leur canal cesse d'être plein et que leurs
eaux s'écoulent trop vîte ou trop lentement, malgré
la différence de leurs cours et de leurs niveaux.
Ainsi ce n'est plus à une irruption de l'Océan qu'on
doit attribuer la Méditerranée, mais à un écroule-
ment du globe, de plus de douze cents lieues de
longueur sur plus de huit cents de largeur, qui s'est

effectué avec des dispositions si heureuses et si
favorables à la circulation de tant de fleuves latéraux, que si j'avois le temps de développer le cours
d'un seul, on verroit combien cette dernière supposition est dénuée de tout fondement. Les tremblemens de terre, à la vérité, produisent des écrou-
lemens, mais qui sont de peu d'étendue, et qui,
loin de ménager des canaux aux fleuves, absorbent
les cours des ruisseaux, et les changent quelquefois en étangs ou en mares. On peut appliquer ces
hypothèses à tous les golfes, baies, grands lacs et
méditerranées ; et on verra que si ces eaux intérieures n'existoient pas, il ne resteroit pas une fontaine dans la plus grande partie de la terre habitable.

Pour se former une idée de l'ordre de la nature,
il faut perdre nos idées circonscrites d'ordre humain.
Il faut renoncer aux plans de notre architecture,
qui emploie fréquemment les lignes droites, afin
que la foiblesse de notre vue puisse embrasser d'un
coup-d'œil tout notre domaine, qui symétrise
toutes nos distributions, qui met dans nos maisons,
des ailes à droite et des ailes à gauche, afin que
toutes les parties de notre habitation soient à notre
portée, lorsque nous en occupons le milieu, et qui
nivelle, met à-plomb, lisse et polit les pierres qu'elle
y emploie, afin que nos monumens soient doux au
toucher et à la vue. Les convenances de la nature
ne sont pas celles d'un Sybarite, mais elles sont

celles du genre humain et de tous les êtres. Quand
la nature élève un rocher , elle y met des fentes ,
des anfractuosités , des carnes , des pitons. Elle le
creuse et l'exaspère avec le ciseau du temps et des
élémens ; elle y plante des herbes , des arbres ; elle
y loge des animaux , et elle le place au sein des mers
et au foyer des tempêtes , afin qu'il y offre des asyles
aux habitans de l'air et des eaux.

Quand la nature a voulu de même creuser des
bassins aux mers , elle n'en a ni arrondi , ni aligné
les bords ; mais elle y a ménagé des baies profondes
et abritées des courans généraux de l'Océan , afin
que dans les tempêtes , les fleuves pussent s'y dégorger en sûreté ; que les légions de poissons vinssent
s'y réfugier en tout temps , y lécher les alluvions
des terres qui s'y déchargent avec les eaux douces ;
qu'ils y frayassent , pour la plupart , en remontant
jusque dans les rivières , où ils viennent chercher
des abris et des pâtures pour leurs petits. C'est pour
le maintien de ces convenances que la nature a for-
tifié tous les rivages de longs bancs de sables , de
rescifs , d'énormes rochers et d'îles , qui en sont
placés à des distances convenables pour les protéger
contre les fureurs de l'Océan.

Elle a employé des dispositions équivalentes pour
les bassins des fleuves , comme nous en dirons
quelque chose dans la suite de cette Etude , quoique
le lieu ne nous permette que d'effleurer une matière

si riche et si nouvelle en observations. Ainsi, elle
ne fait point courir les eaux des fleuves en ligne
droite, comme elles devroient couler à la longue
par les lois de l'hydraulique, à cause de la tendance
de leurs mouvemens vers un seul point; mais elle
les fait serpenter long-temps au sein des terres avant
qu'elles se rendent à la mer. Pour régler le cours
de ces fleuves, et l'accélérer ou le retarder, suivant
le niveau des terres où ils coulent, elle y fait tomber
des riviéres latérales qui l'accélèrent dans un pays
uni, lorsqu'elles forment un angle aigu avec la
source de ces fleuves; ou qui le retardent dans un
pays élevé, en formant un angle droit et quelquefois obtus, avec la source de ces mêmes fleuves.
Ces lois sont si certaines, qu'on peut juger, sur
une simple carte, si les fleuves qui arrosent un pays
sont lents ou rapides, et si ce pays est uni ou élevé,
par l'angle que forment avec leurs cours les riviéres
confluentes. Ainsi la plupart de celles qui se jettent
dans le Rhône, forment avec ce fleuve rapide des
angles droits pour modérer son cours. Il y a de ces
riviéres confluentes qui sont de véritables digues,
et qui traversent un fleuve de part en part, en sorte
que le fleuve traversé, qui est fort rapide au-dessus
du confluent, coule fort lentement au-dessous. C'est
ce qu'on peut observer sur plusieurs fleuves de
l'Amérique, et notamment sur le Méchassipi. On peut
conclure de ces simples perceptions, que je n'ai ici

que le temps d'indiquer, qu'il est aisé de retarder
ou d'accélérer le cours d'un fleuve, en changeant
simplement l'angle d'incidence de ses rivières confluentes. C'est ce que je présente, non comme un
conseil, mais comme une spéculation très-curieuse;
car il est toujours dangereux à l'homme de déranger
les plans de la nature.

Les fleuves, en se jetant dans la mer, apportent
à leur tour, par les directions de leurs embouchures,
du retardement ou de l'accélération aux cours des
marées. Mais je ne m'engagerai pas plus avant dans
l'étude de ces grandes et sublimes harmonies. Il me
suffit d'en avoir dit assez pour convaincre que le
bassin des mers a été creusé exprès pour en recevoir les eaux.

Cependant voici encore un raisonnement propre
à lever, à ce sujet, toute espèce de doute. Si le
bassin des mers avoit été formé, comme on le suppose, par un abaissement des terres du globe, les
rivages des mers, sous les eaux, auroient les mêmes
pentes que le continent voisin. Or, c'est ce qui ne
se trouve sur nulle côte. La pente du bassin de la
mer est beaucoup plus rapide que celle des terres
limitrophes, et n'en est point le prolongement. Par
exemple, Paris est élevé au-dessus du niveau de la
mer de 26 brasses environ, en comptant du bas du
pont Notre-Dame. Ainsi la Seine, depuis ce pont
jusqu'à son embouchure dans la mer, n'a que

130 pieds de pente dans une distance de quarante
lieues, tandis qu'à compter depuis son embouchure
jusqu'à une lieue et demie en mer seulement, on
trouve tout d'un coup 60 ou 80 brasses d'inclinai-
son, qui est la profondeur que les vaisseaux ont au
mouillage de la rade du Havre-de-Grace. Ces différences du niveau des terres, au niveau du fond du
bassin de la mer dans le même alignement, se rencontrent sur toutes les côtes, du plus au moins.
A la vérité, l'anglais Dampier a observé que les mers
ont beaucoup de profondeur le long des côtes élevées, et qu'elles en ont fort peu le long des côtes
basses ; mais il y a toutefois cette notable différence, que le long des terres basses, le fond de la
mer est beaucoup plus incliné que le sol du continent voisin ; et que le long des terres hautes, on ne
trouve quelquefois point de fond du tout. Ceci
prouve donc évidemment que les bassins des mers
ont été creusés exprès pour les contenir. La pente
de leurs excavations a été réglée par des lois infiniment sages ; car si elle étoit la même que celle des
terreins environnans, les flots de la mer, au moindre
vent du large, s'étendroient à des distances considérables sur les terres voisines. C'est ce qui arrive
en effet, lorsque dans des tempêtes ou des marées
extraordinaires, les flots surmontent leurs rivages
accoutumés ; car alors, trouvant une pente foible
et douce, en comparaison de celle de leur lit, ils

s'étendent quelquefois à plusieurs lieues de distance dans le sein des terres. C'est ce qui arrive de
temps en temps à l'île Formose, dont il est probable
que les habitans ont détruit autrefois les digues
naturelles, telles que les mangliers. C'est par une
raison à-peu-près semblable que la Hollande se
trouve exposée aux inondations, parce qu'elle a
empiété sur le lit même de la mer. C'est principalement sur le rivage de l'Océan qu'est placée cette
borne invisible que l'auteur de la nature a prescrite
à ses flots. C'est là où vous apercevez que vous
êtes à l'intersection de deux plans différens, dont
l'un termine la pente des terres, et l'autre commence
celle de la mer.

On ne peut pas dire que ce sont les courans de
la mer qui en ont creusé le bassin; car dans quel
lieu en auroient-ils porté les terres? ils ne peuvent
rien élever au-dessus de leur niveau. On ne peut
pas dire même que les canaux des fleuves aient été
creusés par le cours de leurs propres eaux; car il
y en a plusieurs qui passent par des routes souter-
raines, à travers des masses de roc vif, d'une dureté
et d'une épaisseur impénétrables aux pioches et aux
pics de nos ouvriers. D'ailleurs, ces fleuves auroient
dû former, à leur embouchure dans la mer, des
bancs de sable, et des langues de terre d'une grandeur proportionnée à la quantité de terre qu'ils
auroient excavée en formant leurs lits; et la plu-

part au contraire, comme nous l'avons observé, se déchargent au fond des baies creusées exprès pour les recevoir. Comment n'ont-ils pas rempli ces baies depuis qu'ils y apportent sans cesse les alluvions des terres? Comment le bassin de l'Océan ne s'est-il pas comblé lui-même, lui qui reçoit perpétuellement les dépouilles des végétaux, les sables, les roches et les débris des terres, qui rendent tout jaunes, à la moindre pluie, les fleuves qui s'y déchargent? Les eaux de l'Océan n'ont pas haussé d'un pouce depuis que les hommes observent, comme il est aisé de le prouver par l'état des plus anciens ports de mer de l'univers, qui sont encore, pour la plupart, au même niveau. Je n'ai pas le temps de parler ici des moyens dont la nature s'est servie pour la construction, la protection et le nettoiement de ce bassin : ils nous donneroient de nouveaux sujets d'admiration. J'en ai dit assez, pour montrer que ce qui nous paroît dans la nature l'ouvrage de la ruine et du hasard, est souvent celui de l'intelligence la plus profonde. Non-seulement il ne tombe pas un cheveu de notre tête ni un moineau d'un arbre, mais un caillou n'est pas roulé sur les rivages de la mer, sans la permission de Dieu, suivant l'expression sublime de Job :

Cap. 28, v. 9. Tempus posuit tenebris, et universorum finem ipse considerat, lapidem quoque caliginis et umbram mortis.

« Il a borné le temps des ténèbres, et il considère
» lui-même la fin de toutes choses ; il voit jusqu'à
» la pierre ensevelie dans l'obscurité de la terre, et
» dans l'ombre de la mort ». Il connoît aussi le moment où elle doit en sortir pour servir de monument
aux nations.

Indépendamment des preuves géographiques innombrables qui attestent que l'Océan n'a, par ses
irruptions, creusé aucune baie, ni détaché aucune
partie du continent, il y en a encore qui peuvent
se tirer des végétaux, des animaux et des hommes.
Ce n'est pas ici le lieu de m'y arrêter : mais je citerai
en passant une observation végétale qui prouve,
par exemple, que l'Angleterre n'a jamais été jointe
au continent de l'Europe, comme on le suppose,
et qu'elle en a toujours été séparée par la Manche.
C'est que César remarque dans ses Commentaires,
qu'il n'y avoit, dans le temps qu'il y passa, ni hêtres,
ni sapins ; quoique ces arbres fussent fort communs
dans les Gaules, le long de la Seine et du Rhin. Si
donc ces fleuves avoient coulé autrefois sur l'Angleterre, ils y auroient porté les semences des végétaux qui croissoient à leurs sources et sur leurs
rivages. Les hêtres et les sapins, qui réussissent
fort bien aujourd'hui en Angleterre, n'auroient pas
manqué d'y croître dans ce temps-là, d'autant qu'ils
n'auroient pas changé de latitude, et qu'ils sont,
comme nous le verrons ailleurs, du genre des arbres

fluviatiles, dont les semences se ressèment par le moyen des eaux. D'ailleurs, d'où la Seine, le Rhin, la Tamise, et tant d'autres fleuves qui entretiennent leurs cours des émanations de la Manche, auroient-ils tiré leurs eaux? La Tamise auroit donc coulé sur la France, ou la Seine sur l'Angleterre, ou pour mieux dire, les pays que ces fleuves arrosent aujourd'hui auroient été à sec.

Ce sont nos cartes qui, comme la plupart des instrumens de nos sciences, nous induisent en erreur. En y voyant tant d'enfoncemens et de découpures dans les côtes du continent, nous avons été portés à croire que c'étoient les courans de la mer qui les avoient dégradées. Nous venons de voir qu'ils n'ont pas produit cet effet : nous allons montrer maintenant qu'ils n'ont jamais pu le faire.

L'anglais Dampier, qui n'est pas le premier voyageur qui ait fait le tour du globe, mais qui est, à mon gré, celui qui l'a le mieux observé, dit dans son excellent Traité des Vents et des Marées, tom. 2, page 385 : « Que les baies n'ont presque point de » courans, ou si elles en ont, ce ne sont que des » contre-courans qui vont d'une pointe à l'autre ». Il cite en preuve plusieurs observations, et on en trouve beaucoup de semblables, éparses dans les autres voyageurs. Quoiqu'il n'ait traité que des courans entre les tropiques, et même avec un peu d'obscurité, nous allons généraliser ce principe, et l'appliquer aux principales baies des continens.

Je réduis à deux courans généraux ceux de l'Océan. Tous les deux viennent des pôles, et sont produits, à mon avis, par la fusion alternative de leurs glaces. Quoique ce ne soit pas ici le lieu d'en examiner la cause, elle me paroît si naturelle, si neuve et si curieuse à développer, que le lecteur ne sera pas fâché que je lui en donne, en passant, une idée.

Les pôles me paroissent être les sources de la mer, comme les montagnes à glaces sont les sources des principaux fleuves. Ce sont, ce me semble, les glaces et les neiges qui couvrent le nôtre, qui renouvellent chaque année les eaux de la mer comprises entre notre continent et celui de l'Amérique, dont les parties saillantes et rentrantes correspondent d'ailleurs entre elles comme les bords d'un fleuve. On peut d'abord remarquer sur une mappemonde, que le bassin de l'océan Atlantique va en s'étrécissant vers le nord, et en s'élargissant vers le midi; et que la partie saillante de l'Afrique correspond à cette grande partie rentrante de l'Amérique, au fond de laquelle est situé le golfe du Mexique, comme la partie saillante de l'Amérique méridionale correspond au vaste golfe de Guinée; en sorte que ce bassin a dans sa configuration, les proportions, les sinuosités, la source et l'embouchure d'un canal fluviatile. Observons maintenant que les glaces et

les neiges forment au mois de janvier, sur notre
hémisphère, une coupole dont l'arc a plus de deux
mille lieues d'étendue sur les deux continens, et
une épaisseur de quelques lignes en Espagne, de
quelques pouces en France ; de plusieurs pieds en
Allemagne, de plusieurs toises en Russie, et de
quelques centaines de pieds au-delà du soixantième
degré ; comme celles des glaces que Henri Ellis et
les autres navigateurs du Nord y ont rencontrées
en mer au milieu même de l'été, et dont quelques-
unes, suivant Ellis, avoient quinze à dix-huit cents
pieds au-dessus de son niveau : car leur élévation
doit aller probablement en croissant jusqu'au pôle,
en suivant les mêmes proportions que celles qui
couronnent nos montagnes à glaces ; ce qui doit
leur donner sous le pôle même une hauteur qu'on
ne peut assigner. On entrevoit par ce simple aperçu,
quel amas énorme d'eau est fixé, par le froid de
l'hiver, sur notre hémisphère, au-dessus du niveau
de l'Océan. Il est si considérable, que je me crois
fondé à attribuer à sa fusion périodique le mouvement général de notre mer, et celui de nos marées.
On peut appliquer de même aux effets de la fusion
des glaces du pôle austral, qui y sont encore en
plus grand nombre, les mouvemens de son Océan.

On n'a tiré jusqu'à présent aucune conséquence
relative aux mouvemens de la mer, de deux volumes
de glaces aussi considérables, accumulés sur les

pôles du monde. Ils doivent cependant apporter une augmentation bien sensible à ses eaux, lorsqu'ils y rentrent par l'action du soleil qui les fait fondre en partie chaque année, ou une grande diminution lorsqu'ils en ressortent, par l'effet des évaporations qui les fixent en glace sur les pôles, lorsque le soleil s'en éloigne. Voici à ce sujet quelques réflexions et observations, j'ose dire, très-intéressantes : j'en laisse le jugement au lecteur sans système et sans partialité. Je tâcherai de les abréger le plus que je pourrai, et j'espère qu'on me les pardonnera, au moins en faveur de leur nouveauté. Je vais déduire des simples effusions des glaces polaires, les mouvemens généraux des mers, que l'on a attribués jusqu'ici à la gravitation ou à l'attraction du soleil et de la lune sur l'équateur.

On ne sauroit nier, en premier lieu, que les courans et les marées ne viennent du pôle dans le voisinage du cercle polaire.

Frédéric Martens, qui, dans son voyage au Spitzperg en 1671, s'avança jusqu'au 81e degré de latitude nord, dit positivement que les courans dans les glaces portent au midi. Il ajoute d'ailleurs qu'il ne peut rien dire d'assuré touchant le flux et reflux des marées. Notez bien ceci.

Henri Ellis observa avec étonnement, dans son voyage à la baie d'Hudson, en 1746 et 1747, que les marées y venoient du nord, et qu'elles avançoient au lieu de retarder, à mesure qu'il s'élevoit en latitude. Il assure que ces effets, si contraires à leurs effets ordinaires sur nos rivages où elles viennent du sud, prouvent que les marées de ces côtes ne viennent point de la ligne, ni de l'océan Atlantique. Il les attribue à une prétendue communication de la baie d'Hudson à la mer du Sud, communication qu'il cherchoit avec beaucoup d'ardeur, et qui étoit l'objet de son voyage ; mais on est très-assuré aujourd'hui qu'elle n'existe point, par les tentatives infructueuses que le capitaine Cook a faites en dernier lieu pour la trouver par la mer du Sud, au nord de la Californie, suivant le conseil qu'en avoit donné long-temps auparavant le fameux marin Dampier, dont les lumières et les vues, pour le dire en passant, ont beaucoup servi au capitaine Cook dans toutes ses découvertes.

Ellis observa encore que le cours de ces marées septentrionales de l'Amérique, étoit si violent au détroit de Wager, par le 65e degré 37′, qu'il faisoit huit à dix lieues par heure. Il le compare à l'écluse d'un moulin. Il remarqua que la surface de l'eau y étoit douce, ce qui l'intrigua beaucoup, en affoiblissant l'espérance qu'il avoit conçue d'une communication de cette baie avec la mer du Sud. Cependant il n'en resta pas moins persuadé que ce passage existoit, ainsi que font les hommes préoccupés de leurs opinions, qui se refusent à l'évidence même.

Le hollandais Jean Hugues de Linschoten avoit fait à-peu-près les mêmes remarques sur le cours des marées septentrionales de l'Europe, lorsqu'il fut au détroit de Waigats, par le 70ᵉ degré 20′. Dans les deux voyages que cet observateur exact fit vers ce détroit en 1594 et en 1595, pour trouver un passage à la Chine par le nord de l'Europe, il réitéra ces observations : « Nous observâmes, dit-il » encore une fois, au cours de la marée, ce que » nous avions déjà remarqué avec beaucoup d'exac- » titude, qu'elle vient de l'est (1) ». Il observa aussi que les eaux étoient saumaches ou à demi salées, ce qu'il attribue à la fusion d'une quantité prodi- gieuse de glaces flottantes qui lui fermèrent le pas- sage au détroit de Waigats; car la glace, formée dans l'eau de la mer même, est douce. Mais Lins- choten ne tire pas plus de conséquence qu'Ellis, de ces marées d'eaux à demi douces qui descendent du nord; et, plein de son objet comme le voyageur anglais, il les attribue à une mer qu'il suppose libre à l'est, au-delà du Waigats, par où il se proposoit d'aller à la Chine.

Son compatriote, l'infortuné Guillaume Barents, qui fit les mêmes voyages dans la même flotte, sur un autre vaisseau, et qui finit ses jours sur les côtes septentrionales de la nouvelle Zemble, où il avoit

_____

(1) Voyages des Hollandais au Nord, t. 4, p. 204.

hiverné, trouva au nord et au sud de cette île un
courant perpétuel de glaces, qui venoient de l'est
avec une rapidité qu'il compare, comme Ellis, à
celle d'une écluse. Il y avoit de ces glaces qui avoient
jusqu'à 36 brasses de profondeur dans l'eau, et
16 brasses d'élévation au-dessus. C'étoit au détroit
de Waigats, dans le mois de juillet et d'août. Il y
trouva des pêcheurs russes de Petzora, qui navi-
geoient dans ces mers, couvertes de rochers flottans
de glaces, dans une barque d'écorces d'arbres cou-
sues. Ces pauvres gens offrirent aux Hollandais des
oies grasses, avec de grands témoignages d'amitié ;
car l'infortune est bien propre à rapprocher les
hommes dans tous les climats. Ils lui apprirent que
ce même détroit de Waigats, qui dégorgeoit tant de
glaces, seroit tout-à-fait fermé vers la fin d'octobre,
et qu'on pourroit aller en Tartarie sur les glaces,
par la mer qu'ils nommoient de Marmare.

Il est certain que tous les effets que je viens de
rapporter ne peuvent venir que des effusions des
glaces qui environnent le pôle. Je remarquerai ici en
passant, que ces glaces, qui s'écoulent avec tant de
rapidité au nord de l'Amérique et de l'Europe, vers
les mois de juillet et d'août, contribuent à nous donner nos grandes marées de l'équinoxe de septembre ;
et que, lorsque leurs effusions s'arrêtent dans le mois
d'octobre, comme celles du Waigats, c'est aussi le
temps où nos marées commencent à diminuer.

On peut me demander à présent pourquoi les
marées viennent du nord et de l'est au nord de
l'Amérique et de l'Europe ; et qu'elles viennent du
sud sur nos côtes et sur celles de l'Amérique, qui
sont aux mêmes latitudes.

Il me suffiroit d'en avoir dit assez pour prouver
que toutes les marées ne viennent pas de la pression
ou de l'attraction du soleil et de la lune sur l'équateur ; j'aurois démontré l'insuffisance de nos systêmes, qui les attribuent à ces causes : mais je vais
remplacer ce que je viens de détruire, par d'autres
observations, et prouver qu'il n'y a aucune marée,
sur quelque rivage que ce soit, qui ne doive son
origine aux effusions polaires.

Une observation de Dampier servira d'abord de
base à mes raisonnemens. Cet habile observateur
distingue entre courans et marées. Il pose pour principe, d'après beaucoup d'expériences qu'il rapporte dans son Traité des Vents et des Marées, que
« les courans ne se font guère sentir qu'en pleine
» mer, et les marées sur les côtes ». Ceci posé, les
effusions polaires, qui sont des marées du nord ou
de l'est pour ceux qui sont dans le voisinage du
pôle ou des baies qui y communiquent, prennent
leur cours général au milieu du canal de l'océan
Atlantique, attirées vers la ligne par la diminution des eaux, que le soleil y évapore continuellement. Elles produisent, par leur courant général,

deux courans contraires ou remoux collatéraux ,
comme les fleuves en produisent de pareils sur leurs
bords.

Je ne suppose point gratuitement l'existence de
ces contre-courans ou remoux , à la manière de ceux
qui font des systêmes , qui créent de nouvelles
causes , à mesure que la nature leur présente de
nouveaux effets. Ces remoux sont des réactions
hydrauliques dont la géométrie explique les lois ,
et dont on peut s'assurer par l'expérience. Si vous
regardez couler un petit ruisseau, vous verrez souvent les pailles qui flottent le long de ses bords
remonter contre son cours ; et lorsqu'elles arrivent
aux points où les contre-courans croisent le courant
général , vous les voyez agitées par ces deux puissances opposées, tournoyer et pirouetter long-temps,
jusqu'à ce qu'elles soient à la fin entraînées par le
courant général. Ces contre-courans sont encore
plus sensibles , lorsque ce ruisseau s'écoule dans un
bassin qui n'a point lui-même d'écoulement; car la
réaction est alors si considérable dans toute la circonférence du bassin , que les contre-courans em-
mènent tous les corps qui y flottent , jusqu'à l'endroit même où le ruisseau se dégorge.

Ces contre-courans latéraux sont si sensibles sur
le bord des fleuves, que les bateaux en profitent
souvent pour remonter contre leurs cours. M. de
Crevecœur rapporte qu'il fit 422 milles en 14 jours

en remontant l'Ohio le long de ses rivages, « à l'aide
» des remoux qui ont toujours, dit-il, une vélocité
» égale au courant principal (1) ».

Ils sont presque aussi forts sur les bords des lacs.
Le père Charlevoix, qui a donné de judicieuses
observations sur le Canada, dit que lorsqu'il s'em-
barqua sur le lac Michigan, il fit huit bonnes lieues
dans un jour, à l'aide de ces contre-courans latéraux, quoiqu'il eût le vent contraire. Il suppose
avec raison que les rivières qui se jettent dans ce
lac produisent au milieu de ces eaux de grands courans contraires ; « mais ces grands courans, dit-
» il (2), ne se font sentir qu'au milieu du canal,
» et produisent sur leurs bords des remoux ou
» contre-courans, dont on profite quand on va terre
» à terre, comme sont obligés de faire ceux qui
» voyagent en canots d'écorces ».

Dampier est rempli d'observations sur ces contre-
courans de la mer, qui sont très-communs, sur-tout
dans les détroits des îles situées entre les tropiques.
Il parle souvent des effets extraordinaires que produisent leurs rencontres avec les courans particuliers qui les occasionnent ; mais comme il n'a pas
considéré les marées elles-mêmes comme des remoux du courant général de l'océan Atlantique, et

(1) Lettres d'un Cultivateur américain, t. 3, p. 433.
(2) Hist. de la Nouvelle-France, t. 6, p. 2.

que je ne crois pas même qu'il ait soupçonné l'existence de son courant général, quoiqu'il ait parlé à
fond des deux courans ou moussons de l'océan Indien, nous allons rapporter quelques faits qui établissent les plus grandes consonnances avec ceux
qu'il a lui-même observés dans les mers des Indes
et du Sud. Ces faits prouveront de plus, d'une manière évidente, l'existence de ces effusions polaires :
car par-tout où ces effusions viennent à rencontrer
en allant au midi leurs remoux qui remontent au
nord, elles produisent par leur choc les marées les
plus terribles, et qui ont les mouvemens les plus
opposés. Considérons-les seulement à leur point de
départ au nord de l'Europe, où elles commencent
à quitter nos côtes pour s'étendre en pleine mer.
Pontoppidan dit, dans son histoire de Norwège,
qu'il y a au-dessus de Bergen un endroit appelé
Malestrom, très-redouté des marins, où la mer forme
un tournoiement prodigieux de plusieurs milles de
diamètre, et où quantité de vaisseaux ont été en-
gloutis. James Beeverel dit positivement qu'il y a
dans les îles Orcades deux marées opposées entre
elles, l'une venant du nord-ouest, et l'autre du sud-
est ; qu'elles jettent leurs flots fumans jusqu'aux
nues, et qu'elles semblent vouloir convertir le détroit qui les sépare en écume (1). Les Orcades sont

_____

(1) Voyez James Beeverell, *Délices de l'Ecosse*, tome 7,

Pl. II.

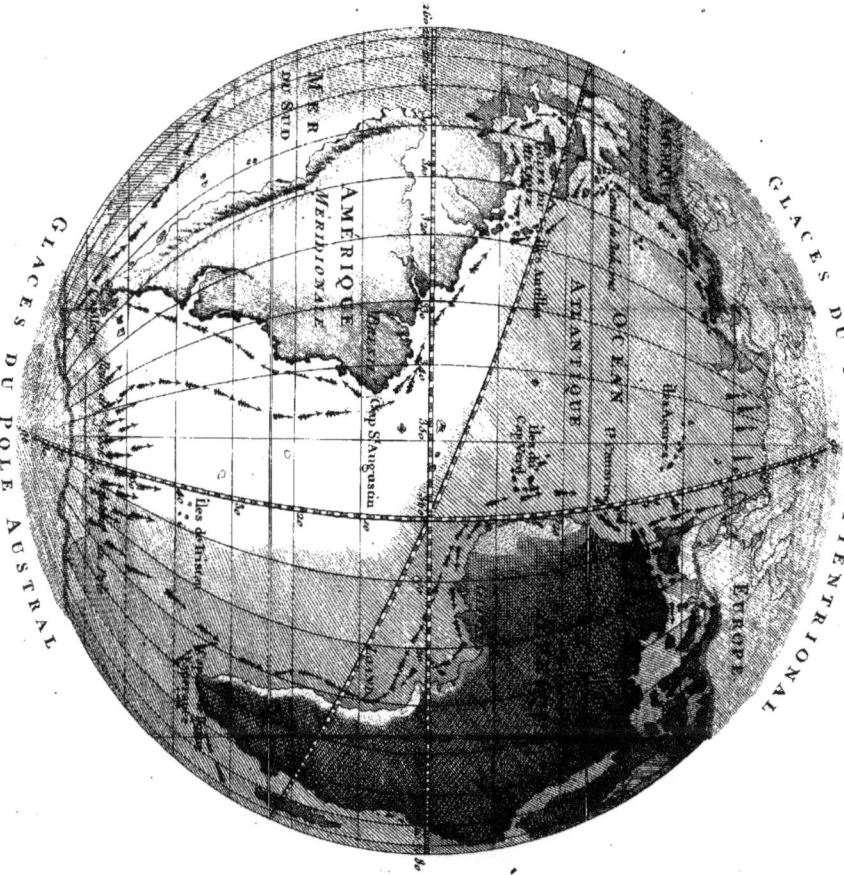

HÉMISPHÈRE ATLANTIQUE

Avec son Canal, ses Glaces, ses Courans et ses Marées, dans les Mois de Janvier et Février.

Tom. 1. pag. 262. Voyez aussi la note 36 du même volume.

placées un peu au-dessous de la latitude de Bergen ,
et dans le prolongement de la côte septentrionale
de Norwège, c'est-à-dire au confluent des effusions
polaires et de leurs remoux.

Les autres îles de la mer sont dans de semblables
positions, comme nous le pourrions prouver si le
lieu nous le permettoit. Par exemple, le canal de
Bahama, qui court avec tant de rapidité au nord,
entre le continent de l'Amérique et les îles Lucayes,
produit autour de ces îles, par sa rencontre avec le

---

page 1405. Il dit encore, page 1421 , que dans l'île Pomone
ou de Mainland , la plus grande des Orcades , il y a au nord
de la partie orientale un promontoire fort haut, où « les
» marées qui viennent du nord-ouest donnent avec tant de
» violence, que les flots s'élèvent encore plus haut que lui » ;
et page 1424 , qu'entre Phara et Heth , les plus septentrionales de ces îles , « la marée tient un cours tout singulier ,
» montant du sud-est au nord-est pendant trois heures seu-
» lement, et descendant pendant neuf heures entières au
» sud-ouest ».

Réfléchissez sur cette haute marée du *nord-ouest*, et sur
cette autre qui vient du *nord-est* pendant neuf heures, et
qui y remonte seulement pendant trois, vous verrez l'action
directe de la fonte des glaces du pôle nord sur les Orcades,
et sa réaction qui s'affoiblit à mesure qu'elle remonte vers
sa source. Mais je suis convaincu que ces marées septentrionales des Orcades n'arrivent jamais que l'été, lorsque le
soleil échauffe le pôle nord ; et que l'hiver, les courans du
pôle sud doivent y produire des effets tout contraires.

courant général de cette mer , les marées les plus tumultueuses , et semblables à celles des Orcades.

Ces remoux du cours de l'océan Atlantique occasionnent donc nos marées d'Europe et d'Amérique qui vont au nord sur nos côtes , tandis que son courant général va au sud , du moins pendant l'été. Je pourrois rapporter mille autres observations sur l'existence de ces courans contraires ; mais une seule , plus générale que celles que j'ai citées , me suffira , par son importance et son authenticité , puisque c'est la première de toutes celles qui en ont été faites en Europe , et peut-être la seule : c'est celle de Christophe Colomb , partant pour la découverte du Nouveau-Monde. Il mit à la voile aux Canaries vers le commencement de septembre, et fit route à l'ouest. Il trouva pendant les premiers jours de sa navigation , que les courans portoient au nord-est. Quand il fut à 2 ou 300 lieues de terre , il s'aperçut qu'ils se dirigeoient vers le sud , ce qui effraya beaucoup ses compagnons , qui croyoient que la mer se portoit là vers un précipice. Enfin , aux approches des îles Lucayes , il retrouva les courans portant au nord. On peut voir le journal de son voyage dans Herrera. Je pense que ce courant général , qui influe sur notre pôle en été avec tant de rapidité , et qui est si violent vers sa source , comme l'ont éprouvé Ellis et Linschoten , traverse la ligne équinoxiale , d'autant qu'il n'y est point arrêté par

les effusions du pôle austral, qui dans cette saison
se couvre de glace. Je présume, par cette même
raison, qu'il va au-delà du Cap de Bonne-Espérance,
d'où il se porte vers la zône torride, où il est attiré
par le déplacement des eaux que le soleil y pompe
chaque jour, et qu'étant dirigé vers l'orient par la
position de l'Afrique et de l'Asie, il détermine
l'océan Indien à se porter du même côté, contre
son mouvement ordinaire. Je le regarde donc comme
le premier moteur de la mousson occidentale qui
arrive dans les mers des Indes au mois d'avril, et qui
ne finit qu'en septembre.

Je pense aussi que le courant général qui part,
pendant l'hiver, du pôle austral que le soleil échauffe
alors de ses rayons, rétablit l'océan Indien dans son
mouvement naturel vers l'occident, qui est déterminé d'ailleurs de ce côté-là par les impulsions générales du vent d'est, qui souffle ordinairement dans
la zône torride, lorsque rien n'en dérange le cours.
Je présume aussi que ce courant pénètre à son tour
dans notre océan Atlantique, en dirige le mouvement vers le nord par la position de l'Amérique, et
apporte plusieurs autres changemens à nos marées.
En effet, Froger dit, dans son Voyage à la mer du
Sud, qu'au Brésil les courans suivent le soleil. Ils
vont au sud quand il est au sud, et au nord quand il
est au nord. Ceux qui ont éprouvé ces effusions
polaires australes au-delà du Cap Horn, ont reconnu

que dans l'été du pôle austral , les marées portent au nord , comme l'observa Guillaume Schouten , qui découvrit le détroit de Le Maire en janvier 1661 : mais ceux au contraire qui y ont passé dans l'hiver de ce pays , ont trouvé que les marées portoient au sud et venoient du nord , comme l'observa Fraisier au mois de mai de l'an 1712. Il me semble maintenant qu'on peut expliquer , par ces effusions polaires, les principaux phénomènes de nos marées. On voit , par exemple , pourquoi celles du soir sont plus fortes en été que celles du matin ; parce que le soleil agit plus fortement le jour que la nuit sur les glaces de notre pôle qui sont sous notre méridien. Cet effet ressemble à l'intermittence de certaines fontaines qui coulent des montagnes à glaces , et fluent plus abondamment le soir que le matin. On voit encore pourquoi il arrive que nos marées du matin sont en hiver plus considérables que celles du soir ; et pourquoi l'ordre de nos marées change au bout de six mois, suivant la remarque de Bouguer (1), qui trouve la chose étonnante sans en donner aucune raison ; puisque le soleil étant alors au pôle sud, les effets des marées doivent être opposés comme les causes qui les produisent.

Mais voici des concordances, entre la mer et les pôles, encore plus étendues et plus frappantes. C'est

---

(1) Bouguer , Traité de la Navigation , page 152.

aux solstices qu'arrivent les plus basses marées de
l'année ; ce sont aussi les temps où il y a le plus de
glaces sur les deux pôles, et par conséquent le moins
d'eau dans la mer. En voici la raison. Le solstice
d'hiver est, par rapport à nous, le temps du plus
grand froid ; il y a donc alors sur notre pôle et sur
notre hémisphère le plus grand volume de glace possible. C'est, à la vérité, le solstice d'été pour le pôle
sud, mais il y a peu de glaces fondues sur ce pôle,
parce que l'action de la plus grande chaleur ne s'y
fait sentir, comme chez nous, que lorsque la terre
a une chaleur acquise, jointe à la chaleur actuelle du
soleil, ce qui n'arrive que dans les six semaines qui
suivent le solstice d'été, qui nous donnent à nous
autres, dans notre été, les jours les plus chauds de
l'année, que nous appelons jours caniculaires.

C'est aux équinoxes, au contraire, qu'arrivent les
plus grandes marées. Ce sont aussi les temps où il y
a le moins de glaces sur les deux pôles, et par conséquent, le plus grand volume d'eau dans la mer. A
l'équinoxe de septembre, la plus grande partie des
glaces de notre pôle, qui a supporté toutes les chaleurs de l'été, est fondue, et celles du pôle sud
commencent à fondre. Vous remarquerez encore
que les marées de l'équinoxe de mars sont plus considérables que celles de septembre, parce que c'est
la fin de l'été du pôle sud qui a beaucoup plus de
glaces que le nôtre, et qui donne par conséquent à

l'Océan un plus grand volume d'eau. Il a plus de
glaces, parce que le soleil est six jours de moins
dans son hémisphère que dans le nôtre. Si on me
demande maintenant pourquoi le soleil ne partage
pas également sa chaleur et sa lumière aux deux
pôles, j'en laisserai chercher la cause aux savans,
mais j'en attribuerai la raison à la bonté divine, qui
a voulu partager plus favorablement la partie du
globe qui contient le plus grand espace de terre et
le plus grand nombre d'habitans.

Je ne dirai rien de l'intermittence de ces effusions
polaires qui donnent sur nos côtes deux flux et deux
reflux, à-peu-près dans le même temps que le soleil,
faisant le tour du globe sur notre hémisphère,
échauffe alternativement deux continens et deux
mers, c'est-à-dire, dans l'espace de vingt-quatre
heures, pendant lesquelles son influence agit deux
fois, et est deux fois suspendue : je ne parlerai pas non
plus de leur retard, qui est de près de trois quarts
d'heure d'une marée à l'autre, et qui semble réglé
par les différens diamètres de la coupole polaire de
glace dont les bords, fondus par le soleil, diminuent et s'éloignent de nous chaque jour ; et dont
les effusions doivent par conséquent mettre plus de
temps à venir à la ligne, et à revenir de la ligne à
nous ; ni des autres rapports que ces périodes du
pôle ont avec les phases de la lune, sur-tout lorsqu'elle est pleine ; car ses rayons ont une chaleur

évaporante, comme l'ont démontré les dernières
expériences faites à Rome et à Paris : il me faudroit
rapporter une suite d'observations et de faits qui me
mèneroient trop loin.

. Je m'engagerai encore bien moins à parler des
marées du pôle austral, qui, dans l'été de ce pôle,
en pleine mer, viennent immédiatement du sud et
du sud-ouest par grosses houles, comme l'éprouva
le hollandois Abel Tasman en janvier et février 1692,
et de leur irrégularité sur les côtes de cet hémisphère, telles que sur celles de la Nouvelle-Hollande,
où Dampier, dans le mois de janvier 1688, éprouva
à son grand étonnement, que la plus grande marée
qui venoit de l'est-quart-nord, n'arriva que trois
jours après la pleine lune, et où les gens de son
équipage consternés, crurent pendant plusieurs
jours que leur vaisseau, qu'ils avoient échoué sur le
rivage pour le radouber, y resteroit faute de pouvoir
être remis à flot (1). Je ne dirai rien de celles de la
Nouvelle-Guinée, où vers la fin d'avril, le même
voyageur en rencontra au contraire plusieurs dans
une seule nuit, qui s'étendoient, à l'opposite des
nôtres, du nord au sud, et venoient de l'ouest par
refrains très-rapides, tumultueux, et précédés de
grandes houles qui ne brisoient pas, ni du peu d'élé-

. (1) Voyage de Dampier, Traité des Vents et des Marées,
pag. 378 et 379.

vation de ces marées sur la côte du Brésil, et dans
la plupart des îles de la mer du Sud et des Indes
orientales, où elles ne montent qu'à 5, 6, 7 pieds,
tandis qu'Ellis les a trouvées de 25 pieds à l'entrée
de la baie de Hudson, et le chevalier Narbrough,
de 20 pieds à l'entrée du détroit de Magellan. Leurs
cours vers l'équateur dans la mer du Sud, leurs
retardemens et leurs accélérations sur ses rivages,
leurs directions, tantôt orientales, tantôt occidentales, suivant les moussons; enfin, leurs ascensions,
qui augmentent à mesure qu'on s'approche du pôle,
et qui diminuent à mesure qu'on s'en éloigne, entre
les tropiques même, prouvent que leur foyer n'est
point sous la ligne. La cause de leurs mouvemens
ne dépend point de l'attraction ou de la pression du
soleil et de la lune sur cette partie de l'Océan; car
ces forces y agiroient sans doute avec la plus grande
énergie, dans des périodes aussi réguliers que le
cours de ces astres; mais elle semble dépendre entièrement de la chaleur combinée de ces mêmes astres
sur les pôles du monde, dont les effusions irrégulières n'étant point resserrées dans l'hémisphère austral, comme dans le nôtre, par le canal de deux
continens voisins, produisent sur les rivages des
mers Indiennes et Orientales des expansions vagues
et intermittentes.

Il suffit donc d'admettre ces effusions alternatives
des glaces polaires, que l'on ne peut révoquer en

doute, pour expliquer, avec la plus grande facilité, tous les phénomènes des marées et des courans de l'Océan. Ces phénomènes présentent, dans les journaux des voyageurs les plus éclairés, une obscurité perpétuelle et une multitude de contradictions, lorsque ces mêmes voyageurs veulent en rapporter les causes à la pression constante de la lune et du soleil sur l'équateur, sans avoir égard aux courans alternatifs des pôles qui se portent vers ce même équateur, à leurs contre-courans, qui, retournant vers les pôles, donnent les marées, et aux révolutions que l'hiver et l'été apportent à ces deux mouvemens.

On a supposé, à la vérité, dans ces derniers temps, que la mer devoit être libre de glaces sous les pôles, d'après cette étrange assertion, que la mer ne geloit que le long des terres; mais cette supposition a été faite par des hommes de cabinet, contre l'expérience des plus fameux navigateurs. Les tentatives du capitaine Cook vers le pôle austral, en ont démontré l'erreur. Ce hardi marin n'a jamais pu approcher, au mois de février, dans les jours caniculaires de cet hémisphère, de ce pôle où il n'y a aucune terre, plus près que le 71ᵉ degré, c'est-à-dire, à cinq cents lieues, quoiqu'il eût tourné pendant l'été tout autour de sa coupole de glace; encore cette distance ne faisoit pas la moitié de l'amplitude de cette coupole, et il ne s'est avancé si loin qu'à la faveur d'une baie ouverte dans une partie de sa circonférence, qui

avoit par-tout ailleurs beaucoup plus d'étendue. Ces
baies ou ouvertures ne se forment dans les glaces
que par l'influence même des terres les plus voisines,
où la nature a distribué des zônes sablonneuses pour
accélérer la fusion des glaces polaires dans le temps
convenable. Telles sont, pour le dire en passant, car
je n'ai pas le temps de développer ici tous les plans
de cette admirable architecture ; telles sont, dis-je ,
ces longues bandes de sable qui coupent l'Amérique
septentrionale, dans la terre Magellanique, et celles
de la Tartarie qui commencent en Afrique au Zara ou
Désert , et viennent se terminer au nord de l'Asie.
Les vents portent en été les particules ignées dont
ces zônes sont remplies , vers les pôles où elles accélèrent l'action du soleil sur les glaces. Il est aisé de
concevoir , indépendamment de l'expérience , que
les sables multiplient la chaleur du soleil par les
réflexions de leurs parties spéculaires et brillantes ,
et la conservent long-temps dans leurs interstices.
Il est certain du moins que les plus grandes ouvertures des glaces polaires se rencontrent toujours
dans la direction des vents chauds, et sous l'influence de ces terres sablonneuses, comme je pourrois le démontrer si c'en étoit ici le lieu. Mais nous
en pouvons voir des exemples sans sortir de notre
continent, et même de nos jardins. En Russie, les
rivières et les lacs dégèlent toujours par leurs rivages,
et la fusion de leurs glaces s'accélère d'autant plus

vîte que les grèves sont plus sablonneuses, et qu'elles se rencontrent, par rapport à elles, dans la direction du vent du midi. Nous voyons les mêmes effets dans nos jardins, à la fin de l'hiver. La glace qui est sur le sable des allées, fond d'abord la première, ensuite celle qui est sur la terre, et en dernier lieu, celle qui est dans les bassins. La fusion de celle-ci commence par les bords, et elle est d'autant plus de temps à s'achever, que les bassins ont plus d'étendue; en sorte que la partie du milieu de la glace, qui est la plus éloignée de la terre, est aussi la dernière qui dégèle.

On ne peut donc pas douter que les pôles ne soient couverts d'une coupole de glaces, d'après l'expérience des marins, et d'après la raison naturelle. Nous avons jeté un coup-d'œil sur celle de notre pôle, qui le couvre en hiver dans une étendue de plus de deux mille lieues sur les continens. Il n'est pas aussi aisé de déterminer son élévation au centre et sous le pôle même; mais elle doit y être d'une hauteur prodigieuse.

L'astronomie nous en présente quelquefois dans les cieux une image si considérable, que la rotondité de la terre en paroît être notablement altérée.

Voici ce que je trouve à ce sujet dans l'anglais Childrey (1). Ce naturaliste suppose, comme moi,

_____

(1) Histoire naturelle d'Angleterre, pag. 246 et 247.

1. S

que la terre est couverte de glaces aux pôles , à une
telle hauteur , que sa figure en est rendue sensiblement ovale. C'est ce qu'il prouve par deux observations astronomiques fort curieuses. « Ce qui m'oblige
» encore, dit-il, à embrasser ce paradoxe, c'est qu'il
» sert admirablement bien à résoudre une difficulté
» d'importance, qui a fort embarrassé Tycho Brahé et
» Képler , touchant les éclipses centrales de la lune,
» qui se font proche de l'équateur, comme étoit celle
» que Tycho observa en l'année 1588, et celle que
» Képler observa en l'année 1624, de laquelle voici
» comme il parle : *Notandum est hanc tunæ eclipsim*
» (*instar illius quam Ticho , anno 1588 , observavit*
» *totalem et proximam centrali*), *egregiè calculum*
» *fefellisse; nam non solùm mora totius lunæ in tenebris*
» *brevis fuit , sed et duratio reliqua multò magis ;*
» *perinde quasi tellus elliptica esset , dimetientem bre-*
» *viorem habens sub æquatore, longiorem à polo uno*
» *ad alterum* ». C'est-à-dire : « Il faut remarquer que
» cette éclipse de lune (il entend parler de celle
» du 26 septembre 1624), pareille à celle que Tycho
» observa en l'année 1588, c'est-à-dire totale et
» quasi centrale , me trompa fort dans ma supputa-
» tion ; car non-seulement la durée de son obscu-
» rité totale fut fort courte, mais le reste de la durée
» de devant et d'après l'obscurité totale le fut encore
» davantage, comme si la terre étoit elliptique , et

» qu'elle eût un diamètre plus court sous l'équa-
» teur que d'un pôle à l'autre ».

Les débris à demi fondus, qui se détachent tous
les ans de la circonférence de cette coupole, et
que l'on rencontre bien loin du pôle, flottant sur la
mer vers le 55ᵉ degré, sont si élevés, qu'Ellis,
Cook, Martens, et les autres voyageurs du nord et
du sud les plus exacts dans leurs récits, les représentent pour le moins aussi hauts que des vaisseaux
à la voile. Ellis même, comme nous l'avons dit,
n'hésite pas à leur donner 15 à 1800 pieds d'élévation. Ils disent unanimement que ces glaces jettent
des lueurs qui les font apercevoir avant d'être sur
l'horizon. Je remarquerai en passant que nos aurores
boréales pourroient bien devoir leur origine à de
pareilles réflexions des glaces polaires, dont peut-
être un jour on déterminera l'élévation par l'étendue
de ces mêmes lumières. Quoi qu'il en soit, Denis,
gouverneur du Canada, en parlant des glaces qui
descendent du nord tous les étés sur le grand banc
de Terre-Neuve, dit qu'elles sont plus hautes que
les tours de Notre-Dame, et qu'on les voit de 15 à
18 lieues; les navires en sentent le froid à pareille
distance. « Elles sont, dit-il (1), quelquefois en si
» grand nombre, étant toutes conduites du même

_____

(1) Denis, Hist. nat. de l'Amérique septentrionale, t. 2,
chap. 1, pag. 44 et 45.

S 2

» vent, qu'il s'est trouvé des navires allant à terre
» pour le poisson sec, qui en ont rencontré de cent
» cinquante lieues de longueur et encore plus, qui
» les ont côtoyées un jour ou deux avec la nuit,
» bon frais, portant toutes voiles, sans en trouver
» le bout. Ils vont comme cela tout le long pour
» trouver quelque ouverture à passer leur navire ;
» s'ils en rencontrent, ils y passent comme par
» un détroit, autrement il faut aller jusqu'au bout
» pour y passer, car les glaces barrent le chemin.
» Ces glaces-là ne fondent point, que lorsqu'elles
» attrapent les eaux chaudes vers le midi, ou bien
» qu'elles sont poussées par le vent du côté de la
» terre. Il en échoue jusqu'à 25 et 30 brasses d'eau :
» jugez de leur hauteur, sans ce qui est sur l'eau.
» Des pêcheurs m'ont assuré en avoir vu une échouée
» sur le grand banc, à 45 brasses d'eau, qui avoit
» bien dix lieues de tour. Il falloit qu'elle eût une
» grande hauteur. Les navires n'approchent point
» de ces glaces-là ; l'on appréhende qu'elles ne
» tournent d'un côté sur l'autre, à mesure qu'elles
» se déchargent du côté où elles ont plus de cha-
» leur ».

Nous observerons que ces glaces sont déjà plus
d'à moitié fondues lorsqu'elles arrivent sur le banc
de Terre-Neuve, car en effet elles ne vont guère
plus loin. C'est la chaleur de l'été qui les détache
du nord, et elles ne font même tant de chemin au

midi qu'à la faveur de leurs écoulemens qui les entraînent vers la ligne, où ils vont remplacer les eaux que le soleil y évapore. Ces glaces polaires, dont nos marins ne voient que les lisières et les débris, doivent avoir à leur centre une élévation proportionnée à leur étendue. Pour moi je considère les deux hémisphères de la terre comme deux montagnes qui sont jointes ensemble sous la ligne, les pôles comme les sommets glacés de ces montagnes, et les mers comme des fleuves qui découlent de ces sommets. Si donc nous venons à nous représenter les proportions que les glaciers de la Suisse ont avec les montagnes et avec leurs fleuves qui en découlent, nous pourrons nous former une idée de celles que les glaciers des pôles ont avec le globe entier et avec l'Océan. Les Cordilières du Pérou, qui ne sont que des taupinières auprès des deux hémisphères, et dont les fleuves qui en sortent ne sont que des filets d'eau auprès de la mer, ont des lisières de glaces de vingt à trente lieues de largeur, hérissées à leur centre de pyramides de neiges de douze à quinze cents toises d'élévation. Quelle doit donc être la hauteur, au centre, des deux coupoles des glaces polaires, qui ont en hiver des bases de deux mille lieues de diamètre? Je ne doute pas que leur épaisseur aux pôles n'y fasse paroître la terre ovale dans les éclipses centrales de lune, comme l'ont observé Tycho Brahé et Képler.

Voici une autre conséquence que je tire de cette configuration. Si la hauteur des glaces polaires est capable d'altérer dans les cieux la forme du globe, leur poids doit être assez considérable pour influer sur son mouvement dans l'écliptique. Il y a en effet une concordance très-singulière entre le mouvement par lequel la terre présente alternativement ses deux pôles au soleil dans un an, et les effusions alternatives des glaces polaires qui arrivent dans le cours de la même année. Voici comme je conçois que ce mouvement de la terre est l'effet de ces effusions. En admettant, avec les astronomes, les lois de l'attraction parmi les astres, la terre doit certainement présenter au soleil qui l'attire, la partie la plus pesante de son globe. Or, cette partie la plus pesante doit être un de ses pôles, lorsqu'il est surchargé d'une coupole de glace d'une étendue de deux mille lieues, et d'une élévation supérieure à celle des continens. Mais comme la glace de ce pôle, que sa pesanteur incline vers le soleil, se fond à mesure qu'elle s'en approche verticalement, et qu'au contraire la glace du pôle opposé augmente à mesure qu'elle s'en éloigne, il doit arriver que le premier pôle devenant plus léger, et le second plus pesant, le centre de gravité passe alternativement de l'un à l'autre; et que de ce balancement réciproque doit naître ce mouvement du globe dans l'écliptique, qui nous donne l'été et l'hiver.

Il s'ensuit de cette pesanteur versatile, que notre hémisphère ayant plus de terres que l'hémisphère austral, et étant par conséquent plus pesant, il doit s'incliner plus long-temps vers le soleil; et c'est ce qui arrive en effet, puisque nous avons cinq ou six jours d'été plus que d'hiver. Il s'ensuit encore que notre pôle ne peut perdre son centre de gravité, que lorsque le pôle opposé se charge d'un poids de glace supérieur au poids de notre continent et des glaces de notre hémisphère : et c'est ce qui arrive aussi, car les glaces du pôle austral sont plus élevées et plus étendues que celles de notre pôle, puisque les marins n'ont pu pénétrer que jusqu'au 71e degré de latitude sud, tandis qu'ils ont navigué jusqu'au 82e degré de latitude nord. On peut entrevoir ici une des raisons pour lesquelles la nature a divisé ce globe en deux hémisphères, dont l'un renferme la plus grande partie des terres, et l'autre la plus grande partie des mers, afin que ce mouvement du globe eût à la fois de la constance et de la versatilité. On voit encore pourquoi le pôle austral est placé immédiatement au milieu des mers, sans qu'aucune terre l'avoisine, afin qu'il pût se charger d'un plus grand volume d'évaporations maritimes, et que ces évaporations accumulées en glace autour de lui, pussent balancer le poids des continens dont notre hémisphère est surchargé.

On peut me faire ici une très-forte objection.

C'est que, si les effusions polaires occasionnoient le
mouvement de la terre dans l'écliptique, il arriveroit un moment où, ses deux pôles étant en équilibre, elle ne présenteroit plus que son équateur au
soleil.

J'avoue que je n'ai rien à répondre à cette difficulté, sinon qu'il faut recourir à une volonté immé-
diate de l'Auteur de la nature, qui détruit l'instant
de cet équilibre, et qui rétablit le balancement de
la terre sur ses pôles par des lois qui nous sont
inconnues. Au reste, cet aveu n'affoiblit pas plus la
vraisemblance de la cause hydraulique que j'y applique, que celle du principe d'attraction des corps
célestes, qui sert à l'expliquer, j'ose dire, avec bien
moins de clarté. Cette attraction même interdiroit
bientôt à la terre toute espèce de mouvement, si
elle agissoit seule dans les astres. Si nous voulons
être de bonne foi, c'est à l'aveu d'une intelligence
supérieure à la nôtre, qu'aboutissent toutes les causes
mécaniques de nos systêmes les plus ingénieux. La
volonté de Dieu est l'*ultimatum* de toutes les connoissances humaines.

Je tirerai cependant de cette objection des conséquences qui vont répandre un nouveau jour sur
d'anciens effets des effusions polaires, et sur la
manière dont elles ont pu occasionner le déluge (1).

_____

(1) Les prêtres de l'Egypte assuroient, suivant Hérodote,
que le soleil avoit plusieurs fois changé de cours; ainsi notre

Si on suppose donc l'équilibre rétabli entre les pôles, et que la terre présentât constamment son équateur au soleil, il est très-vraisemblable qu'elle

---

hypothèse n'a rien de nouveau. Ils en avoient peut-être tiré les mêmes conséquences. Ce qu'il y a de certain, c'est qu'ils croyoient que la terre périroit un jour par un incendie général, comme elle avoit péri par un déluge universel. Je crois même que ce fut un de leurs rois qui, dans l'alternative de l'un ou l'autre événement, fit bâtir deux pyramides, l'une de brique pour échapper au feu, l'autre de pierre pour se préserver de l'eau. L'opinion d'un incendie futur de la nature, est répandue chez beaucoup de nations. Mais de si terribles effets, qui résulteroient bientôt des causes mécaniques par lesquelles l'homme tâche d'expliquer les lois de la nature, ne peuvent arriver que par l'ordre immédiat de la divinité. Elle conserve ses ouvrages avec la même sagesse qu'elle les a créés. Les astronomes observent depuis un grand nombre de siècles le mouvement annuel de la terre dans l'écliptique, et jamais ils n'ont vu le soleil en-deçà ou au-delà des tropiques, seulement d'une simple seconde. Dieu gouverne le monde par des puissances mobiles, et il en tire des harmonies invariables. Le soleil ne parcourt ni l'équateur, où il rempliroit la terre de feux, ni le méridien, où il l'inonderoit d'eaux; mais sa route est tracée dans l'écliptique, où il décrit une ligne spirale entre les deux pôles du monde. Il répand dans sa course harmonique le froid et le chaud, la sécheresse et l'humidité; et il fait résulter de ces puissances destructibles, chacune en particulier, des latitudes si variées et si douces par toute la terre, qu'une infinité de créatures d'une délicatesse extrême y trouvent tous les degrés de température convenables à leur fragile existence.

s'embraseroit alors. En effet, dans cette hypothèse, les eaux qui sont sous l'équateur étant évaporées par l'action constante du soleil, se fixeroient irrévocablement en glaces sur les pôles, où elles recevroient sans effet les influences de cet astre, qui seroit pour elles perpétuellement à l'horizon. Les continens étant alors desséchés sous la zóne torride, et échauffés par une chaleur qui croîtroit de jour en jour, ne tarderoient pas à s'enflammer. Or, s'il est probable que la terre périroit par le feu, si le soleil n'en parcouroit que l'équateur, il ne l'est pas moins qu'elle a dû périr par les eaux, lorsque le soleil en parcouroit un méridien. Des moyens opposés produisent des effets contraires.

Nous venons de voir que les simples effusions alternatives d'une partie des glaces polaires étoient suffisantes pour renouveler toutes les eaux de l'Océan, opérer tous les phénomènes des marées, et produire le balancement de la terre dans l'écliptique. Nous les croyons capables d'inonder le globe en entier, si elles venoient à s'écouler toutes à la fois. Remarquez bien que la seule effusion d'une partie des glaces des Cordilières du Pérou, suffit chaque année pour faire déborder l'Amazone, l'Orénoque, et plusieurs autres grands fleuves du Nouveau-Monde, et pour inonder une grande partie du Brésil, de la Guiane et de la Terre-Ferme d'Amérique; que la fonte d'une partie des neiges des monts de la Lune en Afrique,

occasionne chaque année les débordemens du Sénégal, contribue à ceux du Nil, et inonde de grandes
contrées dans la Guinée et toute l'Egypte inférieure,
et que de semblables effets se reproduisent tous les
ans, par de pareilles causes, dans une partie considérable de l'Asie méridionale, dans les royaumes
du Bengale, de Siam, du Pégu et de la Cochin-
chine, et sur les territoires qu'arrosent le Tigre,
l'Euphrate, et beaucoup d'autres fleuves de l'Asie,
qui ont leurs sources dans les chaînes de montagnes
toujours glacées du Taurus et de l'Imaüs. Qui dou-
tera donc que l'effusion totale des glaces des deux
pôles ne suffise pour surmonter les bassins de
l'Océan, et submerger les deux continens en entier?
L'élévation de ces deux coupoles de glaces polaires
aussi vastes que des océans, ne doit-elle pas surpasser
de beaucoup la hauteur des terres les plus élevées,
puisque les simples fragmens de leurs extrémités, à
demi dissous, sont hauts comme les tours de Notre-
Dame, et ont même jusqu'à quinze à dix-huit cents
pieds de hauteur au-dessus de la mer? Le territoire
de Paris, qui est à quarante lieues du rivage de la
mer, n'a pas plus de vingt-deux toises d'élévation
au-dessus du niveau des basses marées, et il n'en a
pas dix-huit au-dessus des plus hautes. Une grande
partie de l'Ancien et du Nouveau-Monde en a beaucoup moins.

Pour moi, si j'ose le dire, j'attribue le déluge

universel à l'effusion totale des glaces polaires, à
laquelle on peut joindre celle des montagnes à glaces,
comme celles des Cordilières et du Taurus, qui en
ont des chaînes de douze à quinze cents lieues de
longueur, sur vingt ou trente de largeur, et sur
douze à quinze cents toises d'élévation. On peut y
ajouter encore les eaux dispersées dans l'atmosphère en nuages et en vapeurs insensibles, qui ne
laisseroient pas de former un volume d'eau très-con-
sidérable, si elles étoient rassemblées sur la terre.

Je suppose donc, qu'à l'époque de ce terrible
événement, le soleil sorti de l'écliptique s'avança
du midi au nord (1), et parcourut un des méridiens qui passe par le milieu de l'océan Atlantique
et de la mer du Sud. Il n'échauffa dans cette route
qu'une zône d'eau, tant fluide que gelée, qui, dans

(1) Je trouve un témoignage historique en faveur de cette
hypothèse dans l'Histoire de la Chine, par le P. Martini,
liv. 1. « Sous le règne d'Yaus, septième empereur, les
» Annales du pays rapportent que le soleil fut dix jours sans
» se coucher, et qu'on craignit un embrasement universel ».
Il en résulta au contraire un déluge qui inonda toute la
Chine. L'époque de ce déluge chinois et celle du déluge
universel sont du même siècle. Yaus naquit 2358 ans avant
Jésus-Christ, et le déluge universel arriva 2348 ans avant
la même époque, suivant les Hébreux. Les Egyptiens avoient
aussi des traditions sur ces anciennes altérations du cours du
soleil.

la plus grande partie de sa circonférence, a quatre
mille cinq cents lieues de largeur. Il fit sortir de
longues bandes de brouillards et de brumes, qui
accompagnent la fonte de toutes les glaces, de la
chaîne des Cordilières, des diverses branches des
montagnes à glaces du Mexique, du Taurus et de
l'Imaüs, qui courent comme elles nord et sud;
des flancs de l'Atlas, des sommets de Ténériffe, du
mont Jura, de l'Ida, du Liban, et de toutes les montagnes couvertes de neiges, qui se trouvèrent exposées à son influence directe. Bientôt il embrasa de
ses feux verticaux la constellation de l'Ourse et
celle de la Croix du sud; et aussi-tôt les vastes coupoles de glaces des pôles fumèrent de toutes parts.
Toutes ces vapeurs, réunies à celles qui s'élevoient
de l'Océan, couvrirent la terre d'une pluie universelle. L'action de la chaleur du soleil fut encore
redoublée par celle des vents brûlans des zônes sablonneuses de l'Afrique et de l'Asie, qui soufflant, comme
tous les vents, vers les parties de la terre où l'air
étoit le plus raréfié, se précipitèrent comme des
béliers de feu vers les pôles du monde où le soleil
agissoit alors avec toute son énergie.

Bientôt des torrens innombrables jaillirent du pôle
du nord, qui étoit alors le plus chargé de glaces,
puisque le déluge commença le 17 février, qui est le
temps de l'année où l'hiver a exercé tout son empire
sur notre hémisphère. Ces torrens sortirent à la fois

de toutes les portes du nord, des détroits de la mer d'Anadir, du golfe profond de Kamtchatka, de la mer Baltique, du détroit de Waigats, des écluses inconnues du Spitzberg et du Groenland, de la baie d'Hudson, et de celle de Baffin qui est encore plus reculée. Leurs eaux mugissantes se précipitèrent en partie par le canal de l'océan Atlantique, bouleversèrent le fond de son bassin, pénétrèrent au-delà de la ligne, et leurs remoux collatéraux revenant sur leurs pas, repoussés et augmentés par les courans du pôle austral qui s'écouloient dans le même temps, étalèrent sur nos rivages la plus effroyable des marées. Ils roulèrent dans leurs flots une partie des dépouilles de l'Océan situé entre l'Ancien et le Nouveau-Monde. Ils étendirent les larges coquillages qui pavent le fond des mers des îles des Antilles et du Cap-Verd, sur les plaines de la Normandie, et ils portèrent même ceux qui s'attachent aux rochers du détroit de Magellan, jusque dans les campagnes qu'arrose la Saône. Rencontrés par le courant général du pôle, ils formèrent à leur confluent d'horribles contre-marées, qui conglomérèrent, dans leurs vastes entonnoirs, les sables, les cailloux et les corps marins, en masses de grès tourbillonnées, en collines irrégulières, en rochers pyramidaux, qui hérissent en plusieurs endroits le sol de la France et de l'Allemagne. Ces deux courans généraux des pôles venant à se rencontrer entre les tropiques, soulevèrent du fond des mers de grands bancs de madrépores, et les jetèrent tout entiers sur les rivages des îles voisines, où ils subsistent encore (1).

Ailleurs, leurs eaux, ralenties à l'extrémité de leurs cours, s'épandirent au sein des terres en vastes nappes, et déposèrent à plusieurs reprises, en couches horizontales, les débris et les glutens d'une infinité de poissons, d'oursins, de fucus, de coquillages, de coralloïdes; et ils en formèrent les lits de sable, les pâtes de marbre, de marne, de plâtre et

---

(1) J'ai vu à l'île de France de ces grands bancs de madrépores, de sept à huit pieds de hauteur, semblables à des remparts, restés à sec à plus de trois cents pas du rivage. L'Océan a laissé dans toutes les terres des traces de ses anciennes excursions. On trouve dans les falaises du pays de Caux une très-grande coquille des îles Antilles, appelée la Thuilée; dans les vignobles de Lyon, celle qu'on appelle le Coq et la Poule, qu'on n'a pêchée vivante dans aucune mer qu'au détroit de Magellan; des dents et des mâchoires de requins dans les sables d'Etampes..... Nos carrières sont pleines de dépouilles de l'Océan méridional. D'un autre côté, suivant les Mémoires du P. Le Comte, jésuite, il y a à la Chine des couches de terre végétale de trois à quatre cents pieds de profondeur. Ce missionnaire leur attribue, avec raison, l'extrême fécondité de ce pays. Nos meilleurs terreins, en Europe, n'en ont pas plus de trois ou quatre pieds. Si nous avions des cartes géographiques qui représentassent les différentes couches de nos coquillages fossiles, on pourroit y reconnoître les directions et les foyers des anciens

de pierre calcaire, qui font aujourd'hui le sol d'une grande partie de l'Europe. Chaque couche de nos fossiles fut le résultat d'une marée universelle. Pendant que les effusions des glaces polaires couvroient les extrémités occidentales de notre continent des dépouilles de la mer, elles étaloient sur ses extrémités orientales celles de la terre même, et déposoient sur le sol de la Chine des lits de terre végétale, de trois à quatre cents pieds de profondeur. Ce fut alors que tous les plans de la nature furent renversés. Des îles entières de glaces flottantes, chargées

---

courans qui les ont apportés. Je n'étendrai pas cette vue plus loin ; mais en voici une autre qui peut présenter de nouveaux objets de curiosité aux savans, qui font plus de cas des monumens des hommes que de ceux de la nature. C'est que comme on trouve dans les fossiles de nos contrées occidentales une multitude de monumens de la mer, on pourroit peut-être rencontrer ceux de notre ancienne terre dans ces couches de terre végétale de trois à quatre cents pieds d'épaisseur des contrées orientales. D'abord il est certain, d'après le témoignage du même missionnaire que je viens de citer, que le charbon de terre est si commun à la Chine, que la plupart des Chinois n'emploient pas d'autre matière pour se chauffer. Or, on sait que le charbon de terre doit son origine à des forêts qui ont été ensevelies dans le sein de la terre. On pourroit donc trouver au milieu de ces débris de végétaux, ceux des animaux terrestres, des hommes, et des premiers arts du monde qui avoient quelque solidité.

d'ours blancs, vinrent s'échouer parmi les palmiers
de la zône torride; et les éléphans de l'Afrique furent
roulés jusques dans les sapins de la Sibérie, où l'on
retrouve encore leurs grands ossemens. Les vastes
plaines de la terre, inondées par les eaux, n'offrirent plus de carrières aux agiles coursiers, et celles
de la mer en fureur cessèrent d'être navigables aux
vaisseaux. En vain l'homme crut trouver une retraite
dans les hautes montagnes. Mille torrens s'écouloient de leurs flancs, et mêloient le bruit confus de
leurs eaux aux gémissemens des vents et aux roule-
mens des tonnerres. Les noirs orages se rassem-
bloient autour de leurs sommets, et répandoient une
nuit affreuse au milieu du jour. En vain il chercha
dans les cieux le lieu où devoit reparoître l'aurore;
il n'aperçut autour de l'horizon que de longues files
de nuages redoublés; de pâles éclairs sillonnoient
leurs sombres et innombrables bataillons; et l'astre
du jour, voilé par leurs ténébreuses clartés, jetoit à
peine assez de lumière pour laisser entrevoir dans le
firmament son disque sanglant, parcourant de nouvelles constellations. Au désordre des cieux, l'homme
désespéra du salut de la terre. Ne pouvant trouver
en lui-même la dernière consolation de la vertu,
celle de périr sans être coupable, il chercha au moins
à finir ses derniers momens dans le sein de l'amour
ou de l'amitié. Mais dans ce siècle criminel, où tous
les sentimens naturels étoient éteints, l'ami repoussa

I.   T

son ami, la mère son enfant, l'époux son épouse.
Tout fut englouti dans les eaux : cités, palais,
majestueuses pyramides, arcs de triomphe chargés
des trophées des rois ; et vous aussi qui auriez dû
survivre à la ruine même du monde, paisibles grot-
tes, tranquilles bocages, humbles cabanes, asyles
de l'innocence! Il ne resta sur la terre aucune trace
de la gloire ou du bonheur des mortels, dans ces
jours de vengeance où la nature détruisoit ses propres monumens.

De pareils bouleversemens, dont il reste encore
une infinité de traces sur la surface et dans le sein
de la terre, n'ont pu, en aucune manière, être produits par la simple action d'une pluie universelle.

Je sais que le texte de l'Ecriture est formel à cet
égard, mais les circonstances qu'elle y joint semblent
admettre les moyens qui, suivant mon hypothèse,
opérèrent cette terrible révolution.

Il est dit dans la Genèse, «qu'il plut sur toute la
« terre pendant quarante jours et quarante nuits ».
Cette pluie, comme nous l'avons dit, fut le résultat
des vapeurs qui s'élevoient de la fonte des glaces,
tant terrestres que maritimes, et de la zône d'eau
que le soleil parcouroit alors au méridien. Quant au
terme de quarante jours, ce temps nous paroît suffisant à l'action verticale du soleil sur les glaces polaires, pour les mettre au niveau des mers, puisqu'il
ne faut guère que trois semaines du voisinage du

soleil au tropique du cancer, pour fondre une bonne
partie de celles de notre pôle. Il ne faut même alors
que quelques bouffées de vent de sud ou de sud-
ouest pendant quelques jours, pour dégager de
glaces la côte méridionale de la nouvelle Zemble, et
déboucher le détroit de Waigats, ainsi que l'ont
observé Martens, Barents, et d'autres navigateurs
du Nord.

La Genèse dit de plus, « que les sources du grand
» abyme des eaux furent rompues, et que les cata-
» ractes du ciel furent ouvertes ». L'expression de
« sources du grand abyme », ne peut s'appliquer, à
mon avis, qu'à une effusion des glaces polaires qui
sont les véritables sources de la mer, comme les
effusions des glaces des montagnes sont les sources
de tous les grands fleuves. L'expression de « cataractes du ciel » désigne aussi, ce me semble, la
résolution universelle des eaux répandues dans
l'atmosphère, qui y sont soutenues par le froid, dont
les foyers se détruisoient alors aux pôles.

La Genèse dit ensuite, « qu'après qu'il eut plu
» pendant quarante jours, Dieu fit souffler un vent
» qui fit disparoître les eaux qui couvroient la terre ».
Ce vent, sans doute, reporta vers les pôles, les
évaporations de l'Océan, qui s'y fixèrent de nouveau
en glaces. La Genèse ajoute ensuite des circonstances qui semblent rapporter tous les effets de ce vent
aux pôles du monde ; car elle dit : « Les sources de

T 2

» l'abyme furent fermées, aussi bien que les cata-
» ractes du ciel, et les pluies du ciel furent arrêtées.
» Les eaux étant agitées de côté et d'autre, se reti-
» rèrent et commencèrent à diminuer après cent cin-
» quante jours ». *Gen.* chap. 8, v. 2 et 3.

L'agitation de ces eaux « de côté et d'autre »,
convient parfaitement au mouvement des mers, de
la ligne aux pôles, qui devoit se faire alors sans
aucun obstacle, puisque le globe n'étoit plus qu'un
globe aquatique, et que l'on peut supposer que son
balancement annuel dans l'écliptique, dont les glaces polaires sont en même temps les ressorts et les
contre-poids, étoit dégénéré alors en une titubation
journalière, suite de son premier mouvement. Ces
eaux se retirèrent donc de l'Océan lorsqu'elles vinrent à se convertir de nouveau en glaces sur les pôles ;
et il est remarquable que l'espace de « cent cin-
» quante jours » qu'elles mirent à s'y fixer, est précisément le temps que chacun des pôles emploie
chaque année à se charger de ses congélations
ordinaires.

On trouve encore, à la suite du même récit, des
expressions analogues aux mêmes causes. « Dieu dit
» ensuite à Noé : tant que la terre durera, la semence
» et la moisson, le froid et le chaud, l'été et l'hiver,
» la nuit et le jour ne cesseront point de s'entre-
» suivre ». *Gen.* chap. 8, v. 22. Il ne doit y avoir
rien de superflu dans les paroles de l'Auteur de la

nature, ainsi que dans ses ouvrages. Le déluge, comme nous l'avons dit, commença le dix-septième jour du second mois de l'année, qui étoit, chez les Hébreux comme chez nous, le mois de février. Les hommes avoient donc alors ensemencé les terres, et ils ne les moissonnèrent point. Le froid ne succéda point cette année-là au chaud, ni l'été à l'hiver, parce qu'il n'y eut ni hiver, ni froid, par la fusion générale des glaces polaires, qui en sont les foyers naturels; et la nuit proprement dite, ne suivit point le jour, parce qu'il n'y eut point alors de nuit aux pôles, où il y en a alternativement une de six mois, parce que le soleil parcourant un méridien éclairoit toute la terre, comme il arrive lorsqu'il est à l'équateur.

J'ajouterai à l'autorité de la Genèse un passage très-curieux du livre de Job, qui décrit le déluge et les pôles du monde, avec les principaux caractères que je viens d'en présenter.

Cap. 58, Ubi eras quando ponebam fundamenta terræ ?
vers. 4.   Indica mihi, si habes intelligentiam.
         5. Quis posuit mensuras ejus, si nosti ? vel quis
             tetendit super eam, lineam ?
         6. Super quo bases illius solidatæ sunt ? aut quis
             demisit lapidem angularem ejus,
         7. Cùm manè laudarent simul astra matutina,
             et jubilarent omnes filii Dei ?

8. Quis conclusit ostiis (1) mare, quando erumpebat quasi de vulvâ procedens :

9. Cùm ponerem nubem vestimentum ejus, et caligine illud, quasi pannis infantiæ, obvolverem ?

10. Circumdedi illud terminis meis : et posui vectem et ostia.

11. Et dixi : Usque huc venies, et non procedes ampliùs ; et hic confringes tumentes fluctus tuos.

---

(1) Quoique le sens que je donne à ce passage ne diffère pas beaucoup de celui que lui donne M. de Saci, dans sa belle traduction de la Bible, il y a cependant plusieurs expressions auxquelles je donne un sens opposé à celui de ce savant homme.

1°. *Ostium* veut proprement dire des ouvertures, des dégorgeoirs, des écluses, des portes, des embouchures, et non pas des barrières, comme l'a traduit Saci. Observez que le sens de ce verset et celui du suivant, conviennent admirablement à l'état de contrainte et d'inertie où la mer est retenue sur les pôles, environnée de nuées et d'obscurité, comme un enfant de bandelettes dans son berceau. Ils expriment encore les brouillards qui environnent la base des glaces polaires, comme le savent tous les marins du Nord.

2°. Les épithètes précédentes, de *fondemens de la terre*, de *bases consolidées*, de *point d'où l'on a dirigé les niveaux*, d'*écluses* d'où la mer sort comme d'une matrice, déterminent particulièrement les pôles du monde, d'où les mers s'écoulent sur le reste du globe. L'épithète de *pierre angulaire* semble aussi désigner d'une manière plus particulière notre pôle, qui se distingue, par son attraction magnétique, de tous les points de la terre.

12. Numquid post ortum tuum præcepisti diluculo, et ostendisti (1) auroræ locum suum?

13. Et tenuisti concutiens extrema terræ, et excussisti impios ex ea?

14. Restituetur ut lutum (2) signaculum, et stabit sicut vestimentum.

15. Auferetur ab impiis lux sua, et brachium excelsum confringetur.

16. Numquid ingressus es profunda maris, et in novissimis (3) abyssi deambulasti?

---

(1) *Auroræ locum suum,* le lieu de l'aurore. Peut-être est-il question ici de l'aurore boréale. Le froid des pôles produit l'aurore, car il n'y en a presque point entre les tropiques. Ainsi le pôle est proprement le lieu naturel de l'aurore. Le verset suivant, *tenuisti concutiens extrema terræ,* caractérise évidemment les effusions totales des glaces polaires, situées aux extrémités de la terre, qui occasionnèrent le déluge universel.

(2) *Restituetur ut lutum signaculum.* Ce verset est fort obscur dans la traduction de Saci. Il me paroît désigner ici les coquillages fossiles, qui sont par toute la terre les monumens du déluge.

(3) *In novissimis abyssi,* aux sources de l'abyme. Saci a traduit, *dans les extrémités de l'abyme.* Il fait disparoître la consonnance de cette expression avec celle des autres caractères polaires, si clairement exposés auparavant; et l'antithèse de *novissima,* avec celle de *profunda maris,* qui la précède, en lui donnant le même sens. L'antithèse est une figure fréquemment employée par les Orientaux, et sur-tout dans le Livre de Job. *Novissima abyssi* signifie littérale-

17. Numquid apertæ sunt tibi portæ mortis (1), et ostia tenebrosa vidisti?

18. Numquid considerasti latitudinem terræ (2)?Indica mihi, si nosti omnia.

19. In quâ viâ lux habitet, et tenebrarum quis locus sit.

20. Ut ducas unumquodque ad terminos suos, et intelligas semitas domûs ejus.

21. Sciebas tunc quod nasciturus esses? et numerum dierum tuorum noveras?

22. Numquid ingressus es thesauros nivis, aut thesauros grandinis aspexisti?

---

ment, les lieux qui renouvellent l'abyme, les sources de la mer, et par conséquent les glaces polaires.

(1) *Portæ mortis, et ostia tenebrosa ;* les portes de la mort, ces dégorgeoirs ténébreux. Les pôles, qui sont inhabitables, sont vraiment les portes de la mort. L'épithète de ténébreux désigne ici les nuits de six mois qui y règnent. Ce sens est encore confirmé dans les versets suivans, par *locus tenebrarum*, le lieu des ténèbres, et par *thesauros nivis*, les réservoirs de la neige. Les pôles sont à la fois le lieu des ténèbres et celui de l'aurore.

(2) *Latitudinem terræ.* Mot à mot: Avez-vous considéré la latitude de la terre? En effet, tous les caractères du pôle ne pouvoient être connus que de ceux qui avoient parcouru la terre en latitude. Il y avoit, du temps de Job, beaucoup de voyageurs arabes qui alloient à l'orient, à l'occident et au midi, mais fort peu qui eussent voyagé au nord, c'est-à-dire en latitude.

23. Quæ præparavi in tempus hostis, in diem pugnæ
et belli?

« Où étiez-vous quand je posois les fondemens
» de la terre ? Dites-le-moi, si vous avez de l'intel-
» ligence. Savez-vous qui est-ce qui en a déterminé
» les mesures, ou qui en a réglé les niveaux ? Sur
» quoi ses bases sont-elles affermies, ou qui en a
» posé la pierre angulaire, lorsque les astres du matin
» me louoient tous ensemble, et que tous les enfans
» de Dieu étoient transportés de joie ? Qui a donné
» des portes à la mer pour la renfermer lorsqu'elle
» se débordoit sur la terre, en sortant comme du
» sein de sa mère, lorsque je lui donnai des nuages
» pour vêtement, et que je l'enveloppai d'obscurité
» comme on enveloppe un enfant de bandelettes ?
» Je l'ai resserrée dans des bornes qui me sont con-
» nues ; je lui ai donné une digue et des écluses,
» et je lui ai dit : Vous viendrez jusque-là, vous ne
» passerez pas plus loin, et vous y briserez l'orgueil
» de vos flots. Est-ce vous qui, en ouvrant vos yeux
» à la lumière, avez ordonné au point du jour de
» luire, et qui avez montré à l'aurore le lieu où elle
» devoit naître ? Est-ce vous qui, tenant dans vos
» mains les extrémités de la terre, l'avez ébranlée,
» et qui en avez secoué les impies ? De petits monu-
» mens innombrables de cette ruine en resteront
» empreints à sa surface, dans l'argile, et subsiste-
» ront comme son vêtement. La lumière des impies

» leur sera ôtée , et leur bras élevé sera brisé. Avez-
» vous pénétré au fond de la mer, et vous êtes-vous
» promené sur les sources qui renouvellent l'abyme ?
» Vous a-t-on ouvert ces portes de la mort, et en
» avez-vous vu les dégorgeoirs ténébreux ? Avez-vous
» observé où se termine la latitude de la terre ?
» Si toutes ces choses vous sont connues , déclarez-
» le-moi. Dites-moi où habite la lumière , et quel est
» le lieu des ténèbres , afin que vous les conduisiez
» chacune à leur destination , quand vous saurez les
» routes de leurs demeures. Saviez-vous, lorsque ces
» choses existoient déjà, que vous deviez naître vous-
» même , et aviez-vous connu alors le nombre rapide
» de vos jours ? Êtes-vous entré enfin dans les trésors
» de la neige , et avez-vous vu ces affreux réservoirs
» de grêle que j'ai préparés pour le temps de l'en-
» nemi , et pour le jour de la guerre et du com-
» bat » ?

J'ai cru que le lecteur ne trouveroit pas mauvais
que je m'écartasse un peu de mon sujet, pour lui
présenter la concordance de mon hypothèse avec les
traditions de l'Écriture sainte, et sur-tout avec celles,
quoique un peu obscures, du livre, peut-être le plus
ancien qu'il y ait au monde. De savans théologiens
croient que Job a écrit avant Moyse. Personne n'a
peint la nature avec plus de sublimité.

On pourra de plus s'assurer de l'effet général des
effusions polaires sur l'Océan, par les effets parti-

culiers des effusions des glaces des montagnes sur
les lacs et les rivières du continent. Je rapporterai
ici quelques exemples de ces dernières ; car l'esprit
humain, par sa foiblesse naturelle, aime à particu-
lariser tous les objets de ses études. Voilà pourquoi
il saisit beaucoup plus vîte les lois de la nature dans
les petits objets que dans les grands.

Adisson, dans ses remarques sur le Voyage d'Italie,
de Misson, page 322, dit qu'il y a dans le lac de
Genève, en été, vers le soir, une espèce de flux et
reflux, causé par la fonte des neiges, qui y tombent
en plus grande quantité dans l'après-midi qu'à
d'autres heures du jour. Il explique encore, avec
beaucoup de clarté, suivant sa coutume, par les
effusions alternatives des neiges des montagnes de
la Suisse, l'intermittence de quelques fontaines de
ce pays, qui coulent seulement à certaines heures
du jour.

Si cette digression n'étoit pas déjà trop longue,
je ferois voir qu'il n'y a ni fontaine, ni lac, ni
fleuve sujets à des flux et reflux particuliers, qui ne
les doivent à des montagnes à glaces placées à leurs
sources. Je dirai seulement encore deux mots de
ceux de l'Euripe, dont les mouvemens fréquens et
irréguliers ont tant embarrassé les philosophes de
l'antiquité, et qu'il est si aisé d'expliquer par les
effusions glaciales des montagnes voisines. On sait
que l'Euripe est un détroit de l'Archipel, qui sépare

l'ancienne Béotie de l'île d'Eubée, aujourd'hui
Négrepont. Environ au milieu de ce détroit, dans
sa partie la plus resserrée, on voit les eaux affluer
tantôt du nord, tantôt du midi, dix, douze, quatorze fois par jour, avec la rapidité d'un torrent.
On ne sauroit rapporter ces mouvemens multipliés,
et très-souvent inégaux, aux marées de l'Océan,
qui sont à peine sensibles dans la Méditerranée. Un
Jésuite, cité par Spon (1), tâche de les accorder
avec les phases de la lune; mais en supposant que
la table qu'il en donne soit juste, il resteroit toujours
à expliquer leur régularité et leur irrégularité. Il
réfute Sénèque le tragique, qui n'attribue à l'Euripe,
que sept flux, pendant le jour seulement.

Dùm lassa Titan mergat Oceano juga.

Il ajoute de plus, je ne sais d'après qui, que dans
la mer Persique le flux n'arrive jamais que la nuit,
et que sous le pôle arctique, au contraire, il se fait
sentir deux fois le jour, sans qu'on en voie jamais
la nuit. Il n'en est pas de même, dit-il, de l'Euripe.
J'observerai en passant que sa remarque à l'occasion du pôle, en la supposant vraie, confirme que
ses deux flux diurnes sont des effets du soleil, qui
n'agit que pendant le jour sur les deux extrémités

─────────

(1) Voyage en Grèce et au Levant, par Spon, tome 2,
page 34o.

glacées des continens du Nouveau-Monde et de l'Ancien. Quant à l'Euripe, la variété, le nombre et la précipitation de ses flux prouvent qu'ils ont pareillement leur origine dans des montagnes à glaces, situées à différentes distances et sous divers aspects du soleil. Car, suivant ce même Jésuite, l'île d'Eubée, qui est d'un côté du détroit, a des montagnes couvertes de neiges six mois de l'année ; et nous savons pareillement que la Béotie, qui est de l'autre côté, a plusieurs montagnes aussi élevées, et quelques-unes même où la glace se conserve en tout temps, telle que celle du mont Oëta. Si ces flux et reflux de l'Euripe arrivent aussi fréquemment en hiver, ce que l'on ne dit pas, il faut en attribuer la cause aux pluies qui tombent dans cette saison sur les croupes de ces hautes montagnes collatérales.

Je mettrai le lecteur en état de se former une idée de ces causes peu apparentes des mouvemens de l'Euripe, en transcrivant ici ce que Spon rapporte ailleurs (1) du lac de Livadie ou Copaïde, qui est dans son voisinage. Ce lac reçoit les premiers flux des effusions glaciales des montagnes de la Béotie, et les communique sans doute à l'Euripe à travers les montagnes qui l'en séparent. « Il reçoit, dit-il, » plusieurs petites rivières, le Cephissus et les autres

_____

(1) *Ibid.* pag. 88 et 89.

» qui arrosent cette belle plaine, qui a environ quinze
» lieues de tour, et est abondante en blés et en pâtu-
» rages. Aussi étoit-ce autrefois un des quartiers le
» plus peuplé de la Béotie. Mais l'eau de cet étang
» s'enfle quelquefois si fort par les pluies et les neiges
» fondues, qu'elle inonda une fois deux cents vil-
» lages de la plaine. Elle seroit même capable de se
» déborder réglément toutes les années, si la nature,
» aidée (1) peut-être de l'art, ne lui avoit procuré

---

(1) Spon sans doute n'y pense pas, en soupçonnant que
l'art ait pu aider la nature dans la construction de cinq
canaux souterrains, chacun de dix milles de long, à travers
un rocher. Ces canaux souterrains se rencontrent fréquemment dans les pays de montagnes, comme j'en pourrois citer
mille exemples. Ils servent à la circulation des eaux, qui ne
pourroient autrement en traverser les chaînes. La nature
perce les rochers, et y fait passer les fleuves, comme elle a
percé plusieurs os du corps humain pour la communication
des veines. Je laisse le lecteur sur cette nouvelle vue. J'en
ai dit assez pour le convaincre que ce globe n'est pas l'ouvrage du désordre et du hasard.

Je finirai ces observations par une réflexion sur les deux
voyageurs que je viens de citer; elle pourra être utile à nos
mœurs. Spon étoit Français, et Georges Wheler Anglais.
Ils voyagèrent en société dans l'Archipel. Le premier nous
en a rapporté beaucoup d'inscriptions et d'épitaphes grecques,
et nos savans du dernier siècle l'ont fort vanté. L'autre nous
a donné les noms et les caractères de beaucoup de plantes
fort curieuses qui croissent sur les ruines de la Grèce, et qui

» une sortie par cinq grands canaux, sous la mon-
» tagne voisine de l'Euripe, entre Négrepont et
» Talanda, par où l'eau du lac s'engouffre, et se va
» jeter dans la mer de l'autre côté de la montagne.
» Les Grecs appellent ce lieu-là Catabathra. Strabon,
» parlant de cet étang, dit néanmoins qu'il n'y parois-
» soit point de sortie de son temps, si ce n'est que le

---

jettent, à mon gré, un intérêt fort touchant dans ses relations. Il est peu connu parmi nous. Suivant les titres que
l'un et l'autre se donnent, Jacob Spon étoit médecin agrégé
de Lyon, et fort curieux des monumens des hommes. Georges
Wheler étoit gentilhomme, et enthousiaste de ceux de la
nature. Il semble que leurs goûts devoient être tout-à-fait
différens; que le gentilhomme devoit aimer les monumens,
et le médecin les plantes; mais, comme nous le verrons dans
la suite de ces Etudes, nos passions naissent des contraires,
et sont presque toujours opposées à nos états. C'est par une
suite de cette loi harmonique de la nature que, quoique ces
voyageurs fussent l'un Anglais et l'autre Français, ils vécurent dans la plus parfaite union. Je remarque, à leur
louange, qu'ils se sont cités mutuellement avec éloge. Ministres d'état, voulez-vous former des sociétés qui soient
bien unies entre elles? ne mettez pas des académiciens avec
des académiciens, des militaires avec des militaires, des
marchands avec des marchands, des moines avec des moines:
mais rapprochez les hommes d'états opposés, et vous verrez
régner entre eux l'harmonie, pourvu toutefois que vous en
écartiez les ambitieux; ce qui n'est pas aisé, puisque l'ambition est un des premiers vices que nous inspire notre éducation.

» Cephissus s'en faisoit quelquefois une sous terre.
» Mais il ne faut que lire les changemens qu'il rap-
» porte de ce marais pour ne pas s'étonner de celui-
» ci. M. Wheler, qui alla voir ce lieu-là après mon
» départ de Grèce, dit que c'est une des choses des
» plus curieuses du pays, la montagne ayant près de
» dix milles de large, et étant presque toute de
» rocher ».

Je ne doute pas qu'il n'y ait plusieurs objections
à faire contre l'explication rapide que je viens de
donner du cours des marées, du mouvement de la
terre dans l'écliptique, et du déluge universel par
les effusions des glaces polaires; mais, j'ose le répéter, ces causes physiques se présentent avec plus
de vraisemblance, de simplicité, et de conformité
à la marche générale de la nature, que les causes
astronomiques, si éloignées de nous, par lesquelles
on les explique. C'est au lecteur impartial à me
juger. S'il est en garde contre la nouveauté des systèmes qui n'ont pas encore de prôneurs, il ne doit
pas l'être moins contre l'ancienneté de ceux qui en
ont beaucoup.

Revenons maintenant à la forme du bassin de
l'Océan. Deux courans principaux le traversent
d'orient en occident et du nord au midi. Le premier, venant du pôle sud, donne le mouvement à
la mer des Indes, et dirigé par l'étendue orientale
de l'ancien continent, va d'orient en occident et

d'occident en orient, dans le cours de la même
année, formant aux Indes ce qu'on y appelle les
moussons. C'est ce que nous avons déjà dit; mais
ce que nous n'avons pas encore observé, et qui
mérite bien de l'être, c'est que toutes les baies,
anses et méditerranées de l'Asie méridionale, telles
que les golfes de Siam et de Bengale, le golfe Persique, la mer Rouge, et une multitude d'autres, sont
dirigées, par rapport à lui, nord et sud, en sorte
qu'elles n'en sont point rencontrées. De même le
second courant, venant du pôle nord, donne un
mouvement opposé à notre mer; et, renfermé entre
le continent de l'Amérique et le nôtre, il va du nord
au midi, et il revient du midi au nord dans la même
année, formant, comme celui des Indes, des moussons véritables, quoique non observées par nos
marins. Toutes les baies et méditerranées de l'Europe, comme la mer Baltique, celle de la Manche,
du golfe de Gascogne, la Méditerranée proprement
dite, et toutes celles de l'Amérique orientale, comme
la baie de Baffin, la baie d'Hudson, le golfe du
Mexique, ainsi qu'une multitude d'autres, sont dirigées, par rapport à lui, est et ouest; ou, pour parler
avec plus de précision, les axes de toutes les ouvertures de la terre dans l'Ancien et le Nouveau-Monde
sont perpendiculaires aux axes de ces courans généraux, en sorte que leur embouchure seulement en
est traversée, et que leur profondeur n'est point

I.   Y

exposée aux impulsions des mouvemens généraux
de la mer. C'est à cause de la tranquillité des baies
que tant de vaisseaux y vont chercher des mouillages,
et c'est pour cette raison que la nature a placé dans
leurs fonds les embouchures de la plupart des fleuves,
comme nous l'avons dit, afin que leurs eaux pussent
se dégorger dans l'Océan, sans être répercutées par
la direction de ses courans. Elle a employé même
ces précautions en faveur des moindres rivières qui
s'y jettent. Il n'y a point de marin expérimenté qui
ne sache qu'il n'y a guère d'anse qui n'ait son petit
ruisseau. Sans la sagesse de ces dispositions, les
eaux destinées à arroser la terre l'auroient souvent
inondée.

La nature emploie encore d'autres moyens pour
assurer le cours des fleuves, et sur-tout pour protéger leur embouchure. Les principaux sont les
îles. Les îles présentent aux fleuves des canaux qui
ont des directions différentes, afin que si les vents
ou les courans de la mer barroient un de leurs dé-
bouchés, leurs eaux pussent s'écouler par un autre.
On peut remarquer qu'elle a multiplié les îles aux
embouchures des fleuves les plus exposés à ces
deux inconvéniens, comme à celle de l'Amazone,
toujours battue du vent d'est, et située à une des
parties les plus saillantes de l'Amérique. Elles y
sont en si grand nombre, et forment entre elles des
canaux qui ont des cours si différens, qu'il y a telle

de leurs ouvertures qui regarde le nord-est, et telle autre le sud-est, et que de la première à la dernière il y a plus de cent lieues de distance. Les îles fluviatiles ne sont pas formées, comme on le croit communément, par les alluvions des fleuves ; elles sont, au contraire, pour la plupart fort exhaussées au-dessus du niveau de ces fleuves, et plusieurs d'entre elles ont des montagnes et des rivières qui leur sont propres. Ces îles élevées se trouvent encore fréquemment au confluent d'une rivière et d'un fleuve. Elles servent à faciliter leur communication et à ouvrir un double passage au courant de la rivière. Toutes les fois donc que vous voyez des îles le long d'un fleuve, vous pouvez être certain qu'il y a quelque rivière ou ruisseau latéral dans le voisinage. Il y a, à la vérité, beaucoup de ces ruisseaux confluens qui ont été taris par les travaux imprudens des hommes ; mais vous trouverez toujours vis-à-vis des îles qui divisoient leur embouchure, une vallée correspondante où l'on retrouve leur ancien canal. Il y a aussi de ces îles au milieu du cours des fleuves, dans les lieux exposés aux vents. J'observerai, en passant, que nous nous écartons beaucoup des intentions de la nature, lorsque nous réunissons les îles d'une rivière au continent voisin ; car ses eaux ne s'écoulent plus alors que par un seul canal ; et lorsque les vents viennent à souffler dans sa direction, elles ne peuvent s'échapper ni à droite ni à gauche ; elles se gonflent, se débordent, inondent les campagnes, renversent les ponts, et occasionnent la plupart des ravages qui sont aujourd'hui si fréquens dans nos villes.

Ce ne sont donc point des baies ou des golfes qui se-trouvent aux extrémités des courans de l'Océan ; ce sont, au contraire, des îles. A l'extrémité du grand courant oriental de la mer des Indes, se trouve l'île de Madagascar, qui protège l'Afrique contre sa violence. Les îles de la Terre-de-Feu défendent de même l'extrémité australe de l'Amérique, au confluent des mers orientales et occidentales du Sud. Les archipels nombreux de la mer des Indes et de celle du Sud, se trouvent vers la ligne, où aboutissent les deux courans généraux des mers australes et septentrionales. C'est encore avec les îles que la nature protège l'ouverture des baies et des méditerranées. L'Angleterre, l'Ecosse et l'Irlande couvrent celle de la Baltique ; les îles de Welcom et de Bonne-Fortune, la baie d'Hudson ; l'île de Saint-Laurent, l'entrée de son golfe ; la chaîne des îles Antilles, le golfe du Mexique ; les îles du Japon, le double golfe formé par la presqu'île de Corée avec les terres voisines. Tous les courans portent dans les îles. La plupart d'entre elles sont, par cette raison, fameuses par leurs grosses mers et par leurs coups de vents : telles sont les Açores, les Bermudes, l'île de Tristan d'Acunha, &c. Ce n'est pas

qu'elles en renferment les causes en elles-mêmes,
mais c'est parce qu'elles sont placées aux foyers des
révolutions de l'Océan et même de l'atmosphère,
afin d'en affoiblir les effets. Elles sont dans des positions à-peu-près semblables à celles des caps, qui
sont aussi tous célèbres par leurs tempêtes ; comme
le cap Finistère à l'extrémité de l'Europe, le cap
de Bonne-Espérance à celle de l'Afrique, le cap
Horn à celle de l'Amérique. C'est de là qu'est venu
le proverbe marin, *doubler le cap*, pour dire surmonter une grande difficulté. Ainsi l'Océan, au lieu
de se porter dans les enfoncemens du continent, se
dirige au contraire sur les parties qui en sont les plus
saillantes, et il les auroit bientôt détruites, si la
nature ne les avoit fortifiées d'une manière admirable.

L'Afrique occidentale est bordée d'un long banc
de sable où se brisent perpétuellement les flots de
l'océan Atlantique. Le Brésil, dans toute l'étendue
de ses côtes, oppose aux vents perpétuels de l'est
et aux courans de la mer, une longue bande de rochers de plus de mille lieues de longueur, d'une
vingtaine de pas de largeur à son sommet, et d'une
épaisseur inconnue à sa base. Elle est distante du
rivage d'une portée de mousquet. La mer la couvre
entièrement quand elle est haute, et quand elle
baisse, elle la découvre de la hauteur d'une pique.
Cette digue est d'une seule pièce dans sa longueur,

comme on l'a reconnu par différentes sondes ; et il
seroit impossible d'aborder au Brésil avec nos vaisseaux , si elle n'étoit ouverte en plusieurs endroits ,
par où ils entrent et ils sortent (1).

Allez du midi au nord, vous trouverez des précautions équivalentes. La côte de Norwège a une
défense à-peu-près semblable à celle du Brésil. Pontoppidan dit que cette côte , qui a près de trois cents
lieues de longueur , est le plus communément escar-
pée , angulaire et pendante; de sorte que la mer y
a quelquefois jusqu'à trois cents brasses de profondeur près de terre. Cela n'empêche pas que la nature
n'ait protégé ces rivages par une multitude d'îles
grandes et petites. « Par un tel rempart , dit-il , qui
» consiste peut-être en un million ou plus de co-
» lonnes de pierres fondées au plus profond de la
» mer , dont les chapiteaux ne montent guère qu'à
» quelques brasses au-dessus des vagues , toute la
» Norwège est défendue à l'ouest , tant contre les
» ennemis que contre la mer ». On trouve les ports
de la côte derrière ces espèces de brisemers d'une
construction si merveilleuse. Mais comme il est
quelquefois à craindre , ajoute-t-il , que les vents
et les courans, qui sont très-violens dans les détroits
de ces rochers et de ces îles, et la difficulté d'ancrer

(1) *Voyez* Histoire des troubles du Brésil , par Pierre
Moreau.

à une si grande profondeur, ne brisent les vaisseaux
avant qu'ils aient atteint un port, le gouvernement
a fait sceller plusieurs centaines de grands anneaux
de fer dans les rochers, à plus de deux toises au-
dessus de l'eau, afin que les vaisseaux puissent s'y
amarrer.

La nature a varié à l'infini ces moyens de protection, sur-tout dans les îles qui protègent elles-mêmes
le continent. Par exemple, elle a environné l'Isle de
France d'un banc de madrépores qui n'est ouvert
qu'aux endroits où se dégorgent les rivières de cette
île dans la mer. D'autres îles, comme plusieurs des
Antilles, étoient défendues par des forêts de mangliers qui croissent dans l'eau de la mer, et brisent
la violence des flots en cédant à leurs mouvemens.
C'est peut-être à la destruction de ces fortifications
végétales qu'il faut attribuer les irruptions de la mer,
fréquentes aujourd'hui dans plusieurs îles, comme
dans celle de Formose. Il y en a d'autres qui sont de
roc tout pur et qui s'élèvent du sein des flots, comme
de gros moles, tel est le Maritimo dans la Méditerranée ; d'autres volcaniennes, comme l'Isle de Feu
près du Cap-Verd, et plusieurs autres semblables
dans la mer du Sud, s'élèvent comme des pyramides
avec des feux à leurs sommets, et servent de phare
aux matelots pendant la nuit par leurs feux, et le
jour par leurs fumées. Les îles Maldives sont protégées contre l'Océan avec des précautions admirables.

A la vérité elles sont plus exposées que beaucoup d'autres, car elles sont au milieu de ce grand courant de la mer des Indes, dont nous avons parlé, qui y passe et repasse deux fois par an. Elles sont d'ailleurs si basses, qu'elles sont presque à fleur d'eau; et elles sont si petites et en si grand nombre, qu'on en compte douze mille, et qu'il y en a beaucoup où on peut aller en sautant d'un bord à l'autre. La nature les a d'abord réunies en atollons ou archipels séparés entre eux par des canaux profonds qui vont de l'est à l'ouest, et qui présentent plusieurs passages au courant général de la mer des Indes. Ces atollons sont au nombre de treize, et s'étendent à la file les uns des autres, depuis le huitième degré de latitude septentrionale jusqu'au quatrième de latitude méridionale, ce qui leur donne une longueur de trois cents de nos lieues de vingt-cinq au degré. Mais laissons-en décrire l'architecture à l'intéressant et infortuné François Pyrard, qui y passa ses plus beaux jours dans l'esclavage, et qui nous en a laissé la meilleure description que nous en ayons, comme s'il falloit, en tout genre, que les choses les plus dignes de l'estime des hommes fussent les fruits de quelque malheur. « C'est une merveille, dit-il, de » voir chacun de ces atollons environné d'un grand » banc de pierre tout autour, n'y ayant point d'arti- » fice humain qui puisse si bien fermer de murailles

» un espace de terre comme est cela (1). Ces atol-
» lons sont quasi tous ronds ou en ovale, ayant
» chacun trente lieues de tour, les uns quelque peu
» plus, les autres quelque peu moins, et sont tous de
» suite bout à bout sans aucunement s'entre-toucher.
» Il y a entre deux des canaux de mer, les uns larges,
» les autres fort étroits. Etant au milieu d'un atollon,
» vous voyez autour de vous ce grand banc de pierres
» que j'ai dit qui environne et qui défend les îles
» contre l'impétuosité de la mer. Mais c'est chose
» effroyable, même aux plus hardis, d'approcher de
» ce banc, et de voir venir de bien loin les vagues se
» rompre avec fureur tout autour; car alors je vous
» assure, comme chose que j'ai vue une infinité de
» fois, que le fallin ou le bouillon est alors plus gros
» qu'une maison et aussi blanc que du coton : telle-
» ment que vous voyez autour de vous comme une
» muraille fort blanche principalement quand la mer
» est haute ». Pyrard observe de plus, que la plupart
des îles qui y sont renfermées, sont environnées chacune en particulier d'un banc qui les défend encore
de la mer. Mais le courant de la mer des Indes qui
passe dans les canaux parallèles de ces atollons est si
violent, qu'il seroit impossible aux hommes de communiquer de l'un à l'autre, si la Providence n'y
avoit pourvu d'une manière admirable. Elle a divisé

(1) Voyage aux Maldives, chap. 10.

chacun de ces atollons par deux canaux particuliers
qui les coupent en diagonales , et dont les extrémités viennent aboutir aux extrémités des grands
canaux parallèles qui les séparent. En sorte que si
vous voulez passer d'un de ces archipels dans l'autre ,
lorsque le courant est à l'est , vous sortez de celui
où vous êtes , par le canal diagonal de l'est où l'eau
est tranquille , et, vous abandonnant ensuite au courant qui passe par le canal parallèle , vous allez aborder , en dérivant , à l'atollon opposé , où vous entrez
par l'ouverture de son canal diagonal qui est à l'ouest.
Vous faites le contraire quand le courant change six
mois après. C'est par ces communications intérieures
que les insulaires parcourent en toutes saisons leurs
îles du nord au midi , malgré la violence des courans qui les traversent.

　　Chaque île a sa fortification , qui est proportionnée , si j'ose dire , au danger où elle est exposée de
la part des flots de l'Océan. Il n'est pas besoin de
se figurer des tempêtes pour se former une idée de
leur fureur. La simple action du vent alisé , tout
uniforme qu'elle est , suffit pour leur donner à la
longue l'impulsion la plus violente. Chacun de ces
flots, joignant à la vîtesse constante qu'il reçoit à
chaque instant du vent , une vîtesse acquise par son
mouvement particulier, formeroit au bout d'un long
espace , un volume d'eau prodigieux , si sa course
n'étoit retardée par des courans qui la croisent , par

des calmes qui la ralentissent, mais sur tout par les
bancs, les écueils et les îles qui la brisent. On voit
un effet sensible de cette vîtesse accélérée des flots,
sur les côtes du Chili et du Pérou, qui n'éprouvent
cependant que le simple ressac des eaux de la mer
du Sud. Leurs rivages sont inabordables dans toute
leur étendue, si ce n'est au fond de quelque baie,
ou derrière quelqu'île située près de la côte. Toutes les îles de cette vaste mer, si paisible qu'elle en
porte le nom de Pacifique, sont inaccessibles du côté
qui est opposé aux courans occasionnés par les seuls
vent alisés, à moins que quelques rescifs ou rochers
n'y rompent l'impétuosité des flots. C'est alors un
spectacle à la fois superbe et terrible de voir les gerbes épaisses d'écume qui s'élèvent sans cesse du sein
de leurs noires anfractuosités, et d'entendre leurs
bruits rauques que les vents portent à plusieurs lieues
de là, sur-tout pendant la nuit.

Les îles ne sont donc point des débris des continens. Leur position dans la mer, la manière dont
elles y sont protégées, et leur longue durée, en
sont des preuves suffisantes. Depuis le temps que
l'Océan les bat en ruine, elles devroient être totalement détruites; cependant, Carybde et Scylla font
toujours entendre aux extrémités de la Sicile leurs
anciens mugissemens. Ce n'est pas ici le lieu de dire
quels moyens la nature emploie pour entretenir les
îles et les réparer, ni les autres preuves végétales,

animales et humaines qui attestent qu'elles ont existé
dès l'origine du globe, telles que nous les voyons
aujourd'hui; il me suffit de donner une idée de leur
construction, pour achever de convaincre qu'elles
ne sont en rien l'ouvrage du hasard. Elles ont,
comme les continens eux-mêmes, des montagnes,
des pics, des lacs et des rivières qui sont proportionnés à leur petitesse. Pour démontrer cette nouvelle
vérité, je serai encore obligé de dire quelque chose
sur la distribution de la terre; mais je ne serai pas
long, et je tâcherai de ne dire que ce qu'il faut pour
me faire entendre.

On doit remarquer d'abord que les chaînes des
montagnes, dans les deux continens, sont parallèles
aux mers qui les avoisinent : en sorte que si vous voyez
le plan d'une de ces chaînes avec ses diverses branches, vous pouvez déterminer les rivages de la mer
qui leur correspondent; car, comme je viens de le
dire, ces montagnes leur sont toujours parallèles.
Vous pouvez de même, en voyant les sinuosités d'un
rivage, déterminer celles des chaînes de montagnes
qui sont dans l'intérieur d'un pays; car les golfes
d'une mer répondent toujours aux vallées des montagnes du continent latéral. Ces correspondances
sont sensibles dans les deux grandes chaînes de l'Ancien et du Nouveau-Monde. La longue chaîne du
Taurus court est et ouest, comme l'océan Indien,
dont elle renferme les différens golfes par des bran-

ches qu'elle prolonge jusqu'aux extrémités de la plupart de leurs caps. Au contraire, la chaîne des Andes en Amérique court nord et sud, comme l'océan Atlantique. Il y a encore ceci de digne de remarque, et j'ose dire d'admiration, c'est que ces chaînes de montagnes sont opposées aux vents réguliers qui traversent ces mers et qui leur en apportent les émanations, et que leur élévation est proportionnée à la distance où elles sont de ces rivages, en sorte que, plus ces montagnes sont loin de la mer, plus elles sont élevées dans l'atmosphère. C'est par cette raison que la chaîne des Andes est placée le long de la mer du Sud, où elle reçoit les émanations de l'océan Atlantique, que lui apporte le vent d'est, par-dessus le vaste continent d'Amérique. Plus l'Amérique est large, plus cette chaîne est élevée. Vers l'isthme de Panama, où il y a peu de continent, et partant peu de distance de la mer, elle n'a pas une grande élévation; mais elle s'élève tout-à-coup, précisément dans la même proportion que le continent de l'Amérique s'élargit. Ses plus hautes montagnes regardent la partie la plus large de l'Amérique, et sont situées à la hauteur du cap Saint-Augustin. La situation et l'élévation de cette chaîne étoient également nécessaires à la fécondité de cette grande partie du Nouveau-Monde. Car si cette chaîne, au lieu d'être le long de la mer du Sud, étoit le long des côtes du Brésil, elle intercepteroit toutes les

vapeurs apportées sur le continent par le vent d'est ;
et si elle n'étoit pas élevée jusqu'à la région de l'atmosphère, où il ne peut monter aucune vapeur, à
cause de la subtilité de l'air et de la rigueur du
froid, tous les nuages apportés par les vents d'est
passeroient au-delà dans la mer du Sud. Dans l'une
et l'autre supposition, la plupart des fleuves de
l'Amérique méridionale resteroient à sec.

On peut appliquer le même raisonnement à la
chaîne du Taurus : elle présente à la mer du Nord
et à la mer de l'Inde un double ados d'où coulent
la plupart des fleuves de l'ancien continent, les uns
au nord, les autres au midi. Ses branches ont la
même disposition ; elles ne côtoient point les presqu'îles de l'Inde sur leurs bords ; mais elles les traversent au milieu, dans toute leur longueur ; car
les vents de ces mers ne soufflent pas toujours d'un
seul côté, comme le vent d'est dans l'océan Atlantique ; mais ils soufflent six mois d'un côté et six
mois de l'autre. Ainsi il étoit convenable de leur
partager le terrein qu'ils devoient arroser.

Il me reste à ajouter encore quelques observations
sur la configuration de ces montagnes, pour confir-
mer l'usage auquel la nature les destine. Elles sont
surmontées de distance en distance par de longs
pics, semblables à de hautes pyramides. Ces pics,
comme on l'a fort bien observé, sont de granit, du
moins pour la plupart. Je ne sais pas de quoi le gra-

nit est composé, mais je sais bien que ces pics
attirent les vapeurs de l'atmosphère et les fixent
autour d'eux en si grande quantité, que souvent ils
disparoissent à la vue. C'est ce que j'ai remarqué
une infinité de fois au pic de Piterboth, à l'Isle de
France, où j'ai vu les nuages chassés par le vent de
sud-est se détourner sensiblement de leur direction
et se rassembler autour de lui; de sorte qu'ils lui
formoient quelquefois un chapeau fort épais qui en
faisoit disparoître le sommet. J'ai eu la curiosité
d'examiner la nature du rocher dont il est composé.
Au lieu d'être formé de grains, il est rempli de petits
trous comme les autres rochers de l'île; il se fond
au feu, et, quand il est fondu, on aperçoit à sa
surface de petits grains de cuivre. On ne peut douter
qu'il ne soit rempli de ce métal, et c'est peut-être au
cuivre qu'il faut attribuer la vertu qu'il a d'attirer
les nuages, car nous savons par expérience, que ce
métal, ainsi que le fer, a celle d'attirer le tonnerre.
J'ignore de quelle matière les autres pics sont com-
posés; mais il est remarquable que c'est au sommet
des Andes et sur leurs croupes que se trouvent les
fameuses mines d'or et d'argent du Pérou et du Chili,
et qu'en général, toutes les mines de fer et de cuivre
se trouvent à la source des rivières et sur les lieux
élevés, où elles se manifestent souvent par les
brouillards qui les environnent. Quoi qu'il en soit,
soit que cette qualité attractive soit commune au

granit et à d'autre nature de rochers, soit qu'elle dépende de quelque métal qui leur est amalgamé, je regarde tous les pics du monde comme de véritables aiguilles électriques.

Mais ce n'étoit pas assez que les nuages fussent fixés au sommet des montagnes, les fleuves qui y ont leurs sources n'auroient eu qu'un cours intermittent. Quand la saison des pluies auroit été passée, les fleuves auroient cessé de couler. La nature, pour remédier à cet inconvénient, a ménagé, dans le voisinage de leurs pics, des lacs qui sont de vrais réservoirs ou châteaux d'eau, pour fournir constamment et régulièrement à leurs dépenses. La plupart de ces lacs ont des profondeurs incroyables; ils servent encore à plusieurs usages, tels que de recevoir les fontes des neiges des montagnes voisines, qui s'écouleroient trop rapidement. Quand ils sont une fois pleins, il leur faut un temps considérable avant de s'épuiser. Ils existent, ou intérieurement, ou extérieurement, à la source de tous les courans d'eau réguliers; mais quand ils sont extérieurs, ils sont proportionnés, ou par leur étendue, ou par leur profondeur et par leurs dégorgeoirs, au volume du fleuve qui en doit sortir, ainsi que les pics qui sont dans le voisinage. Il faut que ces correspondances aient été connues de l'antiquité, car il me semble avoir vu des médailles fort anciennes, où des fleuves étoient représentés appuyés sur une urne, et couchés au pied d'une pyramide;

ce qui désignoit peut-être, à la fois, leur source et leur embouchure.

Si donc nous venons à appliquer ces dispositions générales de la nature à la configuration particulière des îles, nous verrons qu'elles ont, comme les continens, des montagnes qui ont des branches parallèles à leurs baies; que ces montagnes sont d'une élévation correspondante à leur distance de la mer, et qu'elles ont des pics, des lacs et des rivières, qui sont proportionnés à l'étendue de leur terrein. Elles ont aussi leurs montagnes disposées comme celles des continens, par rapport aux vents qui soufflent sur les mers qui les environnent. Celles qui sont dans la mer de l'Inde, comme les Moluques, ont leurs montagnes vers leur centre, en sorte qu'elles reçoivent l'influence alternative des deux moussons atmosphériques. Celles, au contraire, qui sont sous l'influence régulière des vents d'est dans l'océan Atlantique, comme les Antilles, ont leurs montagnes jetées à l'extrémité de l'île qui est sous le vent, précisément comme les Andes par rapport à l'Amérique méridionale. La partie de l'île qui est au vent, est appelée aux Antilles « cabs-terre » , comme qui diroit *caput terræ;* et celle qui est au-dessous du vent, « basse-terre; quoique, pour l'ordinaire, dit le P. du » Tertre (1), celle-ci soit plus haute et plus monta-» gneuse que l'autre ».

(1) Histoire naturelle des Antilles, page 12.

I.   X

L'île de Juan Fernandez, qui est dans la mer du
Sud, mais fort au-delà des tropiques, par le trente-
troisième degré quarante minutes de latitude sud,
a sa partie septentrionale formée de rochers très-
hauts et très-escarpés, et sa partie méridionale plate
et basse pour recevoir les influences du vent du sud,
qui y souffle presque toute l'année. Voyez sa description dans le Voyage de l'amiral Anson.

Les îles qui s'écartent de ces dispositions, et qui
sont en bien petit nombre, ont des relations éloignées encore plus merveilleuses, et certainement
bien dignes d'être étudiées. Elles fournissent encore,
par leurs végétaux et leurs animaux, d'autres preuves
qu'elles sont de petits continens en abrégé; mais ce
n'est pas ici le lieu de les rapporter. Si elles étoient,
comme on le prétend, les restes d'un grand continent
submergé, elles auroient conservé une partie de leur
ancienne et vaste fabrique. On verroit s'élever,
immédiatement du milieu de la mer, de grands pics,
comme ceux des Andes, de douze à quinze cents
toises de haut, sans montagnes qui les supportent.
Ailleurs, on verroit ces pics supportés par d'énormes montagnes qui leur seroient proportionnées, et
qui renfermeroient dans leurs enceintes de grands
lacs comme celui de Genève, d'où sortiroient des
fleuves comme le Rhône, qui se précipiteroient tout
d'un coup dans la mer, sans arroser aucune terre.
Il n'y auroit, au pied de leurs croupes majestueuses,

ni plaines, ni provinces, ni royaumes. Ces grandes
ruines du continent au milieu de la mer, ressemble-
roient à ces énormes pyramides élevées dans les
sables de l'Egypte, qui ne présentent au voyageur
que de frivoles structures; ou bien à ces vastes palais
des rois, renversés par le temps, où l'on aperçoit
des tours, des colonnes, des arcs de triomphe, mais
dont les parties habitables sont absolument détruites.
Les sages travaux de la nature ne sont point inutiles
et passagers comme les ouvrages des hommes. Chaque île a ses campagnes, ses vallées, ses collines,
ses pyramides hydrauliques et ses naïades, qui sont
proportionnées à son étendue.

   Quelques îles, à la vérité, mais en bien petit
nombre, ont des montagnes plus élevées que ne
comporte leur territoire. Telle est celle de Ténériffe;
son pic est si haut, qu'il est couvert de glaces une
grande partie de l'année. Mais cette île a des montagnes peu élevées qui sont proportionnées à ses baies:
celle de ses montagnes qui supporte le pic, s'élève
au milieu des autres en forme de dôme, à-peu-près
comme celui des Invalides au-dessus des bâtimens
qui l'environnent. Je l'ai observé et dessiné moi-
même en allant à l'Isle-de-France. Les montagnes
inférieures appartiennent à l'île, et le pic à l'Afrique.
Ce pic, couvert de glaces, est situé précisément vis-
à-vis l'entrée du grand désert de sables appelé *Zara*,
et il sert, sans doute, à en rafraîchir les rivages et

l'atmosphère, par l'effusion de ses neiges qui arrive
au milieu de l'été. La nature a placé encore d'autres
glaciers à l'entrée de ce désert brûlant, tel que le
mont Atlas. Le mont Ida en Crète, avec ses montagnes collatérales couvertes de neiges en tout temps,
suivant l'observation de Tournefort, est situé précisément vis-à-vis le désert brûlant de Barca, qui
côtoie l'Egypte du nord au sud. Ces observations
nous donneront encore lieu de faire quelques réflexions sur les chaînes de montagnes à glaces et sur
les zônes de sables répandues sur la terre.

Je demande pardon au lecteur de ces digressions
où je suis insensiblement entraîné, mais je les ren-
drai le plus courtes qu'il me sera possible, quoique
je leur ôte une grande partie de leur clarté en les
abrégeant.

Les montagnes à glaces paroissent principalement
destinées à porter la fraîcheur sur les bords des mers
situées entre les tropiques, et les zônes de sables,
au contraire, à accélérer par leur chaleur la fusion
des glaces des pôles. Nous ne pouvons indiquer
qu'en passant ces harmonies admirables; mais il suffit
de considérer les journaux des navigateurs et les
cartes géographiques, pour voir que la principale
partie du continent de l'Afrique est située de sorte
que c'est le vent du pôle nord qui souffle le plus
constamment sur ses côtes, et que le rivage de
l'Amérique méridionale s'avance au-delà de la ligne,

de manière qu'il est rafraîchi par le vent du pôle
sud. Les vents alizés, qui règnent dans l'océan
Atlantique, participent toujours de ces deux pôles ;
celui qui est de notre côté tire beaucoup vers le
nord, et celui qui est au-delà de la ligne dépend
beaucoup du pôle sud. Ces deux vents ne sont pas
orientaux, comme on le croit communément, mais
ils soufflent à-peu-près dans les directions du canal
qui sépare l'Amérique de l'Afrique.

Ce sont les vents chauds de la zône torride qui
soufflent à leur tour le plus constamment vers les
pôles, et il est bien remarquable que, comme la
nature a mis des montagnes à glaces dans son voisinage, pour rafraîchir ses mers conjointement avec
les glaces des pôles, comme le Taurus, l'Atlas, le
pic de Ténériffe, le mont Ida, &c. elle y a mis aussi
une longue zône de sable pour augmenter la chaleur
du vent de sud qui vient échauffer les mers du Nord.
Cette zône commence au-delà du mont Atlas, et
ceint la terre en baudrier, s'étendant depuis la pointe
la plus occidentale de l'Afrique jusqu'à l'extrémité
la plus orientale de l'Asie, dans une distance réduite
de plus de trois mille lieues. Quelques branches s'en
détachent et s'avancent directement vers le nord.
Nous avons déjà remarqué qu'une plage de sable est
si chaude, même dans nos climats, par la réflexion
multipliée de ses grains brillans, qu'on n'y voit jamais
la neige s'y arrêter long-temps, au milieu même de

nos hivers les plus rudes. Ceux qui ont traversé les
sables d'Etampes en été et en plein midi , savent à
quel point la chaleur y est réverbérée. Elle est si
ardente dans certains jours de l'été , qu'il y a une
vingtaine d'années, quatre ou cinq paveurs qui tra-
vailloient au grand chemin de cette ville, entre deux
bancs de sable blanc , y furent suffoqués. Ainsi on
peut conclure de ces aperçus , que, sans les glaces
du pôle et les montagnes du voisinage de la zône
torride, une grande portion de l'Afrique et de l'Asie
seroit inhabitable, et que, sans les sables de l'Afrique
et de l'Asie , les glaces de notre pôle ne fondroient
jamais.

Chaque montagne à glaces a aussi , comme les
pôles , sa zône sablonneuse , qui accélère la fusion
de ses neiges. C'est ce qu'on peut remarquer dans
la description de toutes les montagnes de cette
espèce, comme du pic de Ténériffe, du mont Ararat,
des Cordilières , &c. Non-seulement ces zônes de
sables entourent leurs bases , mais il y en a encore
au haut de ces montagnes , au pied de leurs pics ;
il faut y marcher pendant plusieurs heures pour les
traverser. Ces zônes sablonneuses ont encore un autre
usage, c'est de fournir à la réparation du territoire
des montagnes ; il en sort des tourbillons perpétuels
de poussière qui s'élèvent , en premier lieu , sur les
rivages de la mer où l'Océan forme les premiers
dépôts de ses sables, qui s'y réduisent en poudre

impalpable par le battement perpétuel des flots qui
s'y brisent ; ensuite on retrouve ces tourbillons de
poussière dans le voisinage des hautes montagnes.
Les transports de ces sables se font des rivages de la
mer dans l'intérieur du continent, en différentes saisons et de différentes manières. Les principaux arrivent aux équinoxes, car alors les vents soufflent des
mers sur les terres. Voyez ce que Corneille le Bruyn
dit d'un orage de sable qu'il essuya sur le rivage de
la mer Caspienne. Ces transports de sables appartiennent à la révolution générale des saisons , mais
il y en a de journaliers pour l'intérieur des terres ,
qui sont très-sensibles vers les parties hautes des
continens. Tous les voyageurs qui ont été à Pékin ,
conviennent qu'il n'est pas possible de sortir une
partie de l'année dans les rues de cette ville , sans
avoir le visage couvert d'un voile, à cause du sable
dont l'air est rempli. Lorsque Isbrand-Ides arriva
vers les frontières de la Chine , à la sortie des montagnes voisines de Xaixigar, c'est-à-dire , à cette
partie de la crête la plus élevée du continent de
l'Asie, d'où les fleuves prennent leurs cours, les uns
au nord, les autres au midi, il observa une période
régulière de ces émanations. « Tous les jours , dit-
» il (1), régulièrement à midi, il souffle un grand
» vent qui dure deux heures , lequel joint à la cha-

_____

(1) Voyage de Moscou à la Chine, chap. 11.

» leur journalière du soleil, sèche tellement la terre,
» qu'il s'en élève une poussière presque insuppor-
» table. Je.m'étois déjà aperçu de ce changement
» d'air. Environ à cinq milles au-dessus de Xaixi-
» gar, j'avois trouvé le ciel nébuleux sur toute
» l'étendue des montagnes ; et lorsque je fus sur le
» point d'en sortir, je le vis fort serein. Je remar-
» quai même à l'endroit où elles finissoient, un arc
» de nuées qui régnoit de l'ouest à l'est, jusqu'aux
» montagnes d'Albase, et qui sembloit faire une sépa-
» ration de climat ». Ainsi les montagnes ont à la
fois des attractions nébuleuses et des attractions fossiles. Les premières fournissent de l'eau aux sources
des fleuves qui en sortent, et les secondes du sable
à l'entretien de leur territoire et de leurs minéraux.

Les zônes glacées et sablonneuses se retrouvent
dans une autre harmonie sur le continent du Nouveau-Monde. Elles courent, comme ces mers, du
nord au sud, tandis que celles de l'Ancien sont
dirigées, suivant la longueur de l'océan Indien,
d'occident en orient.

Il est très-remarquable que l'influence des montagnes à glaces s'étend plus sur les mers que sur les
terres. Nous avons vu celles des deux pôles se
diriger dans le canal de l'océan Atlantique. Les
neiges qui couvrent la longue chaîne des Andes en
Amérique, servent pareillement à rafraîchir toute
la mer du Sud, par l'action du vent d'est qui passe

par-dessus; mais comme la partie de cette mer et
de ses rivages, qui est à l'abri de ce vent par la
hauteur même des Andes, auroit été exposée à une
chaleur excessive, la nature a fait faire un coude
vers l'ouest, à la pointe la plus méridionale de l'Amérique, qui est couverte de montagnes à glaces, en sorte
que le vent frais qui en sort perpétuellement vient
prendre en écharpe les rivages du Chili et du Pérou.
Ce vent, qu'on appelle vent du sud, y règne toute
l'année, suivant le témoignage de tous les voyageurs. Il ne vient pas en effet du pôle sud, car s'il
en venoit, jamais les vaisseaux ne pourroient doubler le Cap Horn, mais il vient de l'extrémité de la
terre Magellanique, évidemment recourbée par rapport aux rivages de la mer du Sud. Les glaces des
pôles renouvellent donc les eaux de la mer, comme
les glaces des montagnes celles des grands fleuves.
Ces effusions des glaces polaires se portent vers la
ligne par l'action du soleil, qui pompe sans cesse
les eaux de la mer dans la zône torride, et détermine, par cette diminution de volume, les eaux des
pôles à s'y porter. C'est la cause première du mouvement des mers méridionales, comme nous l'avons
dit. Il paroît vraisemblable que les effusions polaires
sont en proportion avec les évaporations de l'Océan.
Mais sans sortir de l'objet qui nous occupe, nous
examinerons pourquoi la nature a pris encore plus
de soin de rafraîchir les mers que les terres de la

zône torride ; car il est digne d'attention que, non-
seulement les vents polaires qui y soufflent, mais la
plupart des fleuves qui s'y jettent, ont leurs sources
dans des montagnes à glaces, telles que le Zaïre,
l'Amazone, l'Orénoque, &c.

La mer étoit destinée à recevoir par les fleuves
toutes les dépouilles des végétaux et des animaux
de la terre ; et comme son cours est déterminé vers
la ligne, par la diminution journalière de ses eaux,
que le soleil y évapore continuellement, ses rivages
sous la zône torride auroient été bientôt exposés à
la putréfaction, si la nature n'avoit employé ses
divers moyens pour les rafraîchir. C'est, disent
quelques philosophes, pour cette raison qu'elle y
est salée. Mais elle l'est aussi dans le nord, et même,
suivant les expériences modernes de l'intéressant
M. de Pagès, elle l'est davantage. Elle est la plus
salée et la plus pesante qui soit au monde, écrivoit
le capitaine Wood, anglais, en 1676. D'ailleurs la
salure de la mer ne préserve point ses eaux de corruption, comme on le croit communément. Tous
ceux qui ont navigué savent que si on en remplit
une bouteille ou un tonneau dans les pays chauds,
elles ne tardent pas à se corrompre. L'eau de la
mer n'est point une saumure ; c'est au contraire une
véritable eau lixivielle, qui dissout très-vite les
corps morts. Quoiqu'elle soit salée, elle dessale
plus vîte que l'eau douce, comme l'éprouvent tous

les jours les matelots, qui n'en emploient pas d'autre pour dessaler leurs viandes. Elle blanchit sur ses rivages tous les ossemens des animaux, ainsi que les madrépores qui, étant dans un état de vie, sont bruns, roux, et de toutes les couleurs; mais qui, étant déracinés et mis dans l'eau de la mer sur le bord du rivage, deviennent en peu de temps blancs comme la neige. De plus, si vous pêchez dans la mer un crabe ou un oursin, et que vous les fassiez sécher pour les conserver, sans les laver auparavant dans l'eau douce, toutes les pattes du crabe et toutes les pointes de l'oursin tomberont. Les charnières qui attachent leurs membres se dissolvent à mesure que l'eau marine dont ils étoient mouillés s'évapore. J'en ai fait moi-même l'expérience à mes dépens. L'eau de la mer n'est pas seulement imprégnée de sel, mais de bitume, et encore de quelque autre chose que nous ne connoissons pas; mais le sel y est dans une telle proportion, qu'il aide à la dissolution des cadavres qui y flottent, comme celui que nous mêlons à nos alimens aide à notre digestion. Si la nature en avoit fait une saumure, l'Océan seroit couvert de toutes les immondices de la terre, qui s'y conserveroient perpétuellement.

Ces observations nous indiqueront l'usage des volcans. Ils ne viennent point des feux intérieurs de la terre; mais ils doivent leur naissance et les matières qui les entretiennent aux eaux. On peut s'en convaincre,

en remarquant qu'il n'y a pas un seul volcan dans
l'intérieur des continens , si ce n'est dans le voisinage
de quelque grand lac , comme celui du Mexique.
Ils sont situés , pour la plupart, dans les îles , à l'extrémité ou au confluent des courans de la mer, et
dans le remou de leurs eaux. Voilà pourquoi ils
sont en grand nombre vers la ligne et le long de la
mer du Sud, où le vent du sud , qui y souffle perpétuellement , ramène toutes les matières qui y
nagent en dissolution. Une autre preuve qu'ils
doivent leur entretien à la mer , c'est que dans
leurs irruptions ils vomissent souvent des torrens
d'eau salée. Newton attribuoit leur origine et leur
durée à des cavernes de soufre qui étoient dans l'intérieur de la terre. Mais ce grand homme n'avoit
pas réfléchi à la position des volcans dans le voisinage des eaux , ni calculé la quantité prodigieuse de
soufre qu'exigeroient le volume et la durée de leurs
feux. Le seul Vésuve, qui brûle jour et nuit depuis un
temps immémorial , en auroit consommé une masse
plus grande que le royaume de Naples. D'ailleurs la
nature ne fait rien en vain. A quoi serviroient de
pareils magasins de soufre dans l'intérieur de la terre?
On les retrouveroit tout entiers dans les lieux où ils
ne sont point embrasés. On ne trouve nulle part de
mines de soufre que dans le voisinage des volcans.
Qu'est-ce qui les renouvelleroit d'ailleurs quand
elles sont épuisées? Les provisions si constantes

des volcans ne sont point dans la terre, elles sont
dans la mer. Elles sont fournies par les huiles, les
bitumes et les nitres des végétaux et des animaux,
que les pluies et les fleuves charient de toutes parts
dans l'Océan, où la dissolution de tous les corps est
achevée par son eau lixivielle. Il s'y joint des dissolutions métalliques, et sur-tout celles du fer,
qui, comme on sait, abonde par toute la terre. Les
volcans s'allument et s'entretiennent de toutes ces
matières. Le chimiste Lémery a imité leurs effets
par un mélange de limaille de fer, de soufre et de
nitre humecté d'eau, qui s'enflamma de lui-même.
Si la nature n'avoit allumé ces vastes fourneaux sur
les rivages de l'Océan, ses eaux seroient couvertes
d'huiles végétales et animales, qui ne s'évapore-
roient jamais, car elles résistent à l'action de l'air.
On les y remarque souvent à leur couleur gorge de
pigeon, lorsqu'elles sont dans quelque bassin tranquille. La nature purge les eaux par les feux des
volcans, comme elle purifie l'air par ceux du tonnerre; et comme les orages sont plus communs dans
les pays chauds, elle y a multiplié, par la même
raison, les volcans. Elle brûle sur les rivages les
immondices de la mer, comme un jardinier brûle
à la fin de l'automne les mauvaises herbes de son
jardin. On trouve à la vérité des laves qui sont dans
l'intérieur des terres; mais une preuve qu'elles
doivent leur origine aux eaux, c'est que les volcans

qui les ont produites se sont éteints quand les eaux
leur ont manqué. Ces volcans s'y sont 'allumés,
comme ceux d'aujourd'hui, par les fermentations
végétales et animales, dont la terre fut couverte
après le déluge, lorsque les dépouilles de tant de
forêts et de tant d'animaux, dont les troncs et les
ossemens se trouvent encore dans nos carrières,
nageoient à la surface de l'Océan, et formoient des
dépôts monstrueux que les courans accumuloient
dans les bassins des montagnes. Il n'est pas douteux
qu'ils s'y enflammèrent par le simple effet de la fermentation, comme nous voyons des mulons de foin
mouillé s'enflammer dans nos prairies. On ne peut
douter de ces anciens incendies, dont les traditions
se sont conservées dans l'antiquité, et qui suivent
immédiatement celles du déluge. Dans la Mythologie des anciens, l'histoire du serpent Python, né
de la corruption des eaux, et celle de Phaéton, qui
embrasa la terre, suivent immédiatement l'histoire
de Philémon et Baucis, échappés aux eaux du déluge,
et sont des allégories de la peste et des volcans,
qui furent les premiers résultats. de la dissolution
générale des animaux et des végétaux.

Il ne me reste plus qu'à détruire l'opinion de ceux
qui font sortir la terre du soleil. Les principales
preuves dont ils l'appuient, sont ses volcans, ses
granits, les pierres vitrifiées répandues à sa surface,
et son refroidissement progressif d'années en années,

Je respecte le célèbre écrivain qui l'a mise en avant ; mais j'ose dire que la grandeur des images que cette idée lui a présentées, a séduit son imagination.

Nous en avons dit assez sur les volcans, pour prouver qu'ils ne viennent point de l'intérieur de la terre. Quant aux granits, ils ne présentent dans l'agrégation de leurs grains aucun vestige de l'action du feu. J'ignore leur origine ; mais certainement on n'est pas fondé à la rapporter à cet élément, parce qu'on ne peut l'attribuer à l'action de l'eau, et parce qu'on n'y trouve pas de coquilles. Comme cette assertion est dénuée de preuves, elle n'a pas besoin de réfutation. J'observerai cependant que les granits ne paroissent point être l'ouvrage du feu, en les comparant aux laves des volcans ; la différence de leur matière suppose des causes différentes dans leur formation.

Les agates, les caillous, et toutes les espèces de silex, semblent avoir des analogies avec des vitrifications par leur demi-transparence, et parce qu'on les trouve pour l'ordinaire dans des lits de marne, qui ressemblent à des bancs de chaux éteinte ; mais ces matières ne sont point des productions du feu, car les laves n'en présentent jamais de semblables. J'ai ramassé, sur des collines caillouteuses de la Basse-Normandie, des coquilles d'huîtres très-entières, amalgamées avec des caillous noirs, qu'on appelle bisets. Si ces bisets eussent été vitrifiés par le feu,

ils eussent calciné, ou au moins altéré les écailles
d'huîtres qui leur étoient adhérentes; mais elles
étoient aussi saines que si elles sortoient de l'eau.
Les falaises des bords de la mer, le long du pays de
Caux, sont formées de couches alternatives de
marne et de bisets, en sorte que, comme elles sont
coupées à pic, vous diriez d'une grande muraille
dont un architecte auroit réglé les assises; et avec
d'autant plus d'apparence, que les gens du pays
bâtissent leurs maisons des mêmes matières, disposées dans le même ordre. Ces bancs de marne ont
de largeur depuis un pied jusqu'à deux, et les
rangées de caillous qui les séparent ont trois ou
quatre pouces d'épaisseur. J'ai compté soixante-dix
ou quatre-vingt de ces couches horizontales, depuis
le niveau de la mer jusqu'à celui de la campagne.
Les plus épaisses sont en bas, et les plus minces
sont en haut, ce qui fait paroître du rivage ces
falaises plus hautes qu'elles ne sont : comme si la
nature eût voulu employer quelque perspective pour
en augmenter l'élévation; mais sans doute elle a été
déterminée à cet arrangement par les raisons de
solidité qu'on aperçoit dans tous ses ouvrages. Or,
ces bancs de marne et de caillous sont remplis de
coquilles qui n'ont éprouvé aucune altération du
feu, et qui seroient parfaitement conservées, si le
poids de cette énorme masse n'eût brisé les plus
grandes. J'y ai vu tirer des fragmens de celle qu'on

appelle la tuilée, qu'on ne trouve vivante que dans
les mers de l'Inde, et dont les débris étant réunis,
formoient une coquille beaucoup plus considérable
que celles de la même espèce qui servent de béni-
tiers à Saint-Sulpice. J'y ai remarqué aussi un lit
de cailloux, qui se sont tous amalgamés, et qui
forment une seule table, dont on aperçoit la coupe
d'environ un pouce d'épaisseur sur plus de trente
pieds de longueur. Sa profondeur dans la falaise
m'est inconnue; mais avec un peu d'art on pourroit
l'en détacher, et en tirer la plus superbe table d'agate
qu'il y ait au monde. Par-tout où l'on trouve de ces
marnes et de ces cailloux, on y trouve des coquilles
en grand nombre, de sorte que, comme la marne
a été évidemment formée par leurs débris, il me
paroît très-vraisemblable que les cailloux l'ont été
par la substance même des poissons qui y étoient
renfermés. Cette opinion paroîtra moins extraordinaire, si on observe que beaucoup de cornes d'Am-
mon et d'univalves fossiles, qui, par leurs formes,
ont résisté à la pression des terres, et qui n'en ayant
point été comprimées, n'ont pas mis dehors, comme
les bivalves, la matière animale qu'elles renfer-
moient, la font voir au-dedans sous la forme de
cristaux, dont on les trouve communément remplies, tandis que les bivalves en sont totalement
privées. Je présume que les substances animales de
ces dernières, confondues avec leurs débris, ont formé

les différentes pâtes colorées des marbres, et leur
ont donné la dureté et le poli dont ces marbres sont
susceptibles. Cette matière se présente, même dans
les coquillages vivans, avec les caractères de l'agate,
comme on peut le voir dans plusieurs nacres, et
entre autres dans le bouton demi-transparent et
très-dur qui termine celui qu'on appelle la harpe.
Enfin, cette substance lapidifique se trouve encore
dans les animaux terrestres; car j'ai vu en Silésie des
œufs d'une espèce de bécasse, qu'on y estime beaucoup, non-seulement parce qu'ils sont très-délicats
à manger, mais parce que, lorsqu'ils sont secs, leur
glaire devient dure comme un caillou, et susceptible
d'un si beau poli, qu'on les taille et qu'on les monte
en bagues.

Je pourrois m'étendre sur l'impossibilité géométrique que notre globe ait pu être détaché de celui du
soleil par le passage d'une comète, parce qu'il auroit
dû, suivant l'hypothèse même de cette impulsion,
être entraîné dans la sphère d'attraction de la comète,
ou être ramené dans celle du soleil. A la vérité il
est resté dans celle de cet astre; mais il n'est pas
aisé de concevoir comment il ne s'en est pas rap-
proché davantage, et comment il s'en tient à-peu-
près à trente-deux millions de lieues, sans qu'aucune comète l'empêche de retourner à l'endroit d'où
il est parti. Le soleil, dit-on, a une force centrifuge.
Le globe de la terre doit donc s'en écarter. Non,

ajoute·t-on, parce que la terre tend toujours vers
lui. Elle a donc perdu la force centrifuge qui devoit
adhérer à sa nature, comme étant une portion du
soleil. Je pourrois m'étendre encore sur l'impossibilité physique que la terre puisse renfermer dans
son sein tant de matières hétérogènes, sortant d'un
corps aussi homogène que le soleil, et faire voir
qu'elles ne peuvent en aucune façon être considérées comme des débris de matières solaires et vitri-
fiables (si tant est que nous puissions avoir une idée
des matières d'où sort la lumière), puisque quelques-
uns de nos élémens terrestres, tels que l'eau et le
feu, sont absolument incompatibles. Mais je m'en
tiendrai au refroidissement qu'on attribue à la terre,
parce que les témoignages dont on appuie cette
opinion sont à la portée de tous les hommes, et
importent à leur sécurité. Si la terre se refroidit, le
soleil, d'où on la fait sortir, doit se refroidir à proportion, et l'affoiblissement mutuel de la chaleur
dans ces deux globes, doit se manifester de siècles
en siècles, au moins à la surface de la terre, dans
les évaporations des mers, dans la diminution des
pluies, et sur-tout dans la destruction successive
d'un grand nombre de plantes, qu'un simple affoiblissement de quelques degrés de chaleur fait périr
aujourd'hui lorsqu'on les change de climat. Cependant il n'y a pas une seule plante de perdue de
celles qui étoient connues de Circé, la plus ancienne

des botanistes, dont Homère nous a en quelque
sorte conservé l'herbier. Les plantes chantées par
Orphée existent encore avec leurs vertus. Il n'y en
a pas même une seule qui ait perdu quelque chose
de son attitude. La jalouse Clytie se tourne toujours
vers le soleil ; et le beau fils de Liriope, Narcisse,
s'admire encore sur le bord des fontaines.

Tels sont les témoignages du règne végétal sur la
constance de la température du globe ; examinons
ceux du genre humain. Il y a des habitans de la
Suisse qui se sont aperçus, disent-ils, d'un accroissement progressif de glaces dans leurs montagnes.
Je pourrois leur opposer d'autres observateurs
modernes, qui, pour faire leur cour à des princes
du nord, prétendent, avec aussi peu de fondement,
que le froid y a diminué, parce que ces princes y
ont fait abattre des forêts ; mais je m'en tiendrai au
témoignage des anciens, qui sur ce point ne vouloient flatter personne. Si le refroidissement de la
terre est sensible dans la vie d'un homme, il doit
l'être bien davantage dans la vie du genre humain :
or, toutes les températures décrites par les historiens les plus anciens, comme celle de l'Allemagne,
par Tacite, des Gaules, par César, de la Grèce,
par Plutarque, de la Thrace, par Xénophon, sont
précisément les mêmes aujourd'hui que de leurs
temps. Le livre de l'arabe Job, que l'on croit être
plus ancien que Moyse, lequel contient des con-

noissances de la nature beaucoup plus profondes
qu'on ne le pense , et dont les plus communes nous
étoient inconnues il y a deux siècles , parle fréquemment de la chute des neiges dans son pays , qui
étoit vers le trentième degré de latitude nord. Le
mont Liban porte dans la plus haute antiquité le
nom arabe de *Liban*, qui signifie blanc, à cause des
neiges dont son sommet est couvert en tout temps.
Homère rapporte qu'il neigeoit à Ithaque quand
Ulysse y arriva, ce qui l'obligea d'emprunter un
manteau du bon Eumée. Si depuis trois mille ans et
davantage , le froid eût été chaque année en croissant dans tous ces climats, il devroit y être aujour-
d'hui aussi long et aussi rude que dans le Groenland.
Mais le Liban et les hautes provinces de l'Asie ont
conservé la même température. La petite île d'Ithaque
se couvre encore en hiver de frimas ; et elle porte ,
comme du temps de Télémaque , des lauriers et des
oliviers.

ÉTUDE V.

Réponse aux Objections contre la Providence, tirées des désordres du règne végétal.

L A terre est, dit-on, un jardin fort mal ordonné. Des hommes d'esprit, qui n'ont point voyagé, se sont plu à nous la peindre sortant des mains de la nature, comme si les géans y eussent combattu. Ils nous ont représenté ses fleuves vaguant çà et là, ses marais fangeux, les arbres de ses forêts renversés, ses campagnes couvertes de roches, de ronces et d'épines, tous ses chemins rendus impraticables, toutes ses cultures devenues l'effort du génie. J'avoue que ces tableaux, quoique pittoresques, m'ont quelquefois attristé, parce qu'ils me donnoient de la méfiance de l'Auteur de la nature. On avoit beau supposer d'ailleurs qu'il avoit comblé l'homme de bienfaits, il avoit oublié un de nos premiers besoins, s'il avoit négligé de prendre soin de notre habitation.

Les inondations des fleuves, telles que celles de l'Amazone, de l'Orenoque et de quantité d'autres, sont périodiques. Elles fument les terres qu'elles submergent. On sait d'ailleurs que les bords de ces

fleuves étoient peuplés de nations avant les établissemens européens ; elles tiroient beaucoup d'utilité
de leurs débordemens, soit par l'abondance des
pêches, soit par les engrais de leurs champs. Loin
de les considérer comme des convulsions de la nature,
elles les regardoient comme des bénédictions du
ciel, ainsi que les Égyptiens considéroient les inondations du Nil. Étoit-ce donc un spectacle si déplai-
sant pour elles, de voir leurs profondes forêts coupées de longues allées d'eau, qu'elles pouvoient
parcourir sans peine, en tout sens, dans leurs
pirogues, et dont elles recueilloient les fruits avec
la plus grande facilité ? Quelques peuplades même,
comme celles de l'Orénoque, déterminées par ces
avantages, avoient pris l'usage étrange d'habiter le
sommet des arbres, et de chercher sous leur feuillage,
comme les oiseaux, des logemens, des vivres et des
forteresses. Quoi qu'il en soit, la plupart d'entre elles
n'habitoient que les bords des fleuves, et les pré-
féroient aux vastes déserts qui les environnoient, et
qui n'étoient point exposés aux inondations.

Nous ne voyons l'ordre que là où nous voyons
notre blé. L'habitude où nous sommes de resserrer
dans des digues le canal de nos rivières, de sabler nos
grands chemins, d'alligner les allées de nos jardins,
de tracer leurs bassins au cordeau, d'équarrir nos par-
terres et même nos arbres, nous accoutume à considérer tout ce qui s'écarte de notre équerre comme

livré à la confusion. Mais c'est dans les lieux où nous
avons mis la main que l'on voit souvent un véritable
désordre. Nous faisons jaillir des jets d'eau sur des
montagnes; nous plantons des peupliers et des tilleuls
sur des rochers; nous mettons des vignobles dans des
vallées, et des prairies sur des collines. Pour peu que
ces travaux soient négligés, tous ces petits nivelle-
ment sont bientôt confondus sous le niveau général
des continens, et toutes ces cultures humaines disparoissent sous celles de la nature. Les pièces d'eau
se changent en marais, les murs de charmilles se
hérissent, tous les berceaux s'obstruent, toutes les
avenues se ferment, les végétaux naturels à chaque
sol déclarent la guerre aux végétaux étrangers; les
chardons étoilés et les vigoureux verbascums étouffent
sous leurs larges feuilles les gazons anglais; des foules
épaisses de graminées et de trèfles se réunissent
autour des arbres de Judée; les ronces de chien y
grimpent avec leurs crochets, comme si elles y montoient à l'assaut; des touffes d'orties s'emparent de
l'urne des Naïades, et des forêts de roseaux, des
forges de Vulcain; des plaques verdâtres de mnium
rongent les visages des Vénus, sans respecter leur
beauté. Les arbres même assiégent le château; les
cerisiers sauvages, les ormes, les érables montent
sur ses combles, enfoncent leurs longs pivots dans
ses frontons élevés, et dominent enfin sur ses coupoles orgueilleuses. Les ruines d'un parc ne sont

pas moins dignes des réflexions du sage que celles des empires : elles montrent également combien le pouvoir de l'homme est foible quand il lutte contre celui de la nature.

Je n'ai pas eu le bonheur, comme les premiers marins qui découvrirent des îles inhabitées, de voir des terres sortir, pour ainsi dire, de ses mains ; mais j'en ai vu des portions assez peu altérées pour être persuadé que rien alors ne devoit égaler leurs beautés virginales. Elles ont influé sur les premières relations qui en ont été faites, et elles y ont répandu une fraîcheur, un coloris, et je ne sais quelle grace naïve qui les distinguera toujours avantageusement, malgré leur simplicité, des descriptions savantes qu'on en a faites dans les derniers temps. C'est à l'influence de ces premiers aspects que j'attribue les grands talens des premiers écrivains qui ont parlé de la nature, et l'enthousiasme sublime dont Homère et Orphée ont rempli leurs poésies. Parmi les modernes, l'historien de l'amiral Anson, Cook, Banks, Solander, et quelques autres, nous ont décrit plusieurs de ces sites naturels dans les îles de Tinian, de Masso, de Juan Fernandès et de Taïti, qui ont ravi tous les gens de goût, quoique ces îles eussent été dégradées en partie par les Indiens et par les Espagnols.

Je n'ai vu que des pays fréquentés par les Européens et désolés par la guerre ou par l'esclavage ;

mais je me rappellerai toujours avec plaisir deux de
ces sites, l'un en-deçà du tropique du capricorne,
l'autre au-delà du soixantième degré nord. Malgré
mon insuffisance, je vais essayer d'en tracer une
esquisse, afin de donner au moins une idée de la
manière dont la nature dispose ses plans dans des
climats aussi opposés.

Le premier étoit une partie alors inhabitée de l'île
de France, de quatorze lieues d'étendue, qui m'en
parut la plus belle portion, quoique les noirs Marons
qui s'y réfugient y eussent coupé, sur les rivages de
la mer, des lataniers avec lesquels ils fabriquent des
ajoupa, et dans les montagnes des palmistes, dont
ils mangent les sommités, et des lianes, dont ils font
des filets pour la pêche. Ils dégradent aussi les bords
des ruisseaux en y fouillant les oignons des nymphæa dont ils vivent, et ceux même de la mer,
dont ils mangent sans exception toutes les espèces
de coquillages, qu'ils laissent çà et là sur les rivages
par grands amas brûlés. Malgré ces désordres, cette
portion de l'île avoit conservé des traits de son antique
beauté. Elle est exposée au vent perpétuel de sud-
est, qui empêche les forêts qui la couvrent de
s'étendre jusqu'au bord de la mer; mais une large
lisière de gazon d'un beau vert gris, qui l'environne,
en facilite la communication tout autour, et s'harmonie d'un côté avec la verdure des bois, et de
l'autre avec l'azur des flots. La vue se trouve ainsi

partagée en deux aspects, l'un terrestre et l'autre
maritime. Celui de la terre présente des collines
qui fuient les unes derrière les autres en amphithéâtre, et dont les contours, couverts d'arbres en
pyramides, se profilent avec majesté sur la voûte
des cieux. Au-dessus de ces forêts s'élève comme
une seconde forêt de palmistes, qui balancent au-
dessus des vallées solitaires leurs longues colonnes
couronnées d'un panache de palmes et surmontées
d'une lance. Les montagnes de l'intérieur présentent
au loin des plateaux de rochers, garnis de grands
arbres et de lianes pendantes, qui flottent comme
des draperies au gré des vents. Elles sont surmontées de hauts pitons, autour desquels se rassemblent
sans cesse des nuées pluvieuses ; et lorsque les
rayons du soleil les éclairent, on voit les couleurs
de l'arc-en-ciel se peindre sur leurs escarpemens,
et les eaux des pluies couler sur leurs flancs bruns
en nappes brillantes de cristal ou en longs filets
d'argent. Aucun obstacle n'empêche de parcourir
les bords qui tapissent leurs flancs et leurs bases ;
car les ruisseaux qui descendent des montagnes,
présentent le long de leurs rives des lisières de sable
ou de larges plateaux de roches qu'ils ont dépouillés
de leurs terres. De plus ils frayent un libre passage
depuis leurs sources jusqu'à leurs embouchures,
en détruisant les arbres qui croîtroient dans leurs
lits, et en fertilisant ceux qui naissent sur leurs

bords; et ils ménagent au-dessus d'eux dans tout
leur cours, de grandes voûtes de verdure qui fuient
en perspective, et qu'on apperçoit des bords de la
mer. Des lianes s'entrelacent dans les cintres de ces
voûtes, assurent leurs arcades contre les vents, et
les décorent de la manière la plus agréable, en
opposant à leurs feuillages d'autres feuillages, et à
leur verdure des guirlandes de fleurs brillantes ou
de gousses colorées. Si quelque arbre tombe de
vétusté, la nature, qui hâte par-tout la destruction
de tous les êtres inutiles, couvre son tronc de capillaires du plus beau vert, et d'agarics ondés de jaune,
d'aurore et de pourpre, qui se nourrissent de ses
débris. Du côté de la mer, le gazon qui termine
l'île est parsemé çà et là de bosquets de lataniers,
dont les palmes faites en éventail et attachées à des
queues souples, rayonnent en l'air comme des
soleils de verdure. Ces lataniers s'avancent jusque
dans la mer sur les caps de l'île, avec les oiseaux de
terre qui les habitent, tandis que de petites baies,
où nagent une multitude d'oiseaux de marine, et
qui sont pour ainsi dire pavées de madrépores
couleur de fleur de pêcher, de roches noires couvertes de nérites couleur de rose, et de toutes
sortes de coquillages, pénètrent dans l'île et réfléchissent comme des miroirs, tous les objets de la
terre et des cieux. Vous croiriez y voir les oiseaux
voler dans l'eau et les poissons nager dans les arbres,

et vous diriez du mariage de la Terre et de l'Océan, qui entrelacent et confondent leurs domaines. Dans la plupart même des îles inhabitées, situées entre les tropiques, on a trouvé, lorsqu'on en a fait la découverte, les bancs de sable qui les environnent, remplis de tortues qui y venoient faire leur ponte, et de flamans couleur de rose, qui ressemblent sur leurs nids à des brandons de feu. Elles étoient encore bordées de mangliers couverts d'huîtres, qui opposoient leurs feuillages flottans à la violence des flots, et de cocotiers chargés de fruits, qui, s'avançant jusque dans la mer, le long des rescifs, présentoient aux navigateurs l'aspect d'une ville avec ses remparts et ses avenues, et leur annonçoient de loin les asyles qui leur étoient préparés par le dieu des mers. Ces divers genres de beauté ont dû être communs à l'île de France comme à beaucoup d'autres îles, et ils auront sans doute été détruits par les besoins des premiers marins qui y ont abordé. Tel est le tableau bien imparfait d'un pays dont les anciens philosophes jugeoient le climat inhabitable, et dont les philosophes modernes regardent le sol comme une écume de l'Océan ou des volcans.

Le second lieu agreste que j'ai vu, étoit dans la Finlande Russe, lorsque j'étois employé, en 1764, à la visite de ses places avec les généraux du corps du Génie, dans lequel je servois. Nous voyagions

entre la Suède et la Russie, dans des pays si peu
fréquentés, que les sapins avoient poussé dans le
grand chemin de démarcation qui sépare leur territoire. Il étoit impossible d'y passer en voiture, et
il fallut y envoyer des paysans pour les couper, afin
que nos équipages pussent nous suivre. Cependant
nous pouvions pénétrer par-tout à pied et souvent
à cheval, quoiqu'il nous fallût visiter les détours,
les sommets et les plus petits recoins d'un grand
nombre de rochers, pour en examiner les défenses
naturelles, et que la Finlande en soit si couverte
que les anciens géographes lui ont donné le surnom
de *Lapidosa*. Non-seulement ces rochers y sont
répandus en grands blocs à la surface de la terre,
mais les vallées et les collines tout entières y sont,
en beaucoup d'endroits, formées d'une seule pièce
de roc vif. Ce roc est un granit tendre qui s'ex-
folie, et dont les débris fertilisent les plantes, en
même temps que ses grandes masses les abritent
contre les vents du nord, et réfléchissent sur elles
les rayons du soleil par leurs courbures et par les
particules de mica dont il est rempli. Les fonds de
ces vallées étoient tapissés de longues lisières de
prairies qui facilitent par-tout la communication.
Aux endroits où elles étoient de roc tout pur,
comme à leur naissance, elles étoient couvertes
d'une plante appelée *Kloukva*, qui se plaît sur les
rochers. Elle sort de leurs fentes, et ne s'élève guère

à plus d'un pied et demi de hauteur ; mais elle trace
de tous côtés , et s'étend fort loin. Ses feuilles et
sa verdure ressemblent à celles du buis , et ses
rameaux sont parsemés de fruits rouges bons à manger , semblables à des fraises. Des sapins , des bouleaux et des sorbiers végétoient à merveille sur les
flancs de ces collines , quoique souvent ils y trou-
vassent à peine assez de terre pour y enfoncer leurs
racines. Les sommets de la plupart de ces collines
de roc étoient arrondis en forme de calotte , et rendus tout luisans par des eaux qui suintoient à travers
de longues félures qui les sillonnoient. Plusieurs de
ces calottes étoient toutes nues , et si glissantes ,
qu'à peine pouvoit-on y marcher. Elles étoient couronnées tout autour d'une large ceinture de mousses
d'un vert d'émeraude , d'où sortoit çà et là une multitude infinie de champignons de toutes les formes
et de toutes les couleurs. Il y en avoit de faits
comme de gros étuis couleur d'écarlate , piquetés de
points blancs ; d'autres de couleur d'orange , formés
en parasols ; d'autres jaunes comme du safran , et
alongés comme des œufs. Il y en avoit du plus beau
blanc et si bien tournés en rond , qu'on les eût pris
pour des dames d'ivoire. Ces mousses et ces champignons se répandoient le long des filets d'eau qui
couloient des sommets de ces collines de roc ,
s'étendoient en longs rayons jusqu'à travers les bois
dont leurs flancs étoient couverts, et venoient bor-

der leurs lisières en se confondant avec une multitude de fraisiers et de framboisiers. La nature, pour
dédommager ce pays de la rareté des fleurs apparentes qu'il produit en petit nombre, en a donné les
parfums à plusieurs plantes, telles qu'au calamus
aromaticus, au bouleau qui exhale au printemps une
forte odeur de rose, et au sapin dont les pommes
sont odorantes. Elle a répandu de même les couleurs
les plus agréables et les plus brillantes des fleurs sur
les végétations les plus communes, telles que sur
les cônes du mélèse qui sont d'un beau violet, sur
les baies écarlate du sorbier, sur les mousses, les
champignons, et même sur les choux-raves. Voici
ce que dit, à l'occasion de ces derniers végétaux,
l'exact Corneille le Bruyn, dans son voyage à Archangel (1) « : Pendant le séjour que nous fîmes (chez
» les Samoïèdes), on nous apporta plusieurs sortes
» de navets de différentes couleurs, d'une beauté
» surprenante. Il y en avoit de violets, comme les
» prunes parmi nous, de gris, de blancs, et de jau-
» nâtres, tous tracés d'un rouge semblable au ver-
» millon ou à la plus belle laque, et aussi agréables
» à la vue qu'un œillet. J'en peignis quelques-uns
» à l'eau sur du papier, et en envoyai en Hollande,
» dans une boîte remplie de sable sec, à un de mes
» amis, amateur de ces sortes de curiosités. Je portai

_____

(1) Tome 5, page 21.

» ceux que j'avois peints à Archangel, où on ne pou-
» voit croire qu'ils fussent d'après nature, jusqu'à
» ce que j'eusse produit les navets même : marque
» qu'on n'y fait guère d'attention à ce que la nature
» y peut former de rare et de curieux ».

Je pense que ces navets sont des choux-raves,
dont les raves croissent au-dessus de la terre. Du
moins je le présume, par le dessin même qu'en donne
Corneille le Bruyn, et parce que j'en ai vu de pareils
en Finlande ; ils ont un goût supérieur à celui de
nos choux, et semblable à celui des culs d'artichauts.
J'ai rapporté ces témoignages d'un peintre, et d'un
peintre hollandais, sur la beauté de ces couleurs, pour
détruire le préjugé où l'on est, que ce n'est qu'aux
Indes où le soleil colore magnifiquement les végétaux.
Mais rien n'égale, à mon avis, le beau vert des plantes
du Nord, au printemps. J'y ai souvent admiré celui
des bouleaux, des gazons, et des mousses dont quelques-unes sont glacées de violet et de pourpre.
Les sombres sapins même se festonnent alors du
vert le plus tendre ; et lorsqu'ils viennent à jeter,
de l'extrémité de leurs rameaux, des touffes jaunes
d'étamines, ils paroissent comme de vastes pyramides toutes chargées de lampions. Nous ne trouvions
nul obstacle à marcher dans leurs forêts. Quelquefois nous y rencontrions des bouleaux renversés et
tout vermoulus ; mais en mettant les pieds sur leur
écorce, elle nous supportoit comme un cuir épais.

I.   z

Le bois de ces bouleaux pourrit fort vîte, et leur
écorce qu'aucune humidité ne peut corrompre, est
entraînée, à la fonte des neiges, dans les lacs sur
lesquels elle surnage tout d'une pièce. Quant aux
sapins, lorsqu'ils tombent, l'humidité et les mousses
les détruisent en fort peu de temps. Ce pays est
entrecoupé de grands lacs qui présentent par-tout
de nouveaux moyens de communication, en péné-
trant par leurs longs golfes dans les terres, et offrent
un nouveau genre de beauté, en réfléchissant dans
leurs eaux tranquilles les orifices des vallées, les
collines mousseuses, et les sapins inclinés sur les
promontoires de leurs rivages.

Il seroit difficile de rendre le bon accueil que
nous recevions dans les habitations solitaires de ces
lieux. Leurs maîtres s'efforçoient par toutes sortes
de moyens de nous y retenir plusieurs jours. Ils
envoyoient, à dix et quinze lieues de là, inviter leurs
amis et leurs parens pour nous tenir compagnie. Les
jours et les nuits se passoient en danses et en festins.
Dans les villes, les principaux habitans nous trai-
toient tour à tour. C'est au milieu de ces fêtes hospi-
talières que nous avons parcouru les villes de la
pauvre Finlande, Wibourg, Villemanstrand, Fré-
dériksham, Nislot, &c. Le château de cette dernière
est situé sur un rocher au dégorgement du lac
Kiemen qui l'environne de deux cataractes. De ses
plates-formes, on aperçoit la vaste étendue de ce

lac. Nous dînâmes dans une de ses quatre tours,
dans une petite chambre éclairée par des fenêtres
qui ressembloient à des meurtrières. C'étoit la même
chambre où vécut long-temps l'infortuné Ivan, qui
descendit du trône de Russie à l'âge de deux ans et
demi. Mais ce n'est pas ici le lieu de m'étendre sur
l'influence que les idées morales peuvent répandre
sur les paysages.

Les plantes ne sont donc pas jetées au hasard sur
la terre; et, quoiqu'on n'ait encore rien dit sur leur
ordonnance en général dans les divers climats, cette
simple esquisse suffit pour faire voir qu'il y a de l'ordre dans leur ensemble. Si nous examinons de
même superficiellement leur développement, leur
attitude et leur grandeur, nous verrons qu'il y a autant
d'harmonie dans l'agrégation de leurs parties, que
dans celle de leurs espèces. Elles ne peuvent, en
aucune manière, être considérées comme des productions mécaniques du chaud et du froid, de la
sécheresse et de l'humidité. Les systèmes de nos
sciences nous ont ramenés précisément aux opinions
qui jetèrent les peuples barbares dans l'idolatrie,
comme si la fin de nos lumières devoit être le commencement et le retour de nos ténèbres. Voici ce
que leur reproche l'auteur du livre de la Sagesse (1):
Aut ignem, aut spiritum, aut citatum aërem, aut gyrum

_____

(1) *Sapientiæ*, cap. XII, v. 12.

z 2

stellarum, aut nimiam aquam, aut solem et lunam
rectores orbi terrarum Deos putaverunt. « Ils se sont
» imaginé que le feu, ou le vent, ou l'air le plus
» subtil, ou l'influence des étoiles, ou la mer, ou
» le soleil et la lune, régissoient la terre et en étoient
» les dieux ».

Toutes ces causes physiques réunies n'ont pas
ordonné le port d'une seule mousse. Pour nous en
convaincre, commençons par examiner la circulation des plantes. On a posé, comme un principe
certain, que leurs sèves montoient par leur bois et
redescendoient par leurs écorces. Je n'opposerai
aux expériences qu'on en a rapportées, qu'un grand
marronier des Tuileries, voisin de la terrasse des
Feuillans, qui, depuis plus de vingt ans n'a point
d'écorce autour de son pied, et qui cependant est
plein de vigueur. Plusieurs ormes des boulevards
sont dans le même cas. D'un autre côté, on voit de
vieux saules caverneux qui n'ont point du tout de
bois. D'ailleurs, comment peut-on appliquer ce principe à la végétation d'une multitude de plantes, dont
les unes n'ont que des tubes, et d'autres n'ont point
du tout d'écorce et ne sont revêtues que de pelli-
cules sèches ?

Il n'y a pas plus de vérité à supposer qu'elles s'élèvent en ligne perpendiculaire, et qu'elles sont déterminées à cette direction par l'action des colonnes de
l'air. Quelques-unes, à la vérité, la suivent comme

le sapin, l'épi de blé, le roseau. Mais un bien plus
grand nombre s'en écarte, tels que les volubiles,
les vignes, les lianes, les haricots, &c... D'autres
montent verticalement, et étant parvenues à une certaine hauteur, en plein air, sans éprouver aucun
obstacle, se fourchent en plusieurs tiges; et étendent horizontalement leurs branches, comme les
pommiers; ou les inclinent vers la terre, comme les
sapins; ou les creusent en forme de coupe, comme
les sassafras; ou les arrondissent en tête de champignons, comme les pins; ou les dressent en obélisque, comme les peupliers; ou les tournent en laine
de quenouille, comme les cyprès; ou les laissent
flotter au gré des vents, comme les bouleaux. Toutes ces attitudes se voient sous le même rumb de vent.
Il y en a même qui adoptent des formes auxquelles
l'art des jardiniers auroit bien de la peine à les assu-
jétir. Tel est le badamier des Indes, qui croît en
pyramide, comme le sapin, et la porte, divisée par
étages, comme un roi d'échecs. Il y a des plantes
très-vigoureuses, qui, loin de suivre la ligne verticale, s'en écartent au moment même où elles sortent
de la terre. Telle est la fausse patate des Indes, qui
aime à se traîner sur le sable des rivages des pays
chauds, dont elle couvre des arpens entiers. Tel est
encore le rotin de la Chine, qui croît souvent aux
mêmes endroits. Ces plantes ne rampent point par
foiblesse. Les scions du rotin sont si forts, qu'on

en fait à la Chine des cables pour les vaisseaux ; et
lorsqu'ils sont sur la terre, les cerfs s'y prennent
tout vivans, sans pouvoir s'en dépêtrer. Ce sont des
filets dressés par la nature. Je ne finirois pas si je
voulois parcourir ici les différens ports des végétaux ;
ce que j'en ai dit suffit pour montrer qu'il n'y en a
aucun qui soit dirigé par la colonne verticale de l'air.
On a été induit à cette erreur, parce qu'on a supposé qu'ils cherchoient le plus grand volume d'air,
et cette erreur de physique en a produit une autre
en géométrie ; car, dans cette supposition, ils
devroient se jeter tous à l'horizon, parce que la
colonne d'air y est beaucoup plus considérable qu'au
zénith . Il faut de même supprimer les conséquences
qu'on en a tirées, et qu'on a posées comme des principes de jurisprudence pour le partage des terres,
dans des livres vantés de mathématiques, tel que
celui-ci , « qu'il ne croît pas plus de bois ni plus
» d'herbes sur la pente d'une montagne, qu'il n'en
» croîtroit sur sa base ». Il n'y a pas de bûcheron ni
de faneur qui ne vous démontre le contraire par l'expérience.

Les plantes, dit-on, sont des corps mécaniques.
Essayez de faire un corps aussi mince, aussi tendre,
aussi fragile que celui d'une feuille qui résiste des
années entières aux vents, aux pluies, à la gelée et
au soleil le plus ardent. Un esprit de vie, indépendant de toutes les latitudes, régit les plantes, les

conserve et les reproduit. Elles réparent leurs blessures, et elles recouvrent leurs plaies de nouvelles
écorces. Les pyramides de l'Egypte s'en vont en
poudre, et les graminées du temps des Pharaons subsistent encore. Que de tombeaux grecs et romains,
dont les pierres étoient ancrées de fer, ont disparu !
Il n'est resté, autour de leurs ruines, que les cyprès
qui les ombrageoient. C'est le soleil, dit-on, qui
donne l'existence aux végétaux, et qui l'entretient.
Mais ce grand agent de la nature, tout puissant qu'il
est, n'est pas même la cause unique et déterminante
de leur développement. Si la chaleur invite la plupart de ceux de nos climats à ouvrir leurs fleurs, elle
en oblige d'autres à les fermer. Tels sont, dans ceux-
ci, la belle-de-nuit du Pérou, et l'arbre-triste des
Moluques, qui ne fleurissent que la nuit. Son éloignement même de notre hémisphère n'y détruit
point la puissance de la nature. C'est alors que végè-
tent la plupart des mousses qui tapissent les rochers
d'un vert d'émeraude, et que les troncs des arbres
se couvrent dans les lieux humides, de plantes
imperceptibles à la vue, appelées Mnium et Lichen,
qui les font paroître au milieu des glaces, comme
des colonnes de bronze vert. Ces végétations, au
plus fort de l'hiver, détruisent tous nos raisonnemens sur les effets universels de la chaleur, puisque
des plantes d'une organisation si délicate semblent
avoir besoin pour se développer, de la plus douce

température. La chute même des feuilles, que nous regardons comme un effet de l'absence du soleil, n'est point occasionnée par le froid. Si les palmiers les conservent toute l'année dans le midi, les sapins les gardent au nord en tout temps. A la vérité, les bouleaux, les mélèzes et plusieurs autres espèces d'arbres les perdent dans le nord à l'entrée de l'hiver ; mais ce dépouillement arrive aussi à d'autres arbres dans le midi. Ce sont, dit-on, les résines qui conservent dans le nord celles des sapins; mais le mélèze, qui est résineux, y laisse tomber les siennes; et le filaria, le lierre, l'alaterne et plusieurs autres espèces qui ne le sont point, les gardent chez nous toute l'année. Sans recourir à ces causes mécaniques, dont les effets se contredisent toujours dès qu'on veut les généraliser, pourquoi ne pas reconnoître dans ces variétés de la végétation, la constance d'une Providence? Elle a mis au midi des arbres toujours verts, et leur a donné un large feuillage pour abriter les animaux de la chaleur. Elle y est encore venue au secours des animaux en les couvrant de robes à poils ras, afin de les vêtir à la légère; et elle a tapissé la terre qu'ils habitent, de fougères et de lianes vertes, afin de les tenir fraîchement. Elle n'a pas oublié les besoins des animaux du nord : elle a donné à ceux-ci pour toits, les sapins toujours verts, dont les pyramides hautes et touffues écartent les neiges de leurs pieds, et dont les branches sont si garnies de longues mousses grises, qu'à peine on en aperçoit le tronc; pour litières, les mousses même de la terre, qui y ont en plusieurs endroits plus d'un pied d'épaisseur, et les feuilles molles et sèches de beaucoup d'arbres, qui tombent précisément à l'entrée de la mauvaise saison ; enfin pour provisions, les fruits de ces mêmes arbres qui sont alors en pleine maturité. Elle y ajoute çà et là les grappes rouges des sorbiers, qui, brillant au loin sur la blancheur des neiges, invitent les oiseaux à recourir à ces asyles ; en sorte que les perdrix, les coqs de bruyère, les oiseaux de neige, les lièvres, les écureuils trouvent souvent à l'abri du même sapin, de quoi se loger, se nourrir et se tenir fort chaudement.

Mais un des plus grands bienfaits de la Providence envers les animaux du nord, est de les avoir revêtus de robes fourrées de poils longs et épais, qui croissent précisément en hiver, et qui tombent en été. Les naturalistes, qui regardent les poils des animaux comme des espèces de végétations, ne manquent pas d'expliquer leurs accroissemens par la chaleur. Ils confirment leur systême par l'exemple de la barbe et des cheveux de l'homme, qui croissent rapidement en été. Mais je leur demande pourquoi, dans les pays froids, les chevaux qui y sont ras en été, se couvrent en hiver d'un poil long et frisé comme la laine des moutons? A cela ils répondent que c'est la

chaleur intérieure de leur corps, augmentée par
l'action extérieure du froid, qui produit cette merveille. Fort bien. Je pourrois leur objecter que le
froid ne produit pas cet effet sur la barbe et sur les
cheveux de l'homme, puisqu'il retarde leur accroissement ; que de plus, sur les animaux revêtus en
hiver par la Providence, les poils sont beaucoup
plus longs et plus épais aux endroits de leur corps
qui ont le moins de chaleur naturelle, tels qu'à la
queue, qui est très-touffue dans les chevaux, les
martres, les renards et les loups, et que ces poils
sont courts et rares aux endroits où elle est la plus
grande, comme au ventre. Leur dos, leurs oreilles,
et souvent même leurs pattes, sont les parties de
leur corps les plus couvertes de poils. Mais je me
contente de leur proposer cette dernière objection :
la chaleur extérieure et intérieure d'un lion d'Afrique
doit être au moins aussi ardente que celle d'un loup
de Sibérie ; pourquoi le premier est-il à poil ras,
tandis que le second est velu jusqu'aux yeux ?

Le froid, que nous regardons comme un des
plus grands obstacles de la végétation, est aussi
nécessaire à certaines plantes, que la chaleur l'est
à d'autres.

Si celles du midi ne sauroient croître au nord,
celles du nord ne réussissent pas mieux au midi.
Les Hollandais ont fait de vaines tentatives pour
élever des sapins au Cap de Bonne-Espérance, afin

d'avoir des mâtures de vaisseaux, qui se vendent très-cher aux Indes. Plusieurs habitans ont fait à l'île de France des essais inutiles pour y faire croître la lavande, la marguerite des prés, la violette, et d'autres herbes de nos climats tempérés. Alexandre, qui transplantoit les nations à son gré, ne put jamais venir à bout de faire venir le lierre de la Grèce dans le territoire de Babylone (1), quoiqu'il eût grande envie de jouer aux Indes le personnage de Bacchus avec tout son costume. Je crois cependant qu'on pourroit venir à bout de ces transmigrations végétales, en employant au midi des glacières pour les plantes du nord, comme on emploie dans le nord des poêles pour les plantes du midi. Je ne pense pas qu'il y ait un seul endroit sur le globe où, avec un peu d'industrie, on ne puisse se procurer de la glace, comme on s'y procure du sel. Je n'ai trouvé nulle part de température aussi chaude que celle de l'île de Malte, quoique j'aie passé deux fois la ligne, et que j'aie vécu à l'île de France, où le soleil monte deux fois par an au zénith. Le sol de Malte est formé de collines de pierres blanches, qui réfléchissent les rayons du soleil avec tant de force, que la vue en est sensiblement affectée; et quand le vent d'Afrique, appelé Syroco, qui part des sables du Zara pour aller fondre les glaces du

_____

(1) Voyez Plutarque et Pline.

nord, vient à passer sur cette île, l'air y est aussi
chaud que l'haleine d'un four. Je me rappelle que
dans ces jours-là, il y avoit un Neptune de bronze
sur le bord de la mer, dont le métal devenoit si
brûlant, qu'à peine on y pouvoit tenir la main.
Cependant on apportoit dans l'île de la neige du
mont Etna, qui est à soixante lieues de là ; on la
conservoit pendant des mois entiers dans des souterrains sur de la paille, et elle ne valoit que deux
liards la livre ; encore y étoit-elle affermée. Puisqu'on peut avoir de la neige à Malte dans la canicule,
je crois qu'on peut s'en procurer dans tous les pays
du monde. D'ailleurs la nature, comme nous l'avons
vu, a multiplié les montagnes à glaces dans le voisinage des pays chauds. On pourra peut-être me
reprocher d'indiquer ici des moyens d'accroître le
luxe : mais puisque le peuple ne vit plus que du luxe
des riches, celui-ci peut tourner au moins au profit
des sciences naturelles.

Il s'en faut beaucoup que le froid soit l'ennemi de
toutes les plantes, puisque ce n'est que dans le nord
que l'on trouve les forêts les plus élevées et les plus
étendues qu'il y ait sur la terre. Ce n'est qu'au pied
des neiges éternelles du mont Liban que le cèdre,
le roi des végétaux, s'élève dans toute sa majesté.
Le sapin, qui est après lui l'arbre le plus grand de
nos forêts, ne vient à une hauteur prodigieuse que
dans les montagnes à glaces, et dans les climats

froids de la Norwège et de la Russie. Pline dit que
la plus grande pièce de bois qu'on eût vue à Rome
jusqu'à son temps, étoit une poutre de sapin de
cent vingt pieds de long, et de deux pieds d'équar-
rissage aux deux bouts, que Tibère avoit fait venir
des froides montagnes de la Voltoline en Piémont,
et que Néron employa à son amphithéâtre. « Jugez,
» dit-il, quelle devoit être la longueur de l'arbre
» entier, par ce qu'on en avoit coupé »! Cependant,
comme je crois que Pline parle de pieds romains,
qui sont de la même grandeur que ceux du Rhin, il
faut diminuer cette dimension d'un douzième à-
peu-près. Il cite encore le mât de sapin du vaisseau
qui apporta d'Egypte l'obélisque que Caligula fit
mettre au Vatican; ce mât avoit quatre brasses de
tour. Je ne sais d'où on l'avoit tiré. Pour moi, j'ai
vu en Russie des sapins auprès desquels ceux de
nos climats tempérés ne sont que des avortons. J'en
ai vu, entre autres, deux tronçons entre Pétersbourg et Moscou, qui surpassoient en grosseur les
plus gros mâts de nos vaisseaux de guerre, quoique
ceux-ci soient faits de plusieurs pièces. Ils étoient
coupés du même arbre, et servoient de montans à
la porte de la basse-cour d'un paysan. Les bateaux
qui apportent du lac de Ladoga des provisions à
Pétersbourg, ne sont guère moins grands que ceux
qui remontent de Rouen à Paris. Ils sont construits
de planches de sapin de deux à trois pouces d'épais-

seur, quelquefois de deux pieds de large, et qui ont
de longueur toute celle du bateau. Les charpentiers
russes des cantons où on les bâtit, ne font d'un
arbre qu'une seule planche, le bois y étant si commun, qu'ils ne se donnent pas la peine de le scier.
Avant que j'eusse voyagé dans les pays du Nord, je
me figurois, d'après les lois de notre physique, que
la terre devoit y être dépouillée de végétaux par la
rigueur du froid. Je fus fort étonné d'y voir les plus
grands arbres que j'eusse vus de ma vie, et placés si
près les uns des autres, qu'un écureuil pourroit
parcourir une bonne partie de la Russie sans mettre
pied à terre, en sautant de branches en branches.
Cette forêt de sapins couvre la Finlande, l'Ingrie,
l'Estonie, tout l'espace compris entre Pétersbourg
et Moscou, et de là s'étend sur une grande partie de
la Pologne, où les chênes commencent à paroître,
comme je l'ai observé moi-même en traversant ces
pays. Mais ce que j'en ai vu, n'en est que la moindre
partie, puisqu'on sait qu'elle s'étend depuis la Norwège jusqu'au Kamchatka, quelques déserts sablonneux exceptés ; et depuis Breslau jusqu'aux bords
de la mer Glaciale.

Je terminerai cet article par réfuter une erreur
dont j'ai parlé dans l'Etude précédente, qui est que
le froid a diminué dans le Nord, parce qu'on y a
abattu des forêts. Comme elle a été mise en avant
par quelques-uns de nos écrivains les plus célèbres,

et répétée ensuite , comme c'est l'usage , par la foule des autres, il est important de la détruire , parce qu'elle est très-nuisible à l'économie rurale. Je l'ai adoptée long-temps, sur la foi historique; et ce ne sont point des livres qui m'en ont fait revenir, ce sont des paysans.

Un jour d'été, sur les deux heures après-midi , étant sur le point de traverser la forêt d'Ivry, je vis des bergers avec leurs troupeaux, qui s'en tenoient à quelque distance, en se reposant à l'ombre de quelques arbres épars dans la campagne. Je leur demandai pourquoi ils n'entroient pas dans la forêt pour se mettre, eux et leurs troupeaux, à couvert de la chaleur ? Ils me répondirent qu'il y faisoit trop chaud , et qu'ils n'y menoient leurs moutons que le matin et le soir. Cependant, comme je desirois parcourir en plein jour les bois où Henri iv avoit chassé, et arriver de bonne heure à Anet, pour y voir la maison de plaisance de Henri ii , et le tombeau de Diane de Poitiers sa maîtresse, j'engageai l'enfant d'un de ces bergers à me servir de guide, ce qui lui fut fort aisé; car le chemin qui mène à Anet, traverse la forêt en ligne droite ; et il est si peu fréquenté de ce côté-là, que je le trouvai couvert, en beaucoup d'endroits, de gazons et de fraisiers. J'éprouvai, pendant tout le temps que j'y marchai, une chaleur étouffante , et beaucoup plus forte que celle qui régnoit dans la campagne. Je ne commen-

çai même à respirer que quand j'en fus tout-à-fait sorti,
et que je fus éloigné des bords de la forêt de plus
de trois portées de fusil. Au reste, ces bergers,
cette solitude, ce silence des bois, me parurent plus
augustes, mêlés au souvenir de Henri IV, que les
attributs de chasse en bronze, et les chiffres de
Henri II entrelacés avec les croissans de Diane, qui
surmontent de toutes parts les dômes du château
d'Anet. Ce château royal, chargé de trophées antiques d'amour, me donna d'abord un sentiment profond de plaisir et de mélancolie ; ensuite il m'en
inspira de tristesse, quand je me rappelai que cet
amour ne fut pas légitime ; mais il me remplit à la
fin de vénération et de respect, quand j'appris que,
par une de ces révolutions si ordinaires aux monumens des hommes, il étoit habité par le vertueux
duc de Penthièvre.

J'ai depuis réfléchi sur ce que m'avoient dit ces
bergers sur la chaleur des bois, et sur celle que
j'y avois éprouvée moi-même ; et j'ai remarqué en
effet qu'au printemps toutes les plantes sont plus
précoces dans leur voisinage, et qu'on trouve des
violettes en fleur sur leurs lisières, bien avant qu'on
en cueille dans les plaines et sur les collines découvertes. Les forêts mettent donc les terres à l'abri
du froid dans le nord ; mais ce qu'il y a d'admirable, c'est qu'elles les mettent à l'abri de la chaleur
dans les pays chauds. Ces deux effets opposés

viennent uniquement des formes et des dispositions
différentes de leurs feuilles. Dans le nord, celles
des sapins, des mélèzes, des pins, des cèdres, des
genévriers, sont petites, lustrées et vernisées; leur
finesse, leur vernis, et la multitude de leurs plans,
réfléchissent la chaleur autour d'elles en mille manières : elles produisent à-peu-près les mêmes effets
que les poils des animaux du nord, dont la fourrure
est d'autant plus chaude, que leurs poils sont fins
et lustrés. D'ailleurs, les feuilles de plusieurs espèces,
comme celles des sapins et des bouleaux, sont suspendues perpendiculairement à leurs rameaux par
de longues queues mobiles, en sorte qu'au moindre
vent elles réfléchissent autour d'elles les rayons du
soleil comme des miroirs. Au midi au contraire, les
palmiers, les talipots, les cocotiers, les bananiers,
portent de grandes feuilles qui, du côté de la terre,
sont plutôt mattes que lustrées, et qui, en s'étendant horizontalement, forment au-dessous d'elles
de grandes ombres, où il n'y a aucune réflexion de
chaleur. Je conviens cependant que le défriche-
ment des forêts dissipe les fraîcheurs occasionnées
par l'humidité; mais il augmente les froids secs et
âpres du nord, comme on l'a éprouvé dans les
hautes montagnes de la Norwège, qui étoient autrefois cultivées, et qui sont aujourd'hui inhabitables,
parce qu'on les a totalement dépouillées de leurs
bois. Ces mêmes défrichemens augmentent aussi la

I.   A a

chaleur dans les pays chauds, comme je l'ai observé
à l'île de France, sur plusieurs côtes qui sont devenues si arides depuis qu'on n'y a laissé aucun arbre,
qu'elles sont aujourd'hui sans culture. L'herbe même
qui y pousse pendant la saison des pluies, est en
peu de temps rôtie par le soleil. Ce qu'il y a de pis,
c'est qu'il est résulté de la sécheresse de ces côtes
le desséchement de quantité de ruisseaux ; car les
arbres plantés sur les hauteurs y attirent l'humidité
de l'air et l'y fixent, comme nous le verrons dans
l'étude des plantes. De plus, en détruisant les arbres
qui sont sur les hauteurs, on ôte aux vallons leurs
engrais naturels, et aux campagnes les palissades qui
les abritent des grands vents. Ces vents désolent tellement les cultures en quelques endroits, qu'on n'y
peut rien faire croître. J'attribue à ce dernier inconvénient la stérilité des landes de Bretagne. En vain
on a essayé de leur rendre leur ancienne fécondité :
on n'en viendra point à bout, si on ne commence
par leur rendre leurs abris et leur température, en
y ressemant des forêts. Mais avant tout, il faut que
les paysans qui les cultivent soient heureux. La
prospérité d'une terre dépend, avant toutes choses,
de celle de ses habitans.

ÉTUDE VI.

Réponses aux Objections contre la Providence, tirées des désordres du règne animal.

Nous continuerons de parler de la fécondité des terres du nord, pour détruire le préjugé, qui n'attribue le principe de la vie dans les plantes et dans les animaux qu'à la chaleur du midi. Je pourrois m'étendre sur les chasses nombreusses d'élans, de rennes, d'oiseaux aquatiques, de francolins, de lièvres, d'ours blancs, de loups, de renards, de martres, d'hermines, de castors, &c. que les habitans des terres septentrionales font tous les ans, et dont les seules pelleteries, qu'ils n'emploient pas à leurs usages, leur produisent une branche considérable de commerce par toute l'Europe. Mais je m'arrêterai seulement à leurs pêches, parce que ces présens des eaux sont offerts à toutes les nations, et ne sont nulle part aussi abondans que dans le Nord.

On tire des rivières et des lacs du Nord une multitude prodigieuse de poissons. Jean Schæffer, historien exact de Laponie, dit (1) qu'on prend chaque

(1) Histoire de Laponie, par Jean Schæffer.

année à Tornéo jusqu'à treize cents barques de saumon ; que les brochets y sont si grands , qu'il y en a de la longueur d'un homme , et qu'on en sale chaque année de quoi nourrir quatre royaumes du Nord. Mais ces pêches abondantes n'approchent pas encore de celles de ses mers (1). C'est dans leur sein qu'on prend ces monstrueuses baleines , qui ont pour l'ordinaire soixante pieds de longueur , vingt pieds de largeur au corps et à la queue, dix-huit pieds de hauteur, et qui donnent jusqu'à cent trente barriques d'huile. Leur lard a deux pieds d'épaisseur , et on est obligé de se servir de couteaux de six pieds de long pour le découper. Il sort tous les ans des mers du Nord une multitude innombrable de poissons, qui enrichissent tous les pêcheurs de l'Europe ; tels sont les morues, les anchois, les esturgeons , les dorches , les maquereaux , les sardines , les harengs , les chiens de mer , les belugas, les phoques , les marsouins , les chevaux marins, les souffleurs , les licornes de mer , les poissons à scie , &c.... Ils y sont tous d'une taille plus considérable que dans les latitudes tempérées, et divisés en un plus grand nombre d'espèces. On en compte jusqu'à douze dans celles des baleines ; et les plies ou flétans y pèsent jusqu'à quatre cents livres. Je ne m'arrêterai qu'à ceux des poissons qui nous sont les

_____

(1) Voyez Frédéric Martens de Hambourg.

plus connus, tels que les harengs. C'est un fait certain, qu'il en sort tous les ans une quantité plus que
suffisante pour nourrir tous les habitans de l'Europe.

Nous avons des mémoires qui prouvent que la
pêche s'en faisoit dès l'an 1168, dans le détroit du
Sund, entre les îles de Schonen et de Séeland.
Philippe de Mésières, gouverneur de Charles VI,
rapporte dans le *Songe du vieux Pélerin*, qu'en
1389, aux mois de septembre et d'octobre, il y avoit
une quantité si prodigieuse de harengs dans ce
détroit, que, « dans l'espace de plusieurs lieues,
» on pouvoit, dit-il, les tailler à l'épée ; et c'est
» commune renommée, qu'ils sont quarante mille
» bateaux, qui ne font autre chose en deux mois
» que pêcher le hareng, et en chacun bateau il y a
» au moins six personnes et jusqu'à dix ; et de plus
» il y a cinq cents grosses et moyennes nefs, qui
» ne font que recueillir et saler le hareng en caque ».
Il fait monter le nombre des pêcheurs à trois cent
mille hommes de la Prusse et de l'Allemagne. En
1610, les Hollandais, qui pêchent ce poisson encore
plus au nord, où il est meilleur, y employoient trois
mille bateaux, cinquante mille pêcheurs, sans
compter neuf mille autres vaisseaux qui l'encaquent
et l'apportent en Hollande, et cent cinquante mille
hommes, soit sur terre, soit sur mer, occupés à le
transporter, à l'apprêter et à le vendre. Ils en tiroient

alors de revenu deux millions six cent cinquante-
neuf mille livres sterlings. J'ai vu moi-même à Amsterdam, en 1762, la joie du peuple, qui met des
banderoles et des pavillons aux boutiques où l'on
vend ce poisson, à son arrivée : il y en a dans toutes
les rues. J'y ai ouï dire que la compagnie formée
pour la pêche du hareng, étoit plus riche et faisoit
vivre plus de monde que la compagnie des Indes.
Les Danois, les Norwégiens, les Suédois, les Ham-
bourgeois, les Anglais, les Irlandais et quelques
négocians de nos ports, comme de celui de Dieppe,
envoient des vaisseaux à cette pêche, mais en trop
petit nombre pour une manne aussi aisée à recueillir.

En 1782, à l'embouchure de la Gothela, petite
rivière qui baigne les murs de Gottembourg, on en
a salé cent trente-neuf mille tonneaux, enfumé trois
mille sept cents, et extrait deux mille huit cent qua-
rante-cinq tonneaux d'huile de ceux qui ne pouvoient être conservés. La Gazette de France (1),
qui rapporte cette pêche, remarque que jusqu'en
1752 ces poissons avoient été 72 ans sans y paroître.
J'attribue leur éloignement de cette côte à quelque
combat naval qui les en aura éloignés par le bruit
de l'artillerie, comme il arrive aux tortues de l'île
de l'Ascension d'abandonner la rade pendant plu-

_____

(1) Vendredi 11 octobre 1782.

sieurs semaines, lorsque les vaisseaux qui y passent
tirent du canon. C'est peut-être aussi quelque incendie de forêts qui aura détruit le végétal qui les
attiroit sur la côte. Le bon évêque de Berghen, Pontoppidan, le Fénélon de la Norwège, qui mettoit
dans ses sermons populaires des traits d'histoire
naturelle tout entiers, comme d'excellens morceaux
de théologie, rapporte (1) que lorsque les harengs
côtoient les rivages de la Norwège, « les baleines
» qui les poursuivent en grand nombre, et qui
» lancent en l'air leurs jets d'eau, font paroître la
» mer au loin comme si elle étoit couverte de che-
» minées fumantes. Les harengs poursuivis se jettent
» le long du rivage, dans les enfoncemens et dans
» les criques, où l'eau, auparavant tranquille, forme
» des lames et des vagues considérables par-tout où
» ils se sauvent. Ils s'y retirent en si grand nombre,
» qu'on peut les prendre à pleine corbeille, et que
» même les paysans les attrapent à la main ». Cependant ce que tous ces pêcheurs réunis en pêchent,
n'est qu'une très-petite partie de leur colonne qui
côtoie l'Allemagne, la France, l'Espagne, et s'avance
jusqu'au détroit de Gibraltar; dévorée, chemin faisant, par une multitude innombrable d'autres poissons et d'oiseaux de mer qui la suivent nuit et
jour, jusqu'à ce qu'elle se perde sur les rivages de

_____

(1) Pontoppidan, Histoire naturelle de Norwège.

l'Afrique, ou qu'elle retourne, selon d'autres, dans les climats du nord.

Pour moi, je ne crois pas plus que les harengs retournent dans les mers du nord, que les fruits ne remontent aux arbres d'où ils sont tombés. La nature est si magnifique dans les festins qu'elle prépare aux hommes, qu'elle ne leur présente jamais deux fois le même mets. Je présume, d'après une observation du P. Lamberti, missionnaire en Mingrélie, que ces poissons achèvent de circuire l'Europe en entrant dans la Méditerranée, et que le terme de leur émigration est à l'extrémité de la mer Noire, avec d'autant plus de fondement, que les sardines, qui partent des mêmes lieux, suivent la même route, comme le prouvent les pêches abondantes qu'en font les Provençaux sur leurs côtes et sur celles d'Italie. « L'on voit, dit le P. Lamberti (1), quel-
» quefois dans la mer Noire beaucoup de harengs,
» et ces années-là les habitans en tirent un présage
» que la pêche de l'esturgeon doit être fort abon-
» dante ; et ils en font un jugement contraire quand
» il n'en paroît point. L'on en vit en 1642 une si
» grande quantité, que la mer les ayant jetés sur la
» plage qui est entre Trébisonde et le pays des
» Abcasses, elle s'en trouva toute couverte, et bordée
» d'une digue de harengs qui avoit bien trois palmes

_____

(1) Relation de Mingrélie, collection de Thévenot.

» de haut. Ceux du pays appréhendoient que l'air
» ne s'empestât de la corruption de ces poissons ;
» mais l'on vit en même temps la côte pleine de cor-
» neilles et de corbeaux qui les délivrèrent de cette
» crainte en mangeant ces poissons. Ceux du pays
» disent que la même chose est arrivée autrefois,
» mais non pas en aussi grande quantité ».

Ce nombre prodigieux de harengs a certainement
de quoi étonner ; mais l'admiration redoublera, si
l'on considère que cette colonne n'est pas la moitié
de celle qui sort du nord tous les ans. Elle se partage à la hauteur de l'Islande, et tandis qu'une partie
vient répandre l'abondance sur les côtes de l'Europe, l'autre va la porter sur celles de l'Amérique.
Anderson dit que les harengs sont si abondans sur
les côtes de l'Islande, qu'une chaloupe peut à peine
les traverser à la rame. Ils y sont accompagnés d'une
multitude prodigieuse de sardines et de morues, ce
qui rend le poisson si commun dans cette île, que
les habitans le font sécher et le réduisent en farine
avec les arêtes, pour en nourrir leurs bœufs et leurs
chevaux. Le père Rale, jésuite, missionnaire en
Amérique, en parlant des Sauvages qui sont entre
l'Acadie et la Nouvelle-Angleterre, dit : « Qu'ils se
» rendent en un certain temps à une rivière peu
» éloignée, où, pendant un mois, les poissons mon-
» tent en si grande quantité, qu'on en rempliroit
» cinquante mille barriques en un jour, si l'on pou-

» voit suffire à ce travail. Ce sont des espéces de gros
» harengs fort agréables au goût quand ils sont frais.
» Ils sont pressés les uns sur les autres à un pied
» d'épaisseur, et on les puise comme l'eau. Les
» Sauvages les font sécher pendant huit ou dix jours,
» et ils en vivent pendant tout le temps qu'ils ense-
» mencent leurs terres (1) ». Ce témoignage est confirmé par un grand nombre d'autres, et en particulier par un Anglais, né en Amérique, et qui a
écrit l'histoire de la Virginie. « Au printemps, dit-
» il, les harengs montent en si grande foule dans les
» ruisseaux et les gués des rivières, qu'il est pres-
» que impossible d'y passer à cheval sans marcher
» sur ces poissons..... De là vient que dans cette
» saison de l'année, les endroits des rivières où l'eau
» est douce, sont empuantis par le poisson qu'il y a.
» Outre les harengs, on voit une infinité d'aloses,
» de rougets, d'esturgeons, et quelque peu de lam-
» proies qui passent de la mer dans les rivières (2) ».

Il paroît qu'une autre colonne de ces poissons
sort du pôle nord à l'est de notre continent, et passe
par le canal qui sépare l'Amérique de l'Asie. Car un
missionnaire dit que les habitans de la terre d'Yesso
vont vendre au Japon, entre autres poissons secs (3),

(1) Lettres édifiantes, tome 23, page 199.
(2) Histoire de la Virginie, page 202.
(3) Histoire ecclésiastique du Japon, par le P. F. Solier,
liv. 19, chap. 11.

des harengs. Les Espagnols, qui ont tenté des découvertes au nord de la Californie, en ont trouvé tous
les peuples ichtyophages et ne s'appliquant à aucune
culture. Quoiqu'ils n'y aient abordé qu'au milieu de
l'été, où la pêche de ces poissons ne s'y faisoit peut-
être pas encore, ils y trouvèrent une abondance prodigieuse de sardines, dont la patrie et les émigra-
tions sont les mêmes, car on en prend une grande
quantité de petites à Archangel. J'en ai mangé en
Russie chez M. le maréchal de Munich, qui les appeloit des anchois du Nord. Mais comme les mers septentrionales qui séparent l'Amérique de l'Asie nous
sont inconnues, je ne suivrai pas ce poisson plus
loin. J'observerai toutefois, que plus de la moitié de
ces harengs sont remplis d'œufs, et que s'ils venoient
tous à éclore pendant trois ou quatre générations
seulement, l'Océan entier ne seroit pas capable de
les contenir. Ils ont, à vue d'œil, au moins autant
d'œufs que les carpes. M. Petit, célèbre démons-
trateur en anatomie, et fameux médecin, a trouvé
que les deux paquets d'œufs d'une carpe de dix-huit
pouces de longueur, pesoient huit onces deux gros,
qui font quatre mille sept cent cinquante-deux grains,
et qu'il falloit le poids de soixante et douze de ces
œufs pour faire le poids d'un grain, ce qui fait trois
cent quarante-deux mille cent quarante-quatre œufs
compris dans les huit onces deux gros. Je me suis un
peu étendu au sujet de ces poissons, non pas pour

l'avantage de notre commerce, qui, avec ses offices,
ses priviléges, ses exclusions, rend rare tout ce qu'il
entreprend, mais à cause de la subsistance du peuple,
réduit en beaucoup d'endroits à ne manger que du
pain, tandis que la Providence donne à l'Europe,
d'une main si libérale, les poissons, peut-être les plus
friands de la mer (1). Il n'en faut pas juger par ceux
qu'on apporte à Paris dans l'arrière-saison, et qu'on a
pêchés à peu de distance de nos côtes; mais par ceux
qu'on pêche dans le Nord, connus en Hollande sous
le nom de harengs-pecs, qui sont épais, longs, gras,
ayant un goût de noisette, si délicats et si fondans
qu'on ne peut les faire cuire, et qu'on les mange
crus et salés comme des anchois.

Le pôle austral n'est pas moins poissonneux que
le pôle septentrional. Les peuples qui l'avoisinent,
tels que les habitans des îles de la Géorgie, de la
Nouvelle-Zélande, du détroit de Le Maire, de la
terre de Feu et du détroit de Magellan, sont ichtyophages, et n'exercent aucune sorte d'agriculture. Le
véridique chevalier Narbrught dit, dans son Journal
à la mer du Sud, que le port Desiré, qui est par
le 47ᵉ degré 48′ de latitude sud, est si rempli de

---

(1) Plus d'un gourmand a déjà fait cette observation ;
mais en voici une à laquelle peu d'hommes s'arrètent : c'est
qu'en tout genre, et par tout pays, *les choses les plus communes sont les meilleures.*

pingouins, de veaux marins et de lions marins, que
tout vaisseau qui y touchera, y trouvera des provisions en abondance. Tous ces animaux qui y sont
fort gras, ne vivent que de poissons. Quand il fut
dans le détroit de Magellan, il prit d'un seul coup
de filet plus de cinq cents gros poissons, semblables
à des mulets, aussi longs que la jambe d'un homme,
des éperlans de vingt pouces de longueur, une grande
quantité de poissons semblables aux anchois; enfin,
ils en trouvèrent tant de toutes sortes, qu'ils ne man-
gèrent autre chose pendant tout le temps qu'ils y
restèrent. Les moules à belle nacre, connues dans
nos cabinets sous le nom de moules de Magellan,
y sont d'une grandeur prodigieuse et excellentes à
manger. Les lépas, de même, y sont très-grands. Il
faut, dit-il, qu'il y ait sur ces rivages une infinité
de poissons, pour nourrir les veaux marins, les pingouins et les autres oiseaux qui ne vivent que de
poissons, et qui sont tous également gras, quoiqu'ils
soient innombrables. Ils tuèrent un jour quatre cents
lions marins en une demi-heure. Il y en avoit de
dix-huit pieds de long. Ceux qui en ont quatorze,
sont par millier. Leur chair est aussi belle et aussi
blanche que celle d'agneau, et très-bonne à manger
fraîche, mais elle est bien meilleure quand on l'a
tenue dans le sel. Sur quoi j'observerai qu'il n'y a
que les poissons des pays froids, qui prennent bien
le sel, et qui conservent, dans cet état, une partie de

leur saveur. Il semble que la nature ait voulu faire
participer, par ce moyen, tous les peuples de la
terre à l'abondance des pêches qui sortent des zônes
glaciales.

La côte occidentale de l'Amérique, dans cette
même latitude, n'est pas moins poissonneuse. « Dans
» toute la côte de la mer, dit le péruvien Garcillaso
» de la Véga (1), depuis Aréquipa jusqu'à Tarapaca,
» où il y a plus de deux cents lieues de longueur,
» ils n'emploient d'autres fientes pour fumer les
» terres que la fiente de certains oiseaux appelés
» passereaux marins, dont il y a des troupes si nom-
» breuses, qu'on ne sauroit les voir sans en être
» étonné. Ils se tiennent dans les îles désertes de la
» côte ; et à force d'y fienter, ils les blanchissent
» d'une telle manière, qu'on les prendroit de loin
» pour quelques montagnes couvertes de neiges. Les
» Incas réservoient ces îles pour en disposer en faveur
» de telle province qu'ils jugeroient à propos ». Or
cette fiente provenoit des poissons dont vivent ces
oiseaux. « En d'autres pays de la même côte, dit-
» il (2), dans les contrées d'Atica, d'Atitipa, de Vil-
» lacori, de Malla et de Chilca, on engraisse les terres
» avec les têtes de sardines qu'on y sème en abon-
» dance. On les enterre à une petite distance les unes

---

(1) Histoire des Incas, liv. 5, chap. 3.
(2) *Ibidem.*

» des autres, après y avoir mis dedans deux ou trois
» grains de maïs. En certaine saison de l'année, la
» mer jette sur le rivage une si grande quantité de
» sardines vives, qu'ils en ont de reste pour leur
» provision et pour engraisser leurs champs ; jus-
» que-là même que s'ils les vouloient ramasser tou-
» tes, ils en pourroient charger plusieurs navires ».

On voit que la côte du Pérou est à-peu-près le
terme de l'émigration des sardines qui sortent du
pôle sud , comme les côtes de la mer Noire sont le
terme de celle des harengs qui sortent du pôle nord.
Le développement de ces deux routes, des sardines
australiennes et des harengs septentrionaux , est à-
peu-près de la même longueur, et leurs destinées
sont, à la fin, semblables. On croiroit que quelques
Néréïdes sont chargées, tous les ans, de conduire
depuis les pôles, ces flottes innombrables de poissons, pour fournir à la subsistance des habitans
des zônes tempérées, et que quand elles sont arrivées au terme de leurs courses, dans les pays chauds
où les fruits abondent, elles vident sur le rivage, ce
qui reste dans leurs filets.

Il ne me sera pas aussi facile, je l'avoue, de
rapporter à la bienfaisance de la nature, les guerres
que se font entre eux les animaux. Pourquoi y a-
t-il des bêtes carnassières? Quand je ne résoudrois
pas cette difficulté, il ne faudroit pas accuser la
nature de cruauté, parce que je manquerois de

lumières. Elle a ordonné ce que nous connoissons avec tant de sagesse, que nous en devons conclure que la même sagesse règne dans ce que nous ne connoissons pas. Je me hasarderai cependant à dire mon sentiment et à répondre à cette question, d'autant que cela me donnera lieu de mettre en avant quelques observations que je crois neuves et dignes d'attention.

D'abord, les bêtes de proie sont nécessaires. Que deviendroient les cadavres de tant d'animaux qui périssent dans les eaux et sur la terre qu'ils souilleroient de leur infection? A la vérité, plusieurs espèces de bêtes carnassières dévorent les animaux tout vivans. Mais que savons-nous si elles ne transgressent pas leurs loix naturelles? L'homme à peine sait son histoire; comment pourroit-il savoir celle des bêtes? Le capitaine Cook a observé dans une île déserte de l'Océan austral, que les lions marins, les veaux marins, les ours blancs, les nigaux, les aigles et les vautours vivoient pêle-mêle, sans qu'aucune troupe cherchât en rien à nuire aux autres. J'ai observé la même paix parmi les foux et les frégates de l'île de l'Ascension. Mais, dans le fond, on ne doit pas leur savoir beaucoup de gré de leur modération. C'étoient corsaires contre corsaires. Ils s'accordoient entre eux pour vivre aux dépens des poissons qu'ils avaloient tout vivans.

Remontons au grand principe de la nature. Elle

n'a rien fait en vain. Elle destine peu d'animaux à
mourir de vieillesse, et je crois même qu'il n'y a
que l'homme à qui elle ait donné de parcourir la carrière entière de la vie, parce qu'il n'y a que lui dont
la vieillesse soit utile à ses semblables. A quoi serviroient parmi les bêtes, des vieillards sans réflexion,
à des postérités qui naissent avec toute leur expérience? D'un autre côté, comment des pères décré-
pits trouveroient-ils des secours parmi des enfans
qui les quittent dès qu'ils savent nager, voler ou
marcher? La vieillesse seroit pour eux un poids dont
les bêtes féroces les délivrent. D'ailleurs, de leurs
générations sans obstacles naîtroient des postérités
sans fin auxquelles le globe ne suffiroit pas. La conservation des individus entraîneroit la destruction
des espèces. Les animaux pouvoient toujours vivre,
dira-t-on, dans une proportion convenable aux lieux
qu'ils habitent. Mais il falloit dès-lors qu'ils cessassent
de multiplier, et adieu les amours, les nids, les
alliances, les prévoyances, et toutes les harmonies
qui règnent parmi eux. Tout ce qui naît doit mourir.
Mais la nature en les dévouant à la mort, en ôte ce
qui peut en rendre l'instant cruel. C'est d'ordinaire
pendant la nuit et au milieu du sommeil, qu'ils suc-
combent aux griffes et aux dents de leurs ennemis.
Vingt blessures portées à la fois aux sources de la
vie, ne leur laissent pas le temps de songer qu'ils la
perdent. Ils ne joignent à ce moment fatal aucun des

I. Bb

sentimens qui le rendent si amer à la plupart des hommes, les regrets du passé et les inquiétudes de l'avenir. Leurs ames insouciantes s'envolent dans les ombres de la nuit, au milieu d'une vie innocente, et souvent dans les illusions de leurs amours.

Des compensations inconnues adoucissent peut-être encore ce dernier passage. Au moins j'observerai comme une chose digne de la plus grande considération, que les espèces d'animaux dont la vie est prodiguée au soutien de celle des autres, comme celle des insectes, ne paroissent susceptibles d'aucune sensibilité. Si on arrache la jambe d'une mouche, elle va et vient comme si elle n'avoit rien perdu. Après le retranchement d'un membre aussi considérable, il n'y a ni évanouissement, ni convulsion, ni cri, ni aucun symptôme de douleur. Des enfans cruels s'amusent à leur enfoncer de longues pailles dans l'anus; elles s'élèvent en l'air, ainsi empalées, elles marchent et font leurs mouvemens ordinaires sans paroître s'en soucier. D'autres prennent des hannetons, leur rompent une grosse jambe, leur passent dans les nerfs et les cartilages de la cuisse une forte épingle, et les attachent avec une bande de papier à un bâton. Ces insectes étourdis volent en bourdonnant tout autour du bâton, sans se lasser et sans paroître éprouver la moindre souffrance. Réaumur coupa un jour la corne charnue et musculeuse d'une grosse chenille, qui continua de manger comme si rien ne lui fût arrivé. Peut-on penser que des êtres si tranquilles entre les mains des enfans et des philosophes, éprouvent quelque sentiment de douleur quand ils sont gobés en l'air par les oiseaux?

Je peux étendre ces observations plus loin. C'est que les poissons de la classe de ceux qui n'ont ni os ni sang, et qui forment le plus grand nombre des habitans de la mer, paroissent également insensibles. J'ai vu entre les tropiques un thon, à qui un de nos matelots avoit enlevé un lopin de chair de la nuque d'un coup de harpon, qui se rebroussa contre sa tête, suivre notre vaisseau pendant plusieurs semaines, sans qu'aucun de ses compagnons le surpassât à nager ou à faire des culbutes. J'ai vu des requins percés de balles de fusils, revenir mordre à l'hameçon dont ils s'étoient déjà échappés une fois, la gueule toute déchirée. On trouvera encore une plus grande analogie entre les poissons et les insectes, si on considère que les uns et les autres n'ont ni os ni sang, qu'ils ont une chair imprégnée d'une eau gluante, et qui paroît encore être la même dans les uns et les autres, en ce qu'elle jette la même odeur lorsqu'on la brûle; qu'ils ne respirent point par la bouche, mais par les côtés, les insectes par les trachées, les poissons par les ouïes; qu'ils n'ont point d'organe auditif, mais qu'ils entendent par le frémissement que leurs corps éprouvent par la com-

motion de l'élément fluide où ils vivent ; qu'ils
voient de tous les côtés l'horizon par la situation de
leurs yeux ; qu'ils accourent également à la lumière ;
qu'ils ont la même avidité , et sont, pour la plupart,
carnivores ; que dans ces deux genres , les femelles
sont plus grosses que les mâles ; qu'elles jettent
leurs œufs en nombre infini sans les couver ; que
la plupart des poissons passent en naissant par l'état
d'insectes , sortant de leurs œufs en forme de vers ,
et quelques-uns même en celle de grenouille ,
comme une espèce de poisson de Surinam ; que les
uns et les autres sont revêtus d'écailles ; que plusieurs poissons ont des barbillons et des antennes
comme les insectes ; que les uns et les autres renferment dans leurs catégories une variété incroyable
de formes, qui n'appartient qu'à eux ; enfin, que leurs
constitutions , leurs métamorphoses , leurs mœurs ,
leur fécondité étant les mêmes, on est tenté d'admettre
entre ces deux grandes classes la même insensibilité.

Pour les animaux qui ont du sang , quoi qu'en ait
dit Malebranche , ils sont sensibles. Ils manifestent
la douleur par les mêmes signes que nous. Mais la
nature les a remparés de cuirs épais, de longs poils ,
de plumages , qui les abritent contre les atteintes
du dehors. D'ailleurs ils ne sont guère exposés aux
mauvais traitemens , qu'entre les mains des hommes
méchans.

Passons maintenant à la génération des animaux.

Nous avons vu que les plus grandes et les plus nombreuses espèces du globe, dans le règne animal et végétal, naissoient dans le nord, indépendamment de la chaleur du soleil. Voyons si celle de la fermentation a plus de puissance au midi. Des Egyptiens ont dit à Hérodote que quelques espèces d'animaux s'étoient formées des vases fermentées de l'Océan et du Nil. Quelque respect que je porte aux anciens, je récuse leur autorité en physique. La plupart de leurs philosophes ressembloient assez aux nôtres. Ils observoient fort peu, et ils raisonnoient beaucoup. Si quelques-uns, pour tranquilliser des princes voluptueux, ont avancé que tout sortoit de la corruption et y rentroit, d'autres, de meilleure foi, les ont réfutés, même dès ce temps-là. Non-seulement la corruption ne produit aucun corps vivant, mais elle leur est funeste, sur-tout à ceux qui ont du sang, et principalement à l'homme. Il n'y a d'air mal-sain que là où il y a corruption. Comment auroit-elle pu engendrer dans les animaux, des pieds assortis de molettes, d'ongles, de doigts; des peaux velues de tant de sortes de poils et de plumages; des mâchoires palissadées de dents taillées, les unes pour couper, d'autres pour moudre; des têtes ornées d'yeux, et des yeux défendus de paupières pour les garantir du soleil? Comment auroit-elle pu rassembler ces membres épars, les lier de nerfs et de muscles, les soutenir d'ossemens

avec des pivots et des charnières; les nourrir de
veines pleines d'un sang qui circule, soit que l'animal marche, soit qu'il se repose ; les couvrir de
peaux si convenablement fourrées de poils pour les
climats qu'ils habitent; ensuite les faire mouvoir
par l'action combinée d'un cœur et d'un cerveau,
et donner à toutes ces machines, nées dans le même
lieu, formées du même limon, des appétits et des
instincts si différens ? Comment leur eût-elle inspiré
le sentiment d'eux-mêmes, et allumé en eux le desir
de se reproduire par d'autres voies que celle qui
leur avoit donné l'existence ? La corruption, loin de
leur donner la vie, eût dû la leur ôter, puisqu'elle
fait naître des tubercules, enflamme les yeux, dissout le sang, et produit une infinité de maladies
dans la plupart des animaux qui en respirent les
émanations (1). La fermentation de quelque matière

---

(1) De toutes les corruptions, celle de la chair humaine
est la plus dangereuse. En voici un effet bien étrange, que
rapporte Garcillaso de la Vega, dans son Histoire des guerres
civiles des Espagnols dans les Indes, partie 2, tome 1,
chap. 42. Il observe d'abord que les Indiens des îles de Bar-
lovento envenimoient leurs flèches en en mettant les pointes
dans des corps morts; et il ajoute ensuite : « Je rapporterai
» ce que j'ai vu arriver de l'un des quartiers du corps de
» Carjaval, qu'on avoit mis sur le chemin de Collasuyu qui
» est au midi de Cusco. Nous sortîmes un dimanche pour
» aller à la promenade, dix ou douze écoliers que nous

que ce soit, n'a pu former aucun animal, pas même
l'œuf d'où il est sorti. On trouve dans les voiries de
nos grandes villes, où tant de matières fermentent,

» étions, tous mestifs, c'est-à-dire, fils d'Espagnols ou d'In-
» diennes, dont le plus âgé n'avoit pas douze ans. Ayant
» aperçu à la campagne un des quartiers du corps de Car-
» javal, il nous prit envie de l'aller voir; et nous en étant
» approchés, nous trouvâmes que c'étoit une de ses cuisses
» dont la graisse étoit coulée à terre. La chair en étoit ver-
» dâtre et toute corrompue. Comme nous regardions cet
» objet funeste, l'un des plus hardis d'entre nous se mit à
» dire : Je gage que personne ne l'oseroit toucher ; un autre
» dit que si. Enfin le plus hardi de tous, qu'on appeloit
» Barthelemi Monedero, croyant faire une action de cou-
» rage, enfonça le pouce de sa main droite dans cette cuisse
» corrompue, où il entra tout entier. Cette action nous
» étonna tous si bien, que nous nous éloignâmes de lui, de
» peur d'en être infectés, en lui criant : O le vilain! Carjaval
» te paiera de ton effronterie. Cependant il s'en alla droit à
» un ruisseau qui étoit là tout auprès, où il se lava la main
» plusieurs fois, et se la frotta de boue, puis s'en retourna en
» son logis. Le lendemain il revint à l'école, où il nous
» montra son pouce qui s'étoit extrêmement enflé; mais sur
» le soir, toute la main lui vint grosse jusqu'au poignet; et
» le jour d'après, qui étoit le mardi, elle s'enfla jusqu'au
» coude, tellement que la nécessité le contraignit d'en dire
» la cause à son père. L'on appela d'abord les médecins, qui
» lui bandèrent étroitement le bras, et le lièrent au-dessus
» de l'enflure, y apportant tous les remèdes qu'ils jugèrent
» pouvoir servir de contre-poison. Avec tout cela néan-

des molécules organiques de toutes espèces, des corps entiers d'animaux, du sang, des plantes, des sels, des huiles, des flegmes, des esprits, des mi-

---

» moins, peu s'en fallut que le malade n'en mourût ; et il » ne réchappa qu'avec beaucoup de peine, après avoir été » quatre mois entiers sans tenir la plume à la main, tant il » l'avoit foible ».

On peut conclure de cet événement, combien les émanations putrides de nos cimetières sont dangereuses pour les habitans des villes. Nos églises de paroisse, où l'on enterre tant de cadavres, se remplissent d'un air si corrompu, surtout au printemps, lorsque la terre vient à s'échauffer, que je les regarde comme une des principales sources des petites-véroles et des fièvres putrides qui règnent dans cette saison. Il en sort alors une odeur fade qui soulève le cœur. Je l'ai éprouvé notamment dans quelques-unes des principales églises de Paris. Cette odeur est bien différente de celle que produit la foule des hommes vivans, car on ne sent rien de semblable dans les églises des couvens, où l'on n'enterre que peu de monde.

Il seroit digne de la curiosité des anatomistes d'examiner pourquoi la putréfaction des corps détruit l'économie animale de la plupart des êtres, et pourquoi elle ne dérange point celle des bêtes carnassières. Beaucoup d'espèces d'insectes et de poissons se nourrissent de cadavres. Je remarque que la plupart de ces animaux n'ont point de sang, qui est le premier fluide qui soit affecté par la corruption, et que les ouvertures par où ils respirent ne sont point les mêmes que celles par où ils mangent. Mais ces raisons ne peuvent s'appliquer aux vautours, aux corbeaux, &c.

néraux, des matières plus hétérogènes et plus combinées par les caprices des hommes en société, que
les flots de l'Océan n'en ont accumulé et confondu
sur ses rivages : cependant on n'y a jamais trouvé
aucun corps organisé. Qu'on ne dise pas que la chaleur nécessaire à leur développement y manque, il
y en a de tous les degrés, depuis la glace jusqu'au
feu. Les sels s'y cristallisent, et les soufres s'y
forment. On a recueilli dans Paris même, il y a
quelques années, du soufre formé par la nature
dans d'anciennes voiries du temps de Charles ix.
Nous voyons tous les jours que la fermentation peut
croître dans du fumier au point que le feu y prenne.
Sa chaleur modérée est même si favorable au développement des germes, qu'on s'en est servi pour
faire éclore des poulets. Mais les combinaisons de
toutes ces matières n'y ont jamais rien produit de
vivant ni d'organisé. Que dis-je? les premiers travaux de la nature que nous voulons expliquer, sont
couverts de tant de mystères, qu'un œuf tant soit
peu ouvert cesse d'être fécond. Le moindre contact
de l'air extérieur suffit pour y détruire les premiers linéamens de la vie. Ce ne sont donc ni les
matières, ni les degrés de chaleur qui manquent
à l'homme pour imiter la nature dans la prétendue
création des êtres ; et cette puissance, toujours
jeune et active, ne s'est point affoiblie, puisqu'elle
a toujours le pouvoir de les reproduire, qui n'est

pas moins grand que celui de leur donner l'existence.

La sagesse avec laquelle elle a ordonné leurs proportions, n'est pas moins digne d'admiration. Si on
vient à examiner les animaux, on n'en trouvera
aucun de défectueux dans ses membres, si on a
égard à ses mœurs et aux lieux où il est destiné à
vivre. Le long et gros bec du toucan, et sa langue
faite en plume, étoient nécessaires à un oiseau qui
cherche les insectes éparpillés dans les sables humides des rivages de l'Amérique. Il lui falloit à la
fois une longue pioche pour y fouiller, une large
cuiller pour les ramasser, et une langue frangée de
nerfs délicats pour y sentir sa nourriture. Il falloit
de longues jambes et de longs cols aux hérons, aux
grues, aux flammans et aux autres oiseaux qui marchent dans les marais, et qui cherchent de la proie
au fond de leurs eaux. Chaque animal a les pieds
et la gueule, ou le bec, formés d'une manière admirable pour le sol qu'il doit parcourir, et pour les
alimens dont il doit vivre. C'est de leurs configurations que les naturalistes tirent les caractères qui
distinguent les bêtes de proie, de celles qui sont
frugivores. Ces organes n'ont jamais manqué aux
besoins des animaux, et ils sont eux-mêmes indé-
lébiles comme leurs instincts. J'ai vu dans des campagnes des canards élevés loin des eaux depuis
plusieurs générations, qui avoient conservé à leurs

pieds les larges membranes de leur espèce , et qui, aux approches des pluies, battoient des ailes, jetoient des cris, appeloient les nuées, et sembloient se plaindre au ciel de l'injustice de l'homme qui les privoit de leur élément. Aucun animal n'a manqué d'un membre nécessaire , ou n'en a reçu d'inutiles. Des philosophes ont regardé les ergots, appendices des pieds du porc, comme superflus, parce qu'ils ne portent point à terre ; mais cet animal, destiné à vivre dans les lieux marécageux où il aime à se vautrer , et à faire avec son boutoir des fouilles profondes , s'y fût souvent enfoncé par sa gloutonnerie, si la nature n'eût disposé au-dessus de ses pieds deux ergots en saillie, qui lui donnent les moyens de s'en retirer. Le bœuf, qui fréquente les bords marécageux des fleuves, en a d'à-peu-près semblables. L'hippopotame, qui vit dans les eaux et sur les rivages du Nil, a le pied fourchu, et au-dessus du paturon, deux petites cornes qui plient contre terre quand il marche, de sorte qu'il laisse sur le sable une empreinte qu'on diroit être celle de quatre griffes. On peut voir la description de cet amphibie à la fin des Voyages de Dampier.

Comment des hommes éclairés ont-ils pu méconnoître l'usage de ces membres accessoires, dont les paysans de quelques-unes de nos provinces imitent la forme dans les échasses, qu'ils appellent par cette ressemblance même *, pieds de porc,* et dont ils se

servent pour traverser les endroits marécageux ? Ces
mêmes paysans ont imité pareillement celle des
ergots pointus et écartés du pied de la chèvre, qui
lui servent à gravir les rochers, dans ces pieux ferrés
à deux pointes, qui retiennent dans la pente des
montagnes, les derrières de leurs lourdes charrettes.
La nature qui varie ses moyens comme les obstacles,
a donné les ergots appendices au pied du porc, par
les mêmes raisons qu'elle a revêtu le rhinocéros
d'une peau plissée de plusieurs plis, au milieu de la
zône torride. On croiroit ce lourd animal couvert
d'un triple manteau : mais, destiné à vivre dans les
marais fangeux de l'Inde, où il fouille avec la corne
de son museau les longues racines des bambous,
il y eût enfoncé par son poids énorme s'il n'avoit
l'étrange faculté d'étendre en se gonflant, les plis
multipliés de sa peau, et de se rendre plus léger en
occupant un plus grand volume. Ce qui nous paroît
au premier coup-d'œil une défectuosité dans les
animaux, est, à coup sûr, une compensation merveilleuse de la providence ; et ce seroit souvent une
exception à ses loix générales, si elle en avoit d'autres, que l'utilité et le bonheur des êtres. C'est ainsi
qu'elle a donné à l'éléphant une trompe, qui lui sert
comme une main à grimper sur les plus rudes montagnes où il se plaît à vivre, et à y cueillir l'herbe des
champs et les feuillages des arbres auxquels la grosseur de son cou ne lui permettroit pas d'atteindre.

Elle a varié à l'infini parmi les animaux, les moyens de se défendre comme ceux de subsister. On ne peut pas supposer que ceux qui marchent lentement, ou qui jettent des cris, souffrent habituellement; car, comment des races de malades auroient-elles pu se perpétuer, et devenir même une des plus répandues du globe? Le slugard, ou paresseux, se trouve en Afrique, en Asie et en Amérique. Sa lenteur n'est pas plus une paralysie, que la lenteur de la tortue et du limaçon; les cris qu'il jette quand on l'approche, ne sont point des cris de douleur. Mais parmi les animaux, les uns étant destinés à parcourir la terre, d'autres à vivre à poste fixe, leurs défenses sont variées comme leurs mœurs. Les uns échappent à leurs ennemis par la fuite, d'autres les repoussent par des sifflemens, des figures hideuses, des odeurs infectes, ou des voix lamentables. Il y en a qui disparoissent à leur vue, comme le limaçon, qui est de la couleur des murailles ou de l'écorce des arbres où il se réfugie; d'autres, par une magie admirable, prennent à leur volonté la couleur des objets qui les environnent, comme le caméléon. Oh! que l'imagination des hommes est stérile auprès de l'intelligence de la nature! Ils n'ont rien produit, dans quelque genre que ce soit, qu'ils n'en aient trouvé le modèle dans ses ouvrages. Le génie même dont ils font tant de bruit, ce génie créateur que nos beaux-esprits croient apporter en

venant au monde, et perfectionner dans les cercles
ou dans les livres, n'est autre chose que l'art de l'observer. On ne peut pas même sortir des routes de la
nature pour s'égarer. On n'est sage que de sa sagesse :
on n'est fou qu'en en dérangeant les plans. Le burin
de Callot, si fertile en monstres, n'a composé tant
de démons affreux, que des membres mal assortis
de différens animaux, de becs de chat-huans, de
gueules de crocodiles, de carcasses de chevaux,
d'ailes de chauve-souris, de griffes et d'ergots qu'il a
joints à la figure humaine pour rendre ses contrastes
plus odieux. Les femmes même, qui, par de plus
doux caprices, s'exercent à broder sur leurs étoffes
des fleurs de fantaisie, sont obligées d'en prendre
les modèles dans nos jardins. Examinez sur leurs
robes, les folâtres jeux de leur imagination : vous
y verrez des œillets sur les feuillages d'un mirte,
des roses sur des roseaux, des grenades sur la tige
d'une herbe. La nature seule ne produit que des
accords raisonnables, et n'assortit dans les animaux
et dans les fleurs que des parties convenables aux
lieux, à l'air, aux élémens et aux usages auxquels
elle les destine. Jamais on n'a vu sortir aucune race
de monstres de ses sublimes pensées.

J'ai entendu plusieurs fois annoncer dans nos
foires, des monstres vivans ; mais jamais je n'ai pu
parvenir à en voir un seul, quelque peine que je
me sois donnée. Un jour on afficha à la foire de

Saint-Ovide, une vache à trois yeux et une brebis à six pattes. Je fus curieux de voir ces animaux, et d'examiner l'usage qu'ils faisoient d'organes et de membres qui me paroissoient leur être très-superflus. Comment, me disois-je, la nature a-t-elle pu poser le corps d'une brebis sur six pattes, lorsque quatre étoient suffisantes pour la porter ? Cependant je vins à me rappeler que la mouche, qui est bien plus légère qu'une brebis, en avoit six; et j'avoue que cette réflexion m'embarrassa. Mais ayant observé un jour une mouche qui s'étoit reposée sur mon papier, je remarquai qu'elle étoit fort occupée à se brosser alternativement la tête et les ailes avec les deux pattes de devant et avec celles de derrière. Je vis alors évidemment qu'elle avoit besoin de six pattes, afin d'être soutenue par quatre lorsqu'elle en emploie deux à se brosser, sur-tout sur un plan perpendiculaire. L'ayant prise et considérée au microscope, je vis avec admiration que ses deux pattes du milieu n'avoient point de brosses, et que les quatre autres en avoient. Je remarquai encore que son corps étoit couvert de grains de poussière qui s'y attachent dans l'atmosphère où elle vole, et que ses brosses étoient doubles, garnies de poils fins, entre lesquels elle faisoit sortir et rentrer à volonté deux griffes semblables à celles d'un chat, mais incomparablement plus aiguës. Ces griffes servent aux mouches à s'accrocher sur les corps les plus

polis, comme sur le verre des vitres, où on les voit
monter et descendre sans glisser. J'étois très-curieux
de voir comment la nature avoit attaché deux nouvelles pattes au corps d'une brebis, et comment elle
avoit formé, pour les faire mouvoir, de nouvelles
veines, de nouveaux nerfs et de nouveaux muscles
avec leurs insertions. Le troisième œil de la vache
m'embarrassoit encore davantage. Je fus donc,
comme les autres badauds, porter mon argent pour
satisfaire ma curiosité. J'en vis sortir en foule de la
loge de ces animaux, très-émerveillés de les avoir
vus. Enfin je parvins, comme eux, au bonheur de
les contempler. Les deux pattes superflues de la
brebis n'étoient que des peaux desséchées, décou-
pées comme des courroies, et pendantes à sa poi-
trine sans toucher à terre, et sans pouvoir lui être
d'aucun usage. Le troisième œil prétendu de la
vache étoit une espèce de plaie ovale au milieu du
front, sans orbite, sans prunelle, sans paupière et
sans aucune membrane qui présentât quelque partie
organisée d'un œil. Je me retirai sans examiner si
ces accidens étoient naturels ou artificiels; car, en
vérité, la chose n'en valoit pas la peine. Les monstres
que l'on conserve dans des bocaux d'esprit-de-vin,
tels que les petits cochons qui ont des trompes d'éléphans, et les enfans accouplés et à deux têtes, que
l'on montre dans nos cabinets avec une mystérieuse
philosophie, prouvent bien moins le travail de la

nature que son interruption. Aucun de ces êtres n'a pu parvenir à un développement parfait, et loin de témoigner que l'intelligence qui les a produits s'égaroit, ils attestent, au contraire, l'immuabilité de sa sagesse, puisqu'elle les a rejetés de son plan en leur refusant la vie.

Il y a dans la conduite de la nature envers l'homme, une bonté bien digne d'admiration ; c'est qu'en lui défendant d'une part d'altérer la régularité de ses loix pour satisfaire ses caprices, de l'autre elle lui permet souvent d'en déranger le cours pour subvenir à ses besoins. Par exemple, elle fait naître de l'accouplement de l'âne et de la jument, le mulet, qui est si utile dans les montagnes ; et elle prive cet animal du pouvoir de se reproduire, afin de conserver les espèces primitives, qui sont d'une utilité plus générale. On peut reconnoître dans la plupart de ses ouvrages, ces condescendances maternelles et ces prévoyances, si j'ose le dire, royales. Elles se manifestent sur-tout dans les productions de nos jardins. On les trouve dans celles de nos fleurs qui ont des surabondances de corolles, comme dans la rose double, qui ne se reproduit point de graines, et que, pour cette raison, quelques botanistes ont osé qualifier de monstre, quoiqu'elle soit la plus belle des fleurs, au sentiment de tous les peuples. Des naturalistes ont cru qu'elle sortoit des loix de la nature, parce qu'elle s'écartoit de leurs systèmes ;

I.   c c

comme si la première des loix qui gouvernent le
monde, n'avoit pas pour objet le bonheur de l'homme!
Mais si les roses et les fleurs qui ont une surabondance de corolles, sont des monstres, les fruits qui
ont une surabondance de chairs fondantes et de
pâtes sucrées, inutiles au développement de leurs
graines, comme les pommes, les poires, les melons,
et les fruits qui n'ont pas même de semences, comme
les ananas, les bananes, le fruit à pain, sont donc
des monstres aussi. Les racines qui deviennent si
charnues dans nos jardins, et qui se tournent en
gros pivots, en glandes succulentes, en bulbes fari-
neuses et inutiles au développement de leurs tiges,
sont encore des monstres. La nature ne nourrit
l'homme en partie que de cette surabondance végétale; elle ne l'accorde qu'à ses travaux. Quelque
fertile que soit un terrein, les végétaux des mêmes
espèces que ceux de nos jardins y croissent sauvages,
et s'y jettent en feuilles et en branches. S'ils portent
du fruit, la chair en est toujours maigre, et la semence ou le noyau fort gros. N'est-ce donc pas une
véritable complaisance de la part de la nature, de
transformer, sous la main de l'homme, en alimens
les mêmes sucs qui se convertiroient, dans les
forêts, en hautes tiges et en fortes racines? Sans sa
condescendance, en vain l'homme diroit à la sève
des arbres : « Vous vous rendrez dans les fruits, et
» vous n'irez point au-delà ». Il auroit beau, dans

la terre la plus féconde, mutiler, étêter, ébour-
geonner; l'amandier n'y couvrira point son amande
d'une pulpe charnue et fondante comme celle de la
pêche. C'est la nature qui fait, de temps en temps,
présent à l'homme des variétés utiles et agréables
qu'elle tire du même genre. Tous nos arbres fruitiers sortent originairement des forêts, et aucun ne
s'y perpétue dans son espèce. La poire appelée
Saint-Germain a été trouvée dans la forêt de Saint-
Germain, avec la saveur que nous lui connoissons.
La nature l'a choisie, comme les autres fruits de
nos vergers, sur la table des animaux pour la placer
sur celle de l'homme; et afin que nous ne pussions
douter de son bienfait et de son origine, elle a voulu
que ses semences ne reproduisissent que des sau-
vageons. Ah! si elle suspendoit ses loix particulières
de bienfaisance dans les jardins de nos mécréans,
pour y rétablir ses prétendues loix générales, quel
seroit leur étonnement de ne retrouver dans leurs
potagers et dans leurs vergers, que quelques misérables daucus, de petites roses de chien, des poires
rêches et des fruits agrestes, tels qu'elle les produit
dans les montagnes pour l'âpre palais des sangliers!
A la vérité, ils y trouveroient des tiges d'arbre bien
hautes et bien vigoureuses. Leurs vergers croîtroient
au double, et leurs fruits diminueroient de moitié.

La même métamorphose arriveroit dans les animaux de leurs métairies. La poule, qui pond des

œufs beaucoup trop gros par rapport à sa taille, et
pendant neuf mois de suite, contre toutes les loix
de l'incubation des oiseaux, rentreroit dans l'ordre,
et n'en donneroit tout au plus qu'une vingtaine dans
le cours d'une année. Le porc perdroit de même
son lard superflu. La vache, qui fournit, dans les
riches prairies de la Normandie, jusqu'à vingt-quatre
bouteilles de lait par jour, n'en laisseroit couler que
ce qui suffit à son veau.

Ils répondent à cela, que ces surabondances
d'œufs, de lard et de crême, dans nos animaux domestiques, sont des effets de la nourriture qu'on
leur prodigue. Mais ni la jument ne donne autant de
lait que la vache, ni la cane ne pond autant d'œufs
que la poule, ni l'âne ne se couvre de lard comme
le porc, quoique ces animaux soient nourris aussi
plantureusement les uns que les autres. D'ailleurs,
la jument, la chèvre, la brebis, l'ânesse, n'ont que
deux mamelles, tandis que la vache en a quatre.
La vache s'écarte, à cet égard, d'une manière bien
remarquable des loix générales de la nature, qui a
proportionné dans toutes les espèces le nombre des
mamelles des mères à celui de leurs petits; elle a
quatre mamelles, quoiqu'elle ne porte qu'un veau
et bien rarement deux, parce que ces deux mamelles
superflues étoient destinées à être les nourrices du
genre humain. La truie, à la vérité, n'en a que
douze, et elle nourrit jusqu'à quinze petits. Ici la

proportion paroît défectueuse. Mais si la première a
plus de mamelles qu'il n'en faut à sa famille, et si la
seconde n'en a pas assez pour la sienne, c'est que
l'une devoit donner à l'homme la surabondance de
son lait, et l'autre celle de ses petits. Par tout pays,
le porc est la viande du pauvre, à moins que la religion, comme en Turquie, ou la politique, comme
dans les îles de la mer du Sud, ne le prive de ce
bienfait de la nature. Nous observerons, avec Pline,
que de toutes les chairs c'est la plus savoureuse. On
y distingue, dit-il, jusqu'à cinquante goûts différens. Elle sert dans les cuisines de nos riches à donner du goût à tous les alimens. Par tout pays, comme
nous l'avons dit, ce qu'il y a de meilleur est ce qu'il
y a de plus commun.

N'est-il pas étrange que, lorsque tant de plantes
et tant d'animaux nous présentent de si belles proportions, des convenances si admirables avec nos
besoins, et des preuves si évidentes d'une bienveillance divine, on recueille des fœtus informes,
des porcs avec de longs groins, comme si c'étoient
de petits éléphans nés dans nos basses-cours, pour
les mettre en parade dans nos cabinets destinés à
étudier la nature? Ceux qui les gardent comme des
choses précieuses, et qui en tirent des conséquences
et des doutes sur l'intelligence de son auteur, ne
sont-ils pas d'aussi mauvais goût et d'aussi mauvaise
foi que ceux qui, dans l'atelier d'un fondeur, ramas-

seroient les figures estropiées par quelque accident,
les bouffissures et les moles de métal, et les mon-
treroient comme une preuve de l'ignorance de l'ar-
tiste ? Les anciens brûloient les monstres ; les modernes les conservent. Ils ressemblent à ces mauvais
enfans qui épient leur mère pour la surprendre en
défaut, afin d'en conclure pour eux-mêmes le droit
de s'égarer. Oh ! si la terre étoit en effet livrée au
désordre, et qu'après une infinité de combinaisons,
il parût enfin, au milieu des monstres qui la couvriroient, un seul corps bien proportionné, et convenable aux besoins des hommes, quelle joie ne
seroit-ce pas pour des êtres sensibles et malheureux,
de soupçonner quelque part une intelligence qui
s'intéresseroit à leurs destinées !

ETUDE VII.

Réponse aux Objections contre la Providence, tirées des maux du genre humain.

LES argumens qu'on tire des variétés du genre humain et des fléaux réunis sur lui par la nature, par les gouvernemens et par les religions, tendent à prouver que les hommes n'ont ni la même origine, ni de supériorité naturelle au-dessus des bêtes, et qu'il n'y a point d'espoir pour leurs vertus, ni de Providence pour leurs besoins. Nous examinerons successivement ces maux, en commençant par ceux de la nature, dont nous ferons voir la nécessité et l'utilité; et nous démontrerons que les maux politiques ne naissent que des écarts de la loi naturelle, et qu'ils sont eux-mêmes des preuves de l'existence d'une Providence.

Nous commencerons ce sujet intéressant par répondre aux objections tirées des variétés de l'espèce humaine. A la vérité il y a des hommes noirs et blancs, de cuivrés et de cendrés. Il y en a qui ont de la barbe, et d'autres qui n'en ont presque point; mais ces prétendus caractères ne sont que des accidens, comme nous l'avons dit ailleurs. Des chevaux

blancs, bais ou noirs, à poil frisé, comme ceux de
Tartarie, ou à poil ras, comme ceux de Naples,
sont certainement des animaux de la même espèce.
Les *Albinos* ou Nègres blancs sont des espèces de
lépreux; et ils ne forment pas plus une race particulière de Nègres, que ceux qui sortent parmi nous
d'avoir la petite vérole ne forment une race d'Européens mouchetés. Quoiqu'il n'entre pas dans mon
plan de substituer ici toutes les convenances naturelles à toutes les inculpations de notre mauvaise
physique, et que j'aie réservé, dans cet ouvrage,
quelques Etudes pour m'occuper principalement
de cet objet, suivant mes foibles lumières, j'observerai cependant ici que la couleur noire est un bienfait de la Providence envers les peuples du midi. La
couleur blanche réfléchit le plus les rayons du soleil,
et la noire les réfléchit le moins. Ainsi la première
redouble sa chaleur, et la seconde l'affoiblit; c'est
ce que l'expérience démontre de mille manières.
La nature s'est servie, entre autres moyens, de l'effet
opposé de ces couleurs, pour multiplier ou pour
affoiblir sur la terre la chaleur de l'astre du jour.
Plus on avance vers le midi, plus les hommes et les
animaux sont noirs; et plus on va vers le nord, plus
les uns et les autres sont blancs. Lorsque le soleil
même s'éloigne des parties septentrionales, beaucoup d'animaux, qui y étoient en été de différentes
couleurs, commencent à blanchir : tels sont les

écureuils, les loups, les lièvres.....; et ceux des
parties méridionales dont il s'approche, se revêtent
alors de teintes plus foncées : tels sont, dans les
oiseaux, la veuve, le cardinal, &c. qui sont beaucoup plus fortement colorés lorsque le soleil s'approche de la ligne, que quand il s'en éloigne. C'est
donc par des convenances de climat que la nature a
rendu noirs les peuples de la zône torride, comme
elle a blanchi ceux des zônes glaciales. Elle a donné
encore un autre préservatif contre la chaleur aux
Nègres qui habitent l'Afrique, qui est la partie la
plus chaude du globe, principalement à cause de
cette large zône de sable qui la traverse, et dont
nous avons indiqué l'utilité. Elle a coiffé ces peuples
insoucians et sans industrie, d'une chevelure plus
crêpue qu'un tissu de laine, qui abrite très-bien leur
tête des ardeurs du soleil. Ils en reconnoissent si
bien la commodité, qu'ils ne lui en substituent pas
d'autres ; et il n'y a pas de nations parmi lesquelles
les coiffures artificielles, comme les bonnets, turbans, chapeaux, &c. soient plus rares que parmi les
Nègres. Ils ne se servent même de celles-ci, qui leur
sont étrangères, que comme d'objets de vanité et
de luxe ; et je ne leur en connois point qui appartiennent proprement à leurs nations. Les peuples de
la presqu'île de l'Inde sont aussi noirs qu'eux ; mais
leurs turbans donnent à leurs cheveux, qui sans leur
coiffure seroient peut-être crêpus, la facilité de

croître et de se développer. Les peuples de l'Amérique qui habitent sous la ligne ne sont pas noirs,
à la vérité, ils sont simplement cuivrés. J'attribue
cet affoiblissement de la teinte noire à plusieurs
causes qui sont particulières à leur pays. La première, en ce qu'ils se frottent de rocou, qui ga-
rantit la surface de leur peau des impressions trop
vives du soleil. La seconde, en ce qu'ils habitent
un pays couvert de forêts, et traversé par le plus
grand fleuve du monde, qui le couvre de vapeurs.
La troisième, parce que leur territoire s'élève insensiblement depuis les rivages du Brésil jusqu'aux
montagnes du Pérou; ce qui, lui donnant plus d'élévation dans l'atmosphère, lui procure aussi plus de
fraîcheur. La quatrième enfin, parce que les vents
d'est, qui y soufflent jour et nuit, le rafraîchissent
perpétuellement. Enfin, les couleurs de tous ces
peuples sont tellement des effets de leurs climats,
que les descendans des Européens qui y sont établis, en prennent les teintes au bout de quelques
générations. C'est ce qu'on peut voir évidemment
aux Indes, chez les descendans des Mogols, peuples
venus du nord de l'Asie, dont le nom signifie *blancs*,
et qui sont aujourd'hui aussi noirs que les peuples
qu'ils ont conquis.

La grandeur de la taille ne caractérise pas plus les
espèces dans quelque genre que ce soit, que la différence des couleurs. Un pommier nain et un grand

pommier sortent des mêmes greffes. Cependant, la
nature l'a rendue invariable dans la seule espèce
humaine , parce que des variétés de grandeur eussent détruit, dans l'ordre physique, les proportions
de l'homme avec l'universalité de ses ouvrages, et
qu'elles eussent entraîné, dans l'ordre moral , des
conséquences encore plus dangereuses , en asser-
vissant, sans retour , les plus petites espèces d'hommes aux plus grandes.

Il n'y a point de races de nains, ni de géans.
Ceux que l'on montre aux foires, sont de petits
hommes raccourcis , ou de grands hommes efflan-
qués sans proportion et sans vigueur. Ils ne se reproduisent ni dans leur petitesse, ni dans leur grandeur,
quelques tentatives que plusieurs princes aient faites
pour y réussir , entre autres , le feu roi de Prusse
Frédéric I. D'ailleurs , sortent-ils assez des proportions de l'espèce humaine , pour être appelés des
nains ou des géans ? Y a-t-il seulement entre eux la
même différence qu'entre un petit cheval de Sardaigne et un grand cheval Brabançon, qu'entre un
épagneul et un de ces grand chiens danois qui courent devant nos carrosses ? Toutes les nations ont
été et sont encore de la même taille, à peu de différence près. J'ai vu des momies d'Egypte et des
corps de Guanges des îles Canaries , enveloppés
dans leurs peaux. J'ai vu tirer à Malte, d'un tombeau
creusé dans le roc vif, le squelette d'un Carthagi-

nois, dont tous les os étoient violets, et qui repo-
soit là, peut-être, depuis le règne de Didon. Tous ces
corps étoient de la grandeur commune. Des voyageurs éclairés et sans enthousiasme, ont réduit à
une taille peu différente de la nôtre, la taille prétendue gigantesque des Patagons. Je sais bien que
j'ai déjà allégué ailleurs ces mêmes raisons ; mais on
ne sauroit trop les répéter, parce qu'elles détruisent
sans retour, les prétendues influences du climat,
qui sont devenues les principes de notre physique,
et, qui plus est, de notre morale.

Il y a eu, dit-on, autrefois de véritables géans.
Cela est possible ; mais cette vérité nous est deve-
nue inconcevable, comme toutes celles dont la
nature ne nous offre plus de témoignages. S'il existoit des Poliphèmes de la hauteur d'une tour, ils
enfonceroient, en marchant, la plupart des terreins.
Comment leurs gros et longs doigts pourroient-ils
traire les petites chèvres, moissonner les blés, fau-
cher les prairies, cueillir les fruits des vergers ? La
plupart de nos alimens échapperoient à leur vue
comme à leurs mains. D'un autre côté, s'il y avoit
des races de nains, comment pourroient-elles abattre
les forêts pour cultiver la terre ? Elles se perdroient
dans les herbes. Chaque ruisseau seroit pour elles un
fleuve, et chaque caillou un rocher. Les oiseaux de
proie les enlèveroient dans leurs serres, à moins
qu'elles ne fissent la guerre à leurs œufs, comme

Homère dit que les Pygmées la faisoient aux œufs
des grues.'Dans ces deux hypothèses, tous les rapports de l'ordre naturel sont rompus, et ces discor-
dances entraînent nécessairement la ruine de l'ordre social. Supposons qu'une nation de géans existât
.avec notre industrie et nos passions féroces. Mettons
à sa tête un Tamerlan ; que deviendroient nos poly-
gones et nos armées devant leur artillerie et leurs
baïonnettes ?

Autant la nature a affecté de variété dans les espèces d'animaux du même genre, quoiqu'ils habitas-
sent le même sol, et qu'ils vécussent des mêmes
alimens, autant elle a observé d'uniformité dans
l'espèce humaine, malgré la différence des climats
et des nourritures. On a pris dans quelques individus
humains, un prolongement accidentel du coccyx
pour un caractère naturel, et on n'a pas manqué d'en
conclure une nouvelle espèce d'hommes à queues.
Les passions des bêtes peuvent dégrader l'homme ;
mais jamais leurs queues, leurs pieds fourchus et
leurs cornes n'ont déshonoré sa noble figure. On
essaye en vain de le rapprocher de la classe des
animaux par des passages insensibles. S'il y avoit
quelque race d'hommes avec des formes d'animal,
ou quelque animal doué de la raison humaine, on
les montreroit en public. On en verroit en Europe,
sur-tout aujourd'hui, que la terre est parcourue par
tant de voyageurs éclairés, et que, je ne dis pas

des princes, mais des joueurs de marionnettes, font
apporter vivans dans nos foires les zèbres si sauvages, les éléphans si lourds, les tigres, les lions, les
ours blancs, et jusqu'à des crocodiles qu'on a mon-
trés publiquement à Londres. En vain on suppose
des analogies entre la femme de l'homme et la femelle
de l'orang-outang, dans la situation et la configuration du sein, dans les purgations périodiques du
sexe, dans l'attitude, et même dans une sorte de
pudeur. Quoique la femelle de l'orang-outang passe
sa vie dans les forêts, certainement Allegrain,
comme je l'ai dit, n'a point été prendre sur elle le
modèle de sa Diane qu'on voyoit à Lucienne. Il y a
une bien plus grande différence encore de la raison
de l'homme à celle des bêtes, qu'il n'y en a entre
leurs formes; et il faut avoir égaré la sienne pour
avancer, comme l'a fait un célèbre écrivain, qu'il
y a plus de distance de l'intelligence de Newton à
celle de tel homme, que de celle de cet homme à
l'instinct d'un animal. Nous l'avons déjà dit, le plus
stupide des hommes fera usage du feu et de l'agriculture, dont le plus intelligent des animaux ne
pourra jamais se servir; mais ce que nous n'avons
pas dit, c'est que l'usage si simple du feu et de
l'agriculture l'emporte de beaucoup sur toutes les
découvertes de Newton.

L'agriculture est l'art de la nature, et le feu est
son premier agent. Il résulte de l'expérience que

les hommes ont acquise par cet art et par cet élément, une plénitude d'intelligence dont toutes leurs
autres combinaisons ne sont, pour ainsi dire, que
des conséquences. Nos sciences et nos arts découlent, pour la plupart, de ces deux sources, et ils
ne mettent pas plus de différence entre les esprits
des hommes, qu'il n'y en a entre les habits et les
meubles des Européens et ceux des Sauvages. Comme
ils conviennent parfaitement aux besoins des uns et
des autres, ils n'établissent point de différence réelle
entre les intelligences qui les ont imaginés. L'importance que nous mettons à nos talens ne vient
pas de leur utilité, mais de notre orgueil. Il y auroit
bien de quoi le rabattre, si nous considérions que
les animaux, qui ne font usage ni de l'agriculture,
ni du feu, atteignent à la plupart des objets de nos
arts et de nos sciences, et même les surpassent. Je
ne parle pas de 'ceux qui maçonnent, qui filent,
qui fabriquent du papier, de la toile, des ruches, et
qui exercent une multitude d'autres métiers qui ne
nous sont pas même connus. Mais la torpille se
défendoit de ses ennemis avec le coup électrique,
avant que les académies fissent des expériences sur
l'électricité ; et le lépas connoissoit le pouvoir de la
pression de l'air, s'attachoit aux roches marines en
formant le vide avec sa coquille pyramidale, avant
qu'elles eussent des machines pneumatiques. Les
cailles qui partent d'Europe chaque année pour pas-

ser en Afrique , connoissent si parfaitement l'équinoxe d'automne, que le jour de leur arrivée à Malte,
où elles se reposent pendant vingt-quatre heures ,
est marqué sur les almanachs du pays vers le 22 septembre, et varie chaque année comme l'équinoxe.
Les cygnes et les canards sauvages ont des notions
très-sûres de la latitude où ils doivent s'arrêter ,
quand tous les ans ils remontent au printemps , aux
extrémités du nord , et qu'ils reconnoissent sans
boussole et sans octant, les lieux où l'année précédente ils ont fait leurs nids. Les frégates qui volent à
plusieurs centaines de lieues de distance , d'orient
en occident entre les tropiques , au-dessus des vastes mers où on n'aperçoit aucune terre, et qui
retrouvent le soir , le rocher à fleur d'eau d'où elles
sont parties le matin , ont des moyens de déterminer leur position en longitude , qui sont encore
inconnus de nos astronomes.

L'homme doit , dit-on , son intelligence à ses
mains : mais le singe, l'ennemi né de toute industrie ,
a des mains. Le slugard ou paresseux, en a pareillement , et elles auroient dû lui inspirer l'idée de se
fortifier , de se creuser au moins des retraites dans
la terre pour lui et pour sa postérité, exposée à mille
accidens par la lenteur de sa démarche. Il y a quantité d'animaux qui ont des outils bien plus ingénieux
que des mains , et qui n'en sont pas plus intelligens.
Le cousin a une trompe qui est à la fois un pieu

propre à enfoncer dans la chair des animaux, et une pompe par où il aspire leur sang. Cette trompe ren-ferme encore une longue scie, dont il découpe les petits vaisseaux sanguins au fond de la plaie qu'il a ouverte. Il a de plus des ailes pour se transporter où il veut, un corselet d'yeux autour de sa petite tête pour apercevoir tous les objets qui sont autour de lui, des griffes si aiguës qu'il se promène sur le verre poli et à-plomb, des pieds garnis de brosses pour se nettoyer, un panache sur son front, et l'équivalent d'une trompette dont il sonne ses victoires. Il habite l'air, la terre et l'eau, où il naît en forme de ver, et où il dépose ses œufs avant de mourir. Avec tous ces avantages, il est souvent la proie d'insectes plus petits et plus mal organisés que lui. La fourmi qui rampe et qui n'a pour tous outils que des pinces, lui est non-seulement redoutable, mais elle l'est à de bien plus gros animaux, et même à des quadru-pèdes. Elle connoît ce que peuvent les forces réunies de la multitude; elle forme des républiques; elle amasse des provisions; elle construit des villes sou-terraines; elle forme ses attaques en corps d'armées, elle s'avance par colonnes, et elle force quelquefois, dans les pays chauds, l'homme même de lui aban-donner ses habitations. Bien loin que l'intelligence d'aucun animal dépende de ses membres, leur per-fection est souvent, au contraire, en raison inverse de sa sagacité, et paroît être une compensation de

1.   D d

la nature envers lui. Attribuer l'intelligence de l'homme à ses mains, c'est faire dériver la cause des moyens, et les talens de l'outil. C'est comme si on disoit que Le Sueur a dû l'heureuse naïveté de ses tableaux à un pinceau de poil de marte zibeline; et Virgile, l'harmonie de ses vers à une plume de cygne de Mantoue.

Il est encore plus étrange de dire que la raison des hommes dépende du climat, parce qu'il y a entre eux quelques variétés d'usages et de coutumes. Les Turcs se coiffent de turbans, et nous de chapeaux; ils portent des robes, et nous des habits écourtés. En Portugal, dit Montagne, ils boivent la fondrée des vins, et nous la jetons. Les autres exemples que je pourrois citer, sont de la même importance. Je réponds à cela, que nous agirions comme ces peuples si nous étions dans leur pays, et qu'ils feroient comme nous s'ils étoient dans le nôtre. Les turbans et les robes conviennent aux pays chauds, où il faut rafraîchir la tête et le corps, en renfermant dans la coiffure et dans les habits un grand volume d'air. De ce besoin est venu l'usage des turbans chez les Turcs, les Persans et les Indiens, des mitres des Arabes, des bonnets en pain de sucre des Chinois et des Siamois, et celui des robes larges et flottantes que portent la plupart des peuples du Midi. C'est par un besoin contraire que les peuples du Nord, comme les Polonois, les Russes et les Tartares, por-

tent des bonnets fourrés et des robes étroites. Il nous
faut à nous dans nos climats pluvieux, trois gout-
tières sur la tête, et des habits écourtés pour les
boues. Les Portugais boivent la fondrée des vins.
Aussi ferions-nous des vins de Portugal ; car dans
les vins de liqueur, comme ceux des pays chauds,
le plus sucré est au fond du tonneau ; et dans les
nôtres qui sont spiritueux, il n'y a que de la lie ;
le meilleur est au-dessus. J'ai vu en Pologne où l'on
boit beaucoup de vins de Hongrie, servir de préférence le fond de la bouteille. Ainsi, les variétés
même des usages des nations prouvent la constance
de la raison humaine.

Le climat n'altère pas plus la morale des hommes
qui est la raison par excellence. Je conviens cependant que le grand chaud et le grand froid influent
sur les passions. J'ai remarqué même que les jours
les plus chauds de l'été et les plus froids de l'hiver
étoient les jours de l'année où se commettoient le
plus de crimes. La canicule, dit le peuple, est un
temps de malheurs. Il en pourroit dire autant du
mois de janvier. Je crois, d'après ces observations,
que les anciens législateurs avoient établi, dans ces
temps de crise, des fêtes propres à dissiper la mélancolie des hommes, telles que les Saturnales chez les
Romains, et les fêtes des Rois chez les Gaulois.
Chez chaque peuple, des fêtes suivant son goût :
chez ceux-là, des images de république ; chez nous,

de monarchie. Mais j'ai remarqué aussi que ces
temps féconds en crimes sont ceux des plus grandes
actions. Cette effervescence des saisons agit sur nos
sens comme celle du vin. Elle nous donne une grande
impulsion , mais indifférente au bien et au mal.
D'ailleurs la nature a mis dans notre ame deux puissances qui se balancent toujours dans la même proportion. Lorsque le sens physique de l'amour nous
abaisse , le sentiment moral de l'ambition nous
élève. L'équilibre nécessaire à l'empire de la vertu
subsiste, et il n'est rompu que dans ceux chez lesquels il a été détruit par les habitudes de la société ,
et plus souvent encore par celles de l'éducation.
Alors la passion dominante, n'ayant plus de contre-
poids, se rend la maîtresse de toutes nos facultés ;
mais c'est la faute de la société, qui en porte la
punition , et non pas celle de la nature.

Je remarquerai cependant que ces mêmes saisons n'influent sur les passions de l'homme qu'en
agissant sur son moral, et non pas sur son physique.
Quoique cette réflexion ait l'air d'un paradoxe, je
l'appuierai d'une observation fort remarquable. Si
la chaleur d'un climat peut agir sur le corps humain,
c'est certainement lorsqu'il est dans le sein de sa
mère; car elle agit alors sur celui de tous les animaux, dont elle hâte le développement. Le P. du
Tertre , dans son excellente Histoire des Antilles,
dit que dans ces îles, tous les animaux de l'Europe

portent moins long-temps que dans les climats tempérés, et que les œufs de poule n'y sont pas plus de
temps à éclore que des graines d'oranger, vingt-trois
jours. Pline avoit observé en Italie, qu'ils éclosent
en dix-neuf jours en été, et en vingt-cinq jours en
hiver. Par tout pays, la température du climat accélère ou retarde le développement de toutes les
plantes et la portée de tous les animaux, excepté la
naissance de l'homme : remarquez bien ceci. « Aux
» îles Antilles, dit le P. du Tertre, les femmes blan-
» ches ou négresses portent leur enfant neuf mois,
» comme en France ». J'ai fait la même remarque
dans tous les pays où j'ai voyagé, à l'île de France,
sous le tropique du Capricorne, et au fond de la
Finlande russe. Cette observation est très-impor-
tante. Elle prouve que le corps de l'homme n'est
pas soumis à cet égard aux mêmes loix que le reste
des animaux. Elle manifeste dans la nature une
intention morale, qui conserve l'équilibre dans la
population des nations, lequel auroit été dérangé,
si la femme eût accouché plus souvent dans les pays
chauds que dans les pays froids. Cette intention se
manifeste encore dans l'admirable proportion avec
laquelle les deux sexes viennent au monde, en
nombre à-peu-près égal, et dans la différence même
qui se trouve d'un pays à l'autre entre le nombre des
mâles et des femelles : car elle est compensée du
nord au midi ; en sorte que s'il y a un peu plus de

femmes au midi, il y a un peu plus d'hommes au nord; comme si la nature vouloit inviter les peuples les plus éloignés à se rapprocher par des mariages.

Le climat influe sur le moral, mais il ne le détermine pas; et quoique cette détermination supposée soit regardée, dans beaucoup de livres modernes, comme la base fondamentale de la législation des peuples, il n'y a pas d'opinion philosophique mieux réfutée par tous les témoignages de l'histoire. « C'est, » dit-on, dans les hautes montagnes que la liberté » a choisi son asyle; c'est du Nord que sont sortis » les fiers conquérans du monde. C'est au contraire » dans les plaines méridionales de l'Asie que règnent » le despotisme, l'esclavage, et tous les vices poli-» tiques et moraux qui dérivent de la perte de la » liberté ». Faut-il donc que nous réglions à notre baromètre et à notre thermomètre les vertus et le bonheur des nations! Nous n'avons pas besoin de sortir de l'Europe, pour y trouver une multitude de montagnes monarchiques, telles que celles de la Savoie, une partie des Alpes, des Apennins, et les Pyrénées tout entiers. Nous verrons, au contraire, dans ses plaines plusieurs républiques, telles que celles de Hollande, de Venise, de Pologne, et de l'Angleterre même. D'ailleurs, chacun de ces territoires a éprouvé tour à tour diverses sortes de gouvernemens. Ni le froid, ni l'âpreté du sol, ne donnent aux hommes l'énergie de la liberté, et encore moins l'injuste ambition d'entreprendre sur celle d'autrui.

Les paysans de la Russie, de la Pologne, et des froides montagnes de la Bohême, sont esclaves depuis bien des siècles ; tandis que les Angrias et les Marattes sont libres et tyrans dans le midi de l'Inde. Il y a plusieurs républiques sur la côte septentrionale de l'Afrique, où il fait très-chaud. Les Turcs, qui ont envahi la plus belle portion de l'Europe, sont venus du doux climat de l'Asie. On cite la timidité des Siamois et de la plupart des Asiatiques ; mais elle vient, chez ces peuples, de la multitude de leurs tyrans, plutôt que de la chaleur de leur pays. Les Macassars, qui habitent l'île Célèbes, située presque sous la ligne, ont un courage si intrépide, que le brave comte de Forbin rapporte qu'un bien petit nombre d'entre eux mit en fuite, avec de simples poignards, tout ce qu'il y avoit de Siamois et de Français sous ses ordres à Bancok, bien que les premiers fussent en fort grand nombre, et que les autres fussent armés de fusils et de baïonnettes.

Si du courage nous passons à l'amour, nous verrons que le climat n'y détermine pas davantage les hommes. Je m'en rapporte, sur les excès de cette passion, aux témoignages des voyageurs, pour savoir qui l'emporte à cet égard des peuples du Midi ou de ceux du Nord. Par tout pays l'amour est une zône torride pour le cœur de l'homme. Nous observerons que ces répartitions de l'amour aux peuples du

Midi, et du courage aux peuples du Nord, ont été
imaginées par nos philosophes comme des effets
du climat, seulement pour les peuples étrangers :
car ils réunissent ces deux qualités, comme des effets
du même tempérament, dans ceux de nos héros à
qui ils veulent faire leur cour. A leur avis, un Français grand homme en amour, est aussi un grand
homme à la guerre ; mais il n'en est pas de même
des autres nations. Un Asiatique avec son sérail, est
un efféminé ; et un Russe, ou tel autre habitant du
Nord, dont les cours font des pensions, est un dieu
Mars. Mais toutes ces distinctions de tempérament,
fondées sur les climats et injurieuses au genre humain, se détruisent par cette simple question : Les
tourterelles de Russie sont-elles moins amoureuses
que celles de l'Asie ; et les tigres de l'Asie sont-ils
moins féroces que les ours blancs de la Nouvelle-
Zemble ?

Sans aller chercher parmi les hommes des objets
de comparaison hors des mêmes lieux, nous trouverons plus de diversité en mœurs, en opinions, en
vêtemens, en physionomie même, entre un acteur
de l'Opéra et un capucin, qu'il n'y en a entre un
Suédois et un Chinois. Quelle différence des Grecs
babillards, flatteurs, trompeurs, si attachés à la vie,
aux Turcs silencieux, fiers, sincères, et toujours
dévoués à la mort ! Cependant ces hommes si opposés
naissent dans les mêmes villes, respirent le même

air, vivent des mêmes alimens. Leur race, dit-on,
n'est pas la même; car l'orgueil attribue parmi nous
un grand pouvoir aux effets du sang. Mais la plupart
de ces Janissaires si redoutables aux timides Grecs,
sont souvent leurs propres enfans qu'ils sont forcés
de donner en tribut, et qui passent dans la suite dans
ce premier corps de la milice ottomane. Les Baya-
dères de l'Inde si voluptueuses, et ses pénitens si
austères, ne sont-ils pas de la même nation, et souvent de la même famille? Je demande, moi, où l'on
a jamais vu l'inclination au vice ou à la vertu se communiquer avec le sang? Pompée, si généreux, étoit
fils de Strabon, noté d'infamie par le peuple Romain, à cause de son avarice. Le cruel Domitien
étoit frère du bon Titus. Caligula, et Agrippine,
mère de Néron, étoient à la vérité frère et sœur;
mais ils étoient enfans de Germanicus, l'espérance
des Romains. Le barbare Commode étoit fils du
divin Marc-Aurèle. Quelle distance il y a souvent
d'un homme à lui-même, de sa jeunesse à son âge
mûr! de Néron, appelé le père de la patrie lorsqu'il
monta sur le trône, à Néron qui en fut déclaré l'ennemi avant sa mort; de Titus surnommé dans sa
jeunesse un second Néron, à Titus mourant honoré
des larmes du Sénat, du peuple et des étrangers, et
appelé d'une commune voix les délices du genre
humain! Ce n'est donc pas le climat qui forme la
morale des hommes, c'est l'opinion, c'est l'éduca-

tion ; et tel est leur pouvoir, qu'elles triomphent
non-seulement des latitudes, mais même des tem-
péramens. César si ambitieux, si débauché, et Caton
si vertueux, étoient tous deux d'une foible santé.
Le lieu, le climat, la nation, la famille, le tempérament, ne déterminent donc nulle part les hommes
au vice ou à la vertu. Par-tout ils sont libres d'en
faire le choix.

Avant de parler des maux qu'ils se sont faits à eux-
mêmes, voyons ceux que leur a faits la nature. Il y a,
dit-on, des bêtes de proie. Elles sont fort nécessaires.
Sans elles la terre seroit infectée de cadavres. Il
périt chaque année de mort naturelle, au moins la
vingtième partie des quadrupèdes, la dixième des
oiseaux, et un nombre infini d'insectes, dont la
plupart des espèces ne vit qu'un an. Il y a même des
insectes qui ne vivent que quelques heures, tels
que l'éphémère. Comme les eaux des pluies entraînent toutes ces dépouilles aux fleuves, et de là
aux mers, c'est aussi sur leurs rivages que la nature
a rassemblé les animaux qui devoient les consom-
mer. La plupart des bêtes féroces descendent la
nuit des montagnes pour y diriger leurs chasses : il
y en a même plusieurs classes qui ne sont créées que
pour ces lieux-là, tels sont les amphibies, comme
les ours blancs, les loutres, les crocodiles. C'est
sur-tout dans les pays chauds, où les effets de la
corruption sont les plus rapides et les plus dange-

reux, que la nature a multiplié les bêtes carnassières. Les tribus des lions, des tigres, des léopards,
des panthères, des civettes, des onces, des jakals,
des hyènes, des condors, &c. viennent y renforcer
celles des loups, des renards, des martres, des
loutres, des vautours, des corbeaux, &c. Des légions
de crabes dévorans sont nichées dans leurs sables ;
les caïmans et les crocodiles sont en embuscade
dans leurs roseaux ; des coquillages d'espèces innombrables, armées d'outils propres à sucer, à percer,
à limer et à broyer, hérissent les rochers et pavent
les lisières de leurs mers ; des nuées d'oiseaux de
marine volent à grands cris au-dessus de leurs
écueils, ou voguent tout autour au gré des lames,
pour y chercher de la proie ; les murènes, les
bécunes, les carangues, et toutes les espèces de
poissons cartilagineux qui ne vivent que de chair,
tels que les hygiennes, les longs requins, les larges
raies, les pantoufliers, les polypes armés de ven-
touses, et toutes les variétés des chiens de mer y
nagent en foule, sans cesse occupés à dévorer les
débris des corps qui y abordent. La nature appelle
encore les insectes pour en hâter la destruction.
Les guêpes, armées de ciseaux, en découpent les
chairs, les mouches en pompent les liqueurs, les
vers marins en dépècent les os. Ceux-ci sur les
rivages méridionaux, et sur-tout à l'embouchure
des rivières, sont en si grand nombre et armés de

tarières si redoutables, qu'ils peuvent dévorer un
vaisseau de guerre en moins de temps qu'on n'en a
mis à le construire, et qu'ils ont forcé, dans ces
derniers temps, les puissances maritimes de couvrir
de cuivre les carènes des escadres pour les préserver de leurs attaques. Les débris de tous ces
corps, après avoir servi de pâture aux tribus innombrables des autres poissons, dont les uns ont les
becs faits en cuiller et d'autres en chalumeau, pour
ramasser jusqu'aux miettes de cette vaste table; enfin,
réduits par tant de digestions en flegmes, en huiles,
en bitumes, et joints aux pulpes des végétaux qui
descendent de toutes parts dans l'Océan, reprodui-
roient dans ses eaux un nouveau chaos de putréfaction, si les courans n'en portoient aux volcans la
dissolution, que leurs feux achèvent de décomposer
et de rendre aux élémens. C'est pour cette raison,
comme nous l'avons déjà indiqué, que les volcans
ne sont nombreux que dans les pays chauds; qu'ils
sont tous dans le voisinage de la mer ou des grands
lacs; qu'ils sont situés à l'extrémité de leurs courans, et qu'ils ne doivent qu'à l'épuration des eaux
les soufres et les bitumes qui donnent un entretien
perpétuel à leurs foyers.

Les animaux de proie ne sont point à craindre
pour l'homme. D'abord la plupart ne sortent que la
nuit. Ils ont des caractères saillans qui les annoncent
avant même qu'on puisse les apercevoir. Les uns

ont de fortes odeurs de musc, comme la martre,
la civette, le crocodile; d'autres des voix perçantes
qui se font entendre la nuit de fort loin, comme
les loups et les jakals; d'autres ont des couleurs
tranchées qui s'aperçoivent à de grandes distances
sur la couleur fauve de leur peau, telles sont les
raies obscures du tigre, et les taches foncées du
léopard. Tous ont des yeux qui étincèlent dans les
ténèbres. La nature a rendu même une partie de
ces signes communs aux insectes carnivores et san-
guisorbes, telles sont les guêpes à fond jaune, anne-
lées de noir comme les tigres, et les cousins mouchetés de blanc sur un fond sombre, qui annoncent
leurs approches par un bourdonnement aigu. Ceux
même qui attaquent le corps humain ont des indices
remarquables. Ils ont, ou des odeurs fortes comme
la punaise, ou des oppositions de couleur sur les
lieux où ils s'attachent, comme les insectes blancs
sur les cheveux, ou la noirceur des puces sur la
blancheur de la peau.

Bien des écrivains se sont récriés sur la cruauté
des bêtes féroces, comme si nos villes étoient sujettes
à être envahies par les loups, ou que les lions de
l'Afrique fissent de temps en temps des incursions
sur ses colonies européennes. Elles fuient toutes le
voisinage de l'homme; et, comme je l'ai dit, la plupart ne sortent que la nuit. Ces habitudes sont attes-
tées unanimement par les naturalistes, les chas-

seurs et les voyageurs. Lorsque j'étois au Cap de
Bonne-Espérance, M. de Tolback, qui en étoit
gouverneur, me dit que les lions étoient communs
autrefois dans ce pays ; mais que depuis que les
Hollandais s'y étoient établis, il falloit aller à cinquante ou soixante lieues dans les terres pour en
trouver. Après tout, que nous importe leur férocité ?
Quand nous n'aurions pas des armes auxquelles ils
ne peuvent résister, et une industrie supérieure à
toutes leurs ruses, la nature nous a donné des chiens
qui suffisent pour les combattre, et elle a proportionné d'une manière admirable leurs espèces à
celles des animaux les plus redoutables. Dans les
pays où il y a des lions, il y a des races de chiens
capables de les combattre corps à corps. Je citerai,
d'après la traduction gauloise, mais savante, de Dupi-
net, ce que rapporte Pline d'un chien de cette
espèce, qui fut donné à Alexandre par un roi d'Al-
banie (1). « Soudain le roi Alexandre lui fit bailler
» un lion, lequel fut incontinent mis en pièces par
» ce chien. Après cela il fit lâcher un éléphant, où
» il prit le plus grand plaisir qu'il eut oncques. Car
» le chien, du commencement se hérissonnant,
» commença à tourner et à japper contre l'éléphant,
» puis le vint assaillir, sautant de-çà et de-là, avec
» les plus grandes ruses qu'on pourroit imaginer :

(1) Histoire naturelle de Pline, liv. 8, chap. 40.

» maintenant l'assaillant, maintenant se couchant
» de-çà et de-là, de sorte qu'il fit tant tourner et virer
» l'éléphant, qu'il le contraignit tomber, faisant
» trembler la terre du saut qu'il print, et le tua ».
Je doute que ce chien descendît de la même race
que les bichons.

Les animaux redoutables aux hommes sont plus à
craindre par leur petitesse que par leur grandeur ;
cependant il n'en est aucun qui ne tourne à son
utilité. Les serpens, les cent-pieds, les scorpions,
les crapauds, n'habitent guère que les lieux humides et mal sains, dont ils nous éloignent plus par
leurs figures hideuses que par leurs poisons. Les
serpens véritablement dangereux ont des signes qui
les annoncent de loin, tels sont les grelots du serpent
à sonnettes. Peu de gens périssent par leurs blessures, si ce ne sont quelques imprudens. D'ailleurs,
nos porcs et nos volailles les mangent sans en éprouver aucune incommodité. Les canards sur-tout en
sont très-avides, ainsi que de la plupart des plantes
vénéneuses. Ceux du royaume de Pont acquéroient
par ces alimens, qui y sont communs, tant de
vertus, que Mithridate employoit leur sang dans ses
fameux contre-poisons.

Il y a à la vérité des insectes nuisibles qui rongent
nos fruits, nos grains, et même nos personnes ;
mais si les chenilles, les hannetons et les sauterelles ravagent nos campagnes, c'est que nous détrui-

sons les oiseaux de nos bocages qui les mangent ,
ou parce qu'en transportant des arbres des pays
étrangers dans le nôtre , tels que les marroniers
d'Inde , les ébéniers , &c. nous avons transporté
avec eux les œufs des insectes qu'ils nourrissent ,
sans apporter les oiseaux du même climat qui les
mangent. Chaque pays a les siens qui en préservent
ses plantes. J'en ai vu un au Cap de Bonne-Espérance , appelé l'ami du jardinier , continuellement
occupé à prendre des vers et des chenilles qu'il .
accrochoit aux épines des buissons. J'ai vu aussi à
l'île de France une espèce de sansonnet appelé
Martin , qui vient des Indes , et qui ne vit que de
sauterelles et des insectes qui incommodent les bestiaux. Si on naturalisoit ces oiseaux en Europe , il
n'y a point de découverte dans les sciences qui fût
aussi utile aux hommes. Mais nos oiseaux de bocage
suffisent encore pour nettoyer nos campagnes ,
pourvu qu'on défende aux oiseleurs d'en prendre ,
comme ils font , des volées entières dans leurs filets ,
non pas pour les mettre en cage , mais souvent pour
les manger. Il y a quelques années qu'on s'avisa en
Prusse d'en proscrire les moineaux comme nuisibles
à l'agriculture. Chaque paysan y fut taxé à une capi-
tation annuelle de douze têtes de ces oiseaux, dont on
faisoit du salpêtre ; car dans ce pays rien n'est perdu.
A la seconde ou à la troisième année , on s'aperçut
que les moissons étoient dévorées par les insectes , et

on fut obligé de faire revenir bien vîte des moineaux
des pays voisins, pour en repeupler le royaume.
A la vérité, ces oiseaux mangent quelques grains
de blé quand les insectes leur manquent; mais ceux-
ci, entre autres les charançons, en consomment des
boisseaux et des greniers entiers. Cependant, quand
on pourroit éteindre la race des insectes, il faudroit bien s'en garder; car on détruiroit avec elle
celles de la plupart des oiseaux de nos campagnes,
qui n'ont pas d'autres pâtures à donner à leurs petits,
lorsqu'ils sont dans le nid.

Quant aux animaux qui viennent manger les blés
dans les greniers et les laines dans les magasins,
tels que sont les rats, les souris, les charançons et
les teignes, je trouve que les premiers sont utiles en
ce qu'ils nettoient la terre d'excrémens humains dont
ils vivent en grande partie. D'ailleurs, la nature a
donné à l'homme le chat qui en préserve l'intérieur
de sa maison. Elle a doué cet animal non-seulement
d'une légèreté, d'une patience et d'une sagacité
merveilleuses, mais encore d'un esprit de domesti-
cité convenable à cet office. Il ne s'attache qu'à la
maison : si son maître en déménage, il y revient
seul pendant la nuit. Il diffère à cet égard essentiellement du chien, qui ne s'attache qu'à l'homme
même. Le chat a l'affection d'un courtisan, et le
chien celle d'un ami; le premier tient à la posses-
sion, et le second à la personne. Les charançons et

les teignes font, à la vérité, quelquefois de grands dommages dans les blés et dans les laines. Quelques écrivains ont dit que les poules suffisoient pour en nettoyer les greniers : cela est possible. Nous avons d'ailleurs l'araignée et l'hirondelle qui les détruisent dans la saison où ils volent. Je ne considérerai ici que leur utilité politique. A la vue de ces gros magasins, où des monopoleurs ramassent la nourriture et les habillemens d'une province entière, ne doit-on pas bénir la main qui a créé l'insecte qui les force de les vendre ? Si les grains étoient aussi inaltérables que l'or et l'argent, ils seroient bientôt aussi rares. Voyez sous combien de portes et de serrures sont renfermés ces métaux ! Les peuples seroient privés à la fin de leur subsistance, si elle étoit incorruptible comme ce qui en est le signe. Les charançons et les teignes forcent d'abord l'avare d'employer beaucoup de bras pour remuer et pour vanner ses grains, en attendant qu'ils l'obligent à s'en défaire tout-à-fait. Que de pauvres iroient nus, si les teignes ne dévoroient les laines des riches ! Ce qu'il y a d'admirable, c'est que les matières qui servent au luxe ne sont point sujettes à dépérir par les insectes, comme celles qui servent aux premiers besoins de la vie. On peut garder sans risque le café, la soie et le coton même pendant des siècles ; mais aux Indes, où ces choses sont de première nécessité, il y a des insectes qui les détruisent très-promp-

tement, entre autres le coton. Les insectes qui attaquent le corps humain, obligent également les riches
à employer ceux qui n'ont rien, à entretenir, comme
domestiques, la propreté autour d'eux. Les Incas du
Pérou exigeoient même ce tribut des pauvres : car par
tous pays ces insectes s'attachent à l'homme, quoiqu'on ait dit qu'ils ne passoient pas la ligne. D'ailleurs,
ces animaux sont plus fâcheux que nuisibles : ils
tirent le mauvais sang. Comme ils ne foisonnent que
dans les grandes chaleurs, ils nous invitent à recourir aux bains qui sont si salutaires et si négligés parmi
nous, parce qu'étant chers, ils sont des objets de
luxe. Après tout, la nature a mis près de nous d'autres insectes qui les détruisent, ce sont les araignées (1). J'ai ouï dire à un vieil officier, qu'étant
fort incommodé des punaises à l'hôtel des Invalides,
il laissa les araignées se multiplier autour de son lit,
et qu'elles le délivrèrent de cette vermine. Il est

_____

(1) Je présume que c'est une espèce particulière d'araignée. Je crois qu'il y en a d'autant d'espèces, qu'il y en a
de celles des insectes. Elles ne tendent pas toutes des filets ;
il y en a qui attrapent leur proie à la course, d'autres leur
dressent des embuscades. J'en ai vu une à Malte très-singulière, et qui est fort commune dans toutes les maisons. La
nature a donné à cette araignée de ressembler par la tête et
par la partie antérieure du corps, à une mouche. Lorsqu'elle
aperçoit une mouche sur un mur, elle s'en approche d'abord
fort vîte, en observant toujours de se mettre au-dessus

vrai que ce remède paroîtra à bien des personnes pire que le mal. Mais je crois qu'on en peut trouver de plus agréables dans les parfums et dans les essences huileuses ; du moins j'ai remarqué que l'odeur de plusieurs plantes aromatiques chasse ces vilains animaux.

Pour les autres fléaux de la nature, l'homme ne les éprouve que parce qu'il s'écarte de ses loix. Si les orages détruisent quelquefois ses vergers et ses moissons, c'est qu'il les place souvent dans des lieux où la nature ne les a pas destinés à croître. Les orages ne ravagent guère que les cultures de l'homme : ils ne font aucun tort aux forêts et aux prairies naturelles. D'ailleurs, ils ont leur utilité. Les tonnerres rafraîchissent l'air. Les grêles qui les accompagnent quelquefois, détruisent beaucoup d'insectes, et elles ne sont fréquentes que dans les saisons où ils éclosent et se multiplient, au printemps et en été. Sans les ouragans de la zône torride, les

---

d'elle. Quand elle en est à cinq ou six pouces, elle s'avance fort lentement, en lui présentant une ressemblance trompeuse ; et lorsqu'elle n'en est plus éloignée que de deux ou trois pouces, elle s'élance tout-à-coup sur elle. Ce saut, fait sur un plan perpendiculaire, devroit la précipiter à terre ; point du tout. On la revoit toujours sur le mur, soit qu'elle ait manqué ou saisi sa proie, parce qu'avant de s'élancer, elle y attache un fil qui l'y ramène. Philosophes cartésiens, regardez donc les bêtes comme des machines !

fourmis et les sauterelles rendroient inhabitables les
îles situées entre les tropiques. Nous avons déjà
parlé de la nécessité et de l'utilité des volcans dont
les feux purifient les eaux de la mer, comme ceux
du tonnerre purifient l'air. Les tremblemens de terre
viennent de la même cause. D'ailleurs, la nature
nous prévient de leurs effets, et des lieux où sont
placés leurs foyers. Les habitans de Lisbonne savent
bien que leur ville a été détruite plusieurs fois par
leurs secousses, et qu'il n'y faut pas bâtir en pierre.
On n'en a rien à craindre dans des maisons de bois.
Naples et Portici n'ygnorent pas le sort d'Hercula-
num. Après tout, les tremblemens de terre ne sont
point universels ; ils sont locaux et périodiques.
Pline a observé que les Gaules n'y étoient pas sujettes, mais il y a bien d'autres pays qui n'y sont pas
exposés. Ils ne se font guère sentir que dans le voisinage des volcans, sur les bords des mers ou des
grands lacs, et seulement dans quelques portions
de leurs rivages.

Les maladies épidémiques de l'homme et les épizooties des animaux viennent des eaux corrompues.
Les médecins qui en ont recherché les causes, les
attribuent tantôt à la corruption de l'air, tantôt à la
rouille des herbes, tantôt aux brouillards ; mais toutes
ces causes ne sont que des effets de la corruption
des eaux, d'où s'élèvent des exhalaisons putrides
qui infectent l'air, les herbes et les animaux.

On doit l'attribuer presque toujours aux travaux
imprudens des hommes. Les lieux les plus mal-sains
de la terre, autant que je puis me le rappeler, sont
en Asie les bords du Gange, d'où sortent chaque
année des fièvres mortelles qui, en 1771, coûtèrent
au Bengale la vie à plus d'un million d'hommes.
Elles ont pour foyer les rizières, qui sont des marais
artificiels formés le long du Gange pour y faire
croître le riz. Après la récolte de ce grain, les racines
et les pailles de ce végétal qu'on y laisse, y pourrissent et les changent en des bourbiers infects, d'où
s'exhalent des vapeurs pestilentielles. C'est à cause
de ces inconvéniens que l'on en a défendu la culture
en plusieurs endroits de l'Europe, sur-tout en
Russie, aux environs d'Otschakof, où on le cultivoit
autrefois. En Afrique, l'air de l'île de Madagascar est
corrompu par la même cause, pendant six mois
de l'année, et y sera toujours un obstacle invinci-
ble aux établissemens des Européens. Toutes les
colonies Françaises qu'on y a établies, y ont péri
successivement par la corruption de l'air; et j'y
aurois moi-même perdu la vie, si la Providence
divine, par des moyens que je ne pouvois prévoir,
n'avoit mis empêchement au voyage et au séjour
que j'y devois faire. C'est des anciens canaux en-
vasés de l'Egypte, que sortent perpétuellement la
lèpre et la peste. En Europe, les anciens marais
salans de Brouage, où l'eau de la mer ne vient plus,

et dans lesquels les eaux des pluies séjournent, parce qu'elles y sont arrêtées par les digues et par les fossés des vieilles salines, sont devenus des sources constantes d'épizooties. Ces mêmes maladies, les fièvres putrides et bilieuses, et le scorbut de terre, sortent tous les ans des canaux de la Hollande, qui se putréfient en été à tel point, que j'ai vu à Amsterdam les canaux couverts de poissons morts, et qu'il n'étoit pas possible de traverser certaines rues sans se boucher le nez avec son mouchoir. A la vérité on en fait écouler les eaux par des moulins à vent qui les pompent et les jettent par-dessus les digues, dans les endroits où les canaux sont au-dessous du niveau de la mer; mais ces machines n'y sont pas assez multipliées. Le mauvais air de Rome en été, vient de ses anciens aqueducs, dont les eaux se sont répandues parmi les ruines, ou qui ont inondé des plaines dont les niveaux ont été interrompus par les travaux des Romains. Les fièvres pourprées, les dyssenteries, les petites véroles, si communes dans nos campagnes après les chaleurs de l'été, ou dans des printemps chauds et humides, viennent, pour la plupart, des mares des paysans, dans lesquelles les feuilles et les herbes se putréfient. Beaucoup de maladies de nos villes sortent des voiries qui sont placées dans le voisinage, et des cimetières situés autour de nos églises et jusque dans le sanctuaire. Je ne crois pas qu'il y eût un seul lieu de mal-sain

sur la terre , si les hommes n'y avoient mis la main.
On cite la malignité de l'air de Saint-Domingue , de
la Martinique, de Porto-Bello, et de plusieurs autres
endroits de l'Amérique , comme un effet naturel du
climat. Mais ces lieux ont été habités par des sauvages qui de tout temps ont entrepris de détourner
des rivières et de barrer des ruisseaux. Ces travaux
font même une partie essentielle de leur défense. Ils
imitent les castors dans les fortifications de leurs villages, en s'entourant de terreins inondés. Cependant
la nature prévoyante n'a placé ces animaux que dans
les latitudes froides, où à son imitation , ils forment des lacs qui adoucissent l'air ; et elle a mis des
eaux courantes dans les latitudes chaudes, parce que
les lacs s'y changeroient bientôt , par les évaporations , en marais putrides. Les lacs qu'elle y a creusés sont tous situés dans des montagnes, aux sources
des fleuves et dans une atmosphère fraîche. Je suis
d'autant plus porté à attribuer aux sauvages la corruption de l'air , si meurtrière dans quelques-unes
des Antilles , que toutes les îles que l'on a trouvées
sans habitans étoient très-saines ; telles que les îles
de France , de Bourbon, de Sainte-Hélène, &c.

Comme la corruption de l'air nous intéresse particulièrement, je hasarderai ici, en passant, quelques
moyens simples d'y remédier. Le premier est d'en
détruire les causes en substituant à l'usage des mares
dans nos campagnes celui des citernes , dont les

eaux sont si salubres quand elles sont bien faites. On s'en sert universellement dans toute l'Asie. Il faut aussi s'abstenir de jeter des cadavres et des dépouilles d'animaux dans les voiries de nos villes, mais les porter aux rivières, qui en deviendront plus poissonneuses. Si les villes manquent de rivières qui puissent les emporter, ou si ce moyen présente de trop grands inconvéniens, il faut au moins avoir l'attention de ne placer les voiries qu'au nord et au nord-est de nos villes, afin de leur éviter, sur-tout pendant l'été, les fétides bouffées que les vents de sud et de sud-ouest y apportent. Le second est de s'abstenir de creuser des canaux. On voit les maladies qui en sont résultées en Egypte, aux environs de Rome, &c. dès qu'on a négligé de les entretenir. D'ailleurs, leurs avantages sont très-problématiques. A voir les médailles qu'on a frappées chez nous pour celui de Languedoc, ne sembloit-il pas que le détroit de Gibraltar alloit devenir superflu à la navigation de la France? Je suppose qu'il soit de quelque utilité au commerce intérieur du pays, a-t-on balancé le mal qu'il a fait à ses campagnes? Tant de ruisseaux et de fontaines détournés et recueillis de tous côtés pour former un canal de navigation, n'ont-ils pas cessé d'arroser une grande étendue de terre? et peut-on regarder comme utile au commerce ce qui est nuisible à l'agriculture? Les canaux ne conviennent que dans les marais.

C'est le troisième moyen qui peut contribuer à y
établir la salubrité de l'air. Les travaux qu'on a entrepris en France pour dessécher les marais, nous
ont toujours coûté beaucoup de monde, et souvent,
par .cette raison, sont restés imparfaits. Je n'en
trouve point d'autre cause que la précipitation de
ces sortes d'ouvrages, et l'ensemble qu'on a voulu
y mettre. L'ingénieur donne son plan, l'entrepre-
neur son devis, le ministre son approbation, le
prince de l'argent, l'intendant de la province des
paysans ; tout concourt à la fois, excepté la nature.
Du sein des terres pourries s'élèvent des émanations
putrides qui ont bientôt répandu la mortalité parmi
les ouvriers. Pour remédier à ces inconvéniens, je
proposerai quelques observations que je crois vraies.
Tout terrein entièrement couvert d'eau, n'est jamais
mal-sain. Il ne le devient que lorsque l'eau qui le
couvre s'évapore, et qu'il expose à l'air les vases de
son fond et de ses rivages. On détruiroit d'une manière aussi sûre la putridité d'un marais en le changeant en lac qu'en terre ferme. C'est sa situation
qui doit déterminer l'un ou l'autre procédé. S'il est
dans un fond, sans pente et sans écoulement, il faut
suivre l'indication de la nature, et le couvrir d'eaux.
Si elles ne suffisent pas pour l'inonder entièrement,
il faut le couper de fosses profondes, et en jeter les
déblais sur les terres voisines. On aura à la fois des
canaux toujours pleins d'eau, et des îles asséchées

qui seront très-fertiles et très-saines. Quant à la
saison de ces travaux, il faut choisir le printemps et
l'automne, avoir grande attention à ne placer les
travailleurs qu'au-dessus du vent, et suppléer, par
des machines, à la nécessité où ils sont souvent de
plonger dans les boues et dans les vases pour les
emporter.

Il m'a toujours paru inconcevable qu'en France,
où il y a un si grand nombre de sages établissemens,
il y eût des ministres pour les affaires étrangères, la
guerre, la marine, la finance, le commerce, les
manufactures, le clergé, les bâtimens, l'équita-
tion, &c..... et qu'il n'y en eût pas pour l'agriculture. Cela vient, je crois, du mépris qu'on y fait
des paysans. Tous les hommes cependant sont solidaires les uns pour les autres; et indépendamment
de la taille et de la configuration uniforme du genre
humain, je ne voudrois pas d'autres preuves qu'ils
viennent d'une seule origine. C'est de la mare d'un
pauvre homme dont on a détourné le ruisseau, que
sortira l'épidémie qui emportera la famille du château voisin. L'Egypte se venge, par la peste qui sort
de ses canaux, de l'oppression des Turcs qui em-
pêchent ses habitans de les entretenir. L'Amérique,
tombée sous les coups des Européens, exhale de
son sein mille maladies funestes à l'Europe. Elle
entraîne avec elle l'Espagnol mourant sur ses ruines.
Ainsi le Centaure laissa à Déjanire sa robe empoi-

sonnée du sang de l'hydre , comme un présent qui
devoit être funeste à son vainqueur. Ainsi les maux
dont on accable les hommes , passent des étables
aux palais , de la ligne aux pôles , des siècles passés
aux futurs ; et leurs longs effets sont des voix formidables qui crient aux puissances : « Apprenez à
» être justes , et à ne pas opprimer les malheu-
» reux ».

Non-seulement les élémens , mais la raison elle-
même se corrompt dans le sein des misérables. Que
d'erreurs , de craintes , de superstitions , de querelles sont sorties des plus bas étages de la société , et
ont troublé le bonheur des trônes ! Plus les hommes
sont opprimés , plus leurs oppresseurs sont malheureux , et plus la nation qu'ils composent est foible ;
car la force que les tyrans emploient pour se conserver au-dedans , n'est jamais exercée qu'aux dépens de celle qu'ils pourroient employer à se
maintenir au-dehors.

D'abord , du sein de la misère sortent les prosti-
tutions , les vols , les assassinats , les incendies , les
brigandages , les révoltes , et une multitude d'autres
maux physiques , qui par tout pays sont les fléaux
de la tyrannie. Mais ceux de l'opinion sont bien
plus terribles. Un homme en veut subjuguer un
autre , moins pour s'emparer de son bien que pour
en être admiré , et même adoré. Tel est le dernier
terme que se propose l'ambition. Dans quelque état

qu'il l'ait réduit , eût-il à sa discrétion sa fortune ,
ses travaux , sa femme , sa personne , il n'a rien s'il
n'a son hommage. Ce n'étoit pas assez à Aman
d'avoir la vie et les biens des Juifs , il vouloit voir
Mardochée à ses pieds. Les oppresseurs font ainsi
les opprimés , les arbitres de leur bonheur ; et ceux-
ci , pour l'ordinaire , leur rendant injustice pour
injustice , les environnent de faux rapports , de ter-
reurs religieuses , de médisances , de calomnies ,
qui font naître parmi eux les soupçons , les craintes ,
les jalousies , les haines , les procès , les duels , et
enfin les guerres civiles qui finissent par les détruire.

Examinons dans quelques gouvernemens anciens
et modernes cette réaction de maux ; nous la verrons
s'étendre à proportion du mal qu'on y a fait au genre
humain. A cette balance redoutable nous reconnoîtrons l'existence d'une justice suprême.

Sans avoir égard à leurs divisions communes (1)

_____

(1) Les politiques , en classant les gouvernemens par ces
ressemblances extérieures de formes , ont fait comme les botanistes , qui comprennent dans la même catégorie les plantes
qui ont des fleurs ou des feuilles semblables , sans avoir égard
à leurs vertus. Ceux-ci ont mis dans la même classe le chêne
et la pimprenelle ; ceux-là , la république Romaine et celle
de Saint-Marin. Ce n'est pas ainsi qu'on doit observer la
nature ; elle n'est par-tout que convenance et harmonie. Ce
ne sont pas ses formes , c'est son esprit qu'il faut étudier.

Si dans l'histoire d'un peuple vous ne faites pas attention

en démocratie, en aristocratie et en monarchie, qui
ne sont au fond que des formes politiques, qui ne
décident ni de leur bonheur ni de leur puissance,
nous ne nous arrêterons qu'à leur constitution
morale. Tout gouvernement, quel qu'il soit, est
heureux au-dedans et puissant au-dehors, lorsqu'il
donne à tous ses sujets le droit naturel de parvenir
à la fortune et aux honneurs; et le contraire arrive
lorsqu'il réserve à une classe particulière de citoyens

à sa constitution morale et intérieure, dont presque aucun
historien ne s'occupe, il vous sera impossible de concevoir
comment des républiques bien ordonnées en apparence, se
sont ruinées tout-à-coup; comment d'autres, au contraire,
où tout paroît dans l'agitation, deviennent formidables;
d'où vient la durée et le pouvoir des Etats despotiques, si
décriés par nos écrivains modernes; et d'où vient enfin
qu'après ces beaux règnes de Marc-Aurèle et d'Antonin,
qu'ils ont si vantés, l'empire Romain acheva de s'écrouler.
C'est, je l'ose dire, parce que ces bons princes ne songèrent
qu'à conserver la forme extérieure du gouvernement. Tout
étoit tranquille autour d'eux; il y avoit une forme de Sénat;
le blé ne manquoit point à Rome; les garnisons dans les
provinces étoient bien payées. Point de sédition, point de
troubles; tout alloit bien en apparence: mais pendant cette
léthargie, les riches augmentoient leurs grandes propriétés,
le peuple perdoit les siennes; les emplois s'accumuloient
dans les mêmes familles. Pour avoir de quoi vivre, il falloit
s'attacher aux grands: Rome ne renfermoit plus qu'un peuple
de valets. L'amour de la patrie s'éteignoit. Les malheureux
ne savoient de quoi se plaindre. On ne leur faisoit point de

les biens qui doivent être communs à tous. Il ne suffit pas de prescrire au peuple des limites, et de l'y contenir par des fantômes effrayans : il force bientôt ceux qui les font mouvoir de trembler plus que lui. Quand la politique humaine attache sa chaîne au pied d'un esclave, la justice divine en rive l'autre bout au cou du tyran.

Il y a eu peu de républiques plus également ordonnées que celle de Lacédémone. On y vit fleurir

---

tort. Tout étoit dans l'ordre ; mais par cet ordre, ils ne pouvoient plus parvenir à rien. On n'égorgeoit pas les citoyens comme sous Marius et Sylla, mais on les étouffoit.

Dans toute société humaine il y a deux puissances, l'une temporelle et l'autre spirituelle. Vous les retrouverez dans tous les gouvernemens du monde, en Europe, en Asie, en Afrique et en Amérique. Le genre humain est gouverné comme le corps humain. Ainsi l'a voulu l'Auteur de la nature, pour la conservation et le bonheur des hommes. Lorsque les peuples sont opprimés par la puissance spirituelle, ils se réfugient auprès de la temporelle ; quand celle-ci les opprime à son tour, ils ont recours à l'autre. Quand toutes deux s'accordent pour les rendre misérables, alors naissent en foule les hérésies, les schismes, les guerres civiles, et une multitude de puissances secondaires qui balancent les abus des deux premières, jusqu'à ce qu'il en résulte enfin une apathie générale, et que l'Etat se détruise. Nous approfondirons ce grand sujet tout-à-l'heure, en parlant de la France. Nous verrons que, quoiqu'il n'y ait de droit qu'une puissance, il y en a en effet cinq qui la gouvernent.

la vertu et le bonheur pendant cinq cents ans. Malgré son peu d'étendue elle donna la loi à la Grèce
et aux côtes septentrionales de l'Asie ; mais comme
Lycurgue n'avoit compris dans son plan, ni les
peuples qu'elle devoit s'assujettir, ni même les Ilotes
qui labouroient la terre pour elle, ce fut par eux
qu'entrèrent les troubles qui l'agitèrent et qui finirent
par la renverser.

Dans la république Romaine il y eut encore plus
d'égalité, et partant plus de bonheur et de puissance. A la vérité elle étoit divisée en patriciens et
en plébéiens ; mais comme ceux-ci parvenoient à
toutes les dignités militaires, que d'ailleurs ils ob-
tinrent le tribunat, dont le pouvoir égala et surpassa
même celui des consuls, la plus grande harmonie
régna entre les deux ordres. On ne peut voir sans
attendrissement la déférence et le respect que les
plébéiens portoient aux patriciens dans les beaux
jours de la république. Ils choisissoient parmi eux
leurs patrons, ils les accompagnoient en foule lorsqu'ils alloient au sénat ; quand ils étoient pauvres,
ils se cotisoient entre eux pour doter leurs filles. Les
patriciens d'un autre côté s'intéressoient à toutes
les affaires des plébéiens ; ils plaidoient leurs causes
dans le sénat ; ils leur faisoient porter leurs noms,
les adoptoient dans leurs familles, et leur donnoient leurs filles en mariage, quand ils se distin-
guoient par leurs vertus. Ces alliances avec des

familles du peuple ne furent pas dédaignées même des empereurs. Auguste donna en mariage Julie, sa fille unique, au plébéien Agrippa. La vertu régna dans Rome, et jamais on ne lui avoit élevé de plus dignes autels sur la terre. On en peut juger par les récompenses qu'on y accordoit aux bonnes actions. Un homme criminel étoit condamné à mourir de faim; sa fille vint l'y trouver et l'y nourrit de son lait. Le sénat, instruit de cet acte de l'amour filial, ordonna que le père fût rendu à la fille, et qu'à la place de la prison on élevât un temple à la Piété.

Lorsqu'on menoit un coupable au supplice, il étoit absous si une vestale venoit à passer. La peine due au crime disparoissoit en présence d'une personne vertueuse. Si dans une bataille un Romain en sauvoit un autre des mains de l'ennemi, on lui donnoit la couronne civique. Cette couronne n'étoit que de feuilles de chêne, et elle étoit même la seule des couronnes militaires qui n'eût pas d'or; mais elle donnoit le droit de s'asseoir aux spectacles dans le banc le plus voisin de celui des sénateurs, qui se levoient tous, par honneur, à l'arrivée de celui qui la portoit. C'étoit, dit Pline, la plus illustre des couronnes, et elle donnoit plus de priviléges que les couronnes murales, obsidionales et navales, parce qu'il y a plus de gloire à sauver un seul citoyen, qu'à prendre des villes et qu'à gagner des batailles. Elle étoit la même, par cette raison, soit

I.   F f

qu'on eût sauvé le général de l'armée ou un simple
soldat; mais on ne l'eût pas obtenue pour avoir
délivré un roi allié des Romains, qui seroit venu à
leur secours. Rome dans la distribution de ses récompenses ne distinguoit que le citoyen. Avec ces sentimens patriotiques elle conquit la terre; mais elle ne
fut juste que pour son peuple, et ce fut par ses injustices envers les autres hommes qu'elle devint foible
et malheureuse. Ses conquêtes la remplirent d'esclaves, qui, sous Spartacus, la mirent à deux doigts
de sa perte, et qui la décidèrent enfin par les armes
de la corruption, plus dangereuses que celles de
la guerre. Ce furent les vices et·les flatteries des
Grecs et des Asiatiques, esclaves à Rome, qui y
formèrent les Catilina, les César, les Néron; et
tandis que leur voix corrompoit les maîtres du
monde, celle des Goths, des Cimbres, des Teutons,
des Gaulois, des Allobroges, des Vandales, compagnons de leur sort, appeloit du nord et de l'orient
ceux de leurs compatriotes qui la renversèrent.

Les gouvernemens modernes nous présentent les
mêmes réactions d'équité et de bonheur, d'injustice et d'infortune. En Hollande, où le peuple peut
parvenir à tout, l'abondance est dans l'état, l'ordre
dans les villes, la fidélité dans les mariages, la tranquillité dans tous les esprits; les querelles et les
procès y sont rares, parce que tout le monde y
est content. Il y a peu de nations en Europe dont

le territoire soit aussi petit, et il n'y en a point
qui ait étendu sa puissance aussi loin ; ses richesses
sont immenses ; elle a soutenu seule la guerre contre
l'Espagne dans sa splendeur, et ensuite contre la
France et l'Angleterre réunies ; son commerce
s'étend par toute la terre ; elle possède de puissantes colonies en Amérique, de riches comptoirs
en Afrique, des royaumes formidables en Asie. Mais
si on remonte à la source des maux et des guerres
qu'elle a soufferts depuis deux siècles, on verra qu'ils
ne viennent que des injustices de quelques-uns de
ses établissemens dans ce pays-là. Son bonheur et
sa puissance ne sont point dus à sa forme républi-
caine, mais à cette communauté de biens qu'elle
présente indistinctement à tous ses sujets, et qui
produit les mêmes effets dans les gouvernemens
despotiques dont on nous fait de si terribles tableaux.

Parmi les Turcs comme parmi les Hollandais, il
n'y a ni querelles, ni médisances, ni vols, ni pros-
titutions dans les villes. On ne trouveroit peut-être
pas même dans tout leur empire, une seule femme
turque faisant le métier de courtisane. Il n'y a dans
les esprits ni inquiétude ni jalousie. Chacun d'eux
voit sans envie dans ses chefs un bonheur où il peut
atteindre, et est prêt à périr pour sa religion et pour
son gouvernement. Leur force n'est pas moindre
au-dehors que leur union est grande au-dedans. Avec
quelque mépris que nos historiens parlent de leur

ignorance et de leur stupidité, ils ont envahi les plus belles portions de l'Asie, de l'Afrique, de l'Europe, et même l'empire des Grecs, si savans et si spirituels, parce que le sentiment de patriotisme qui les unit, est supérieur à tout l'esprit et à toutes les tactiques du monde. Ils éprouvent cependant des convulsions par les révoltes des peuples conquis; mais les plus dangereuses viennent de leurs plus foibles ennemis, de ces Grecs même dont ils pillent impunément les biens, et dont ils enlèvent chaque année des tributs d'enfans pour le sérail. Ce sont de ces enfans d'où sortent, par une providence réagissante, la plupart des janissaires, des agas, des bachas, des visirs, qui oppriment les Turcs à leur tour, et qui se rendent redoutables même à leurs sultans.

C'est cette même communauté d'espérances et de fortunes présentées à toutes les conditions, qui a donné tant d'énergie à la Prusse, dont nos écrivains ont si fort vanté la police au-dedans et les victoires au-dehors, quoique le gouvernement en soit encore plus despotique que celui de la Turquie, puisque le prince y est à la fois maître absolu du temporel et du spirituel.

Au contraire, la république de Venise, si connue par ses courtisanes, par les inquiétudes et par les espionnages de son gouvernement, est d'une foiblesse extrême au-dehors, quoiqu'elle soit plus ancienne, dans une situation plus heureuse, et sous un plus beau ciel que celle de Hollande. Venise est une puissance maritime à peine connue aujourd'hui dans la Méditerranée, tandis que la Hollande vivifie toute la terre par son commerce, parce que la première a restreint les droits de l'humanité à une classe de nobles, et que la seconde les a étendus à tout son peuple.

C'est encore par une suite de ce partage injuste que Malte, avec le plus beau port de la Méditerranée, située entre l'Afrique et l'Europe, dans le voisinage de l'Asie, et remplie d'une jeune noblesse pleine de courage, ne sera jamais que la dernière puissance de l'Europe, parce que son peuple y est nul.

Nous observerons ici que l'hérédité de la noblesse dans un état, ôte à la fois l'émulation aux nobles et aux roturiers. Elle l'ôte aux premiers, qui n'en ont pas besoin, parce que par leur seule naissance ils parviennent à tout; et aux seconds, parce que ne pouvant prétendre à rien, elle leur devient inutile. C'est-là le vice politique qui a ruiné la puissance du Portugal et celle de l'Espagne, et non pas l'esprit monastique, comme tant d'écrivains l'ont avancé. Les moines étoient tout-puissans du temps de Ferdinand et d'Isabelle. Ce fut un moine qui décida à la cour le départ de Christophe Colomb pour la découverte d'un nouveau monde, dont la conquête

quadrupla en Espagne le nombre des gentilshommes.
Il ne passoit pas en Amérique un soldat espagnol
qui ne s'y donnât pour noble, et qui, retournant
en Espagne avec un peu d'argent, ne s'y établît sur
ce pied-là. La même chose arriva parmi les Portugais, qui firent des conquêtes en Asie. L'ordre
militaire chez ces deux nations fit alors des prodiges,
parce que la carrière de l'ambition étoit ouverte au
peuple dans les armes. Mais depuis qu'elle lui est
fermée par le nombre prodigieux de gentilshommes,
dont ces deux états sont remplis, il s'est jeté du côté
de l'ordre monastique, et lui a donné la puissance
tribunitive.

Quelque admirable que paroisse aux spéculations de nos politiques, le triple nœud qui forme
le gouvernement de l'Angleterre, c'est aux agitations de ces trois puissances qu'on doit attribuer les
querelles perpétuelles qui en troublent le bonheur,
et la vénalité qui l'a enfin corrompu. Le peuple,
à la vérité, forme une chambre dans son parlement ;
mais le droit d'y entrer comme député, n'étant
réservé qu'aux seuls possesseurs de terres, doit en
bannir bien des têtes sages, et y admettre beaucoup
qui ne le sont guère. Alcibiade et Catilina y auroient
joué de grands rôles ; mais Socrate, le juste Aristide,
Epaminondas, qui donna l'empire de la Grèce à
Thèbes, Attilius-Régulus, qui fut choisi dictateur à
la charrue, Ménénius-Agrippa, qui pacifia les diffé-

rends du sénat et du peuple, n'auroient pu y avoir
de séance, attendu qu'ils n'avoient pas en fonds de
terres cent livres sterlings de revenu. L'Angleterre
se détruiroit par sa propre constitution, si elle n'ou-
vroit à tous ses citoyens une carrière commune dans
sa marine. Tous les ordres de l'état concourent à
ce point de réunion, et lui donnent une telle pon-
dération qu'il fixe leur équilibre politique. Qui
détruiroit la marine en Angleterre en détruiroit le
gouvernement. Ce concours unanime de toute la
nation vers un seul art, lui a acquis le plus grand
degré de perfection où il soit jamais parvenu chez
aucun peuple, et en fait l'unique instrument de sa
puissance.

Si nous parcourons les autres états qui portent le
nom de républiques, nous y verrons les maux au-
dedans et la foiblesse au-dehors, croître à proportion de l'inégalité de leurs citoyens. La Pologne a
réservé aux seuls nobles toute l'autorité, et a laissé
son peuple dans le plus odieux esclavage, en sorte
que la guerre, qui établit entre les citoyens d'une
même nation une communauté de dangers, n'établit
entre ceux-ci aucune communauté de récompenses.
Son histoire ne présente qu'une longue suite de
querelles de Palatinat à Palatinat, de ville à ville,
de famille à famille, qui l'ont rendue fort malheureuse dans tous les temps. Le plus grand nombre des
nobles même y est si misérable, qu'il est obligé,

pour vivre, de servir les grands dans les plus vils
emplois, comme. autrefois les nôtres parmi nous
dans le gouvernement féodal, et comme encore
aujourd'hui ceux du Japon ; car par-tout où les
paysans sont esclaves, les gentilshommes sont domestiques. Enfin il est arrivé, de nos jours, à la Pologne le
malheur qu'elle auroit éprouvé il y a long-temps, si
les royaumes qui l'environnent n'avoient pas eu alors
les mêmes défauts dans leur constitution. Elle a été
envahie par ses voisins, malgré ses longues discus-
sions politiques, comme l'empire des Grecs le fut
par les Turcs, lorsque quelques prêtres s'y étant
emparés de tout, ne les occupoient plus que de
subtilités théologiques.

Au Japon, les maux des nobles y sont proportionnés à leur tyrannie. Ils formèrent d'abord un
gouvernement féodal, si aisé à renverser, comme
tous ceux de cette nature, que le premier d'entre
eux qui s'en voulut faire le souverain, en vint à
bout par une seule bataille. Il leur ôta le pouvoir
de décider leurs querelles par des guerres civiles ;
mais il leur laissa tous leurs autres priviléges ; celui
de maltraiter les paysans qui y sont serfs, le droit
de vie et de mort sur tous ceux qui sont à leurs gages,
et même sur leurs femmes. Le peuple qui dans l'extrême misère, n'a guère, pour subsister, d'autre
moyens que d'effrayer ou de corrompre ses tyrans,
produit au Japon une multitude incroyable de bonzes

de toutes les sectes, qui y ont élevé des temples
sur toutes les montagnes, de comédiens et de far-
ceurs qui ont des théâtres à tous les carrefours des
villes, et de courtisanes qui y sont en si grand nombre, qu'on en trouve sur toutes les routes et à toutes
les auberges où l'on arrive. Mais ce même peuple
met à si haut prix la considération que les nobles
exigent de lui, que pour peu qu'ils se regardent
entre eux de travers, il faut qu'ils se battent; et si
l'insulte est un peu grave, il faut que l'offensé et
l'agresseur s'ouvrent le ventre, sous peine d'infamie.
C'est à cette haine pour ses tyrans, qu'il faut attribuer
le singulier attachement qu'il témoigna pour la religion chrétienne ; qu'il croyoit devoir effacer par sa
morale, des différences si odieuses entre les hommes ; et c'est aux préjugés populaires qu'il faut rapporter dans les nobles japonais, le mépris qu'ils
marquent, en mille occasions, pour une vie rendue
si versatile par l'opinion d'autrui.

Une sage égalité proportionnée aux lumières et
aux talens de tous ses sujets, a rendu long-temps la
Chine la portion la plus heureuse de la terre ; mais
le goût des voluptés y ayant à la fin corrompu les
mœurs, l'argent qui les procure est devenu le premier mobile du gouvernement. La vénalité y a divisé
la nation en deux grandes classes, de riches et
de pauvres. Les anciens degrés qui élevoient les
hommes à tous les emplois, subsistent encore ; mais il

n'y a que les riches qui y montent. Ce vaste et popu-
leux empire n'ayant plus de patriotisme que dans
quelques vaines cérémonies, a été plusieurs fois
envahi par les Tartares qui y ont été appelés par les
malheurs des peuples.

On regarde, en général, les Nègres comme l'espèce d'hommes la plus infortunée qu'il y ait au monde.
En effet, il semble que quelque destinée les con-
damne à l'esclavage. On croit reconnoître en eux
l'effet de cette ancienne malédiction (1) : « Que
» Chanaan soit maudit! qu'il soit à l'égard de ses
» frères l'esclave des esclaves»! ils la confirment eux-
mêmes par leurs traditions. Selon le Hollandais Bosman, « les Nègres de la Guinée disent que Dieu
» ayant créé des noirs et des blancs, leur proposa
» deux dons, savoir, ou de posséder l'or, ou de
» savoir lire et écrire ; et, comme Dieu donna le
» choix aux noirs, ils choisirent l'or, et laissèrent
» aux blancs la connoissance des lettres : ce que
» Dieu leur accorda. Mais qu'étant irrité de cette
» convoitise qu'ils avoient pour l'or, il résolut en
» même temps que les blancs domineroient éter-
» nellement sur eux, et qu'ils seroient obligés de
» leur servir d'esclaves (2) ». Ce n'est pas que je

---

(1) Genèse, chap. IX, v. 25.

(2) *Bosman, Voyage de Guinée, lett. 10.* Ce jugement des
Nègres modernes leur fait beaucoup d'honneur. Ils sentent

Veuille appuyer par des autorités sacrées, ni par
celle que ces infortunés fournissent eux-mêmes, la
tyrannie que nous exerçons à leur égard. Si la malé-

---

le prix inestimable des lumières ; mais s'ils avoient vu en
Europe le sort de la plupart des gens de lettres, et celui des
gens qui y ont de l'or, ils auroient renversé leur tradition.

Des opinions semblables se retrouvent chez les autres noirs
de l'Afrique, et entre autres, chez les noirs des îles du Cap-
Verd, comme on peut le voir dans l'excellente relation que
George Roberts nous en a donnée. Cet infortuné navigateur
se réfugia dans celle de Saint-Jean, où il reçut de la part de
ses habitans les preuves les plus touchantes de générosité et
d'hospitalité, après avoir éprouvé un traitement atroce de
la part des pirates anglais ses compatriotes, qui lui pillèrent
son vaisseau.

Cependant, il faut l'avouer, si quelques peuplades de
l'Afrique nous surpassent en qualités morales, en général
les Nègres sont très-inférieurs aux autres nations par celles
de l'esprit. Ils n'ont pas encore eu l'industrie de dompter
l'éléphant, comme les Asiatiques. Ils n'ont perfectionné
aucune espèce de culture. Ils doivent celle de la plupart de
leurs végétaux alimentaires aux Portugais et aux Arabes.
Ils n'exercent aucun des arts libéraux qui faisoient cependant des progrès chez les habitans du Nouveau-Monde, bien
plus modernes qu'eux. Ils sont dans une partie du continent
d'où ils pouvoient aisément pénétrer jusqu'en Amérique,
puisque les vents d'est les y portent vent arrière ; et ils
n'avoient pas même découvert les îles qui sont dans leur
voisinage, telles que les îles Canaries et celles du Cap-Verd.
Les puissances noires de l'Afrique n'ont jamais eu l'esprit

diction d'un père a pu avoir tant d'influence sur sa
postérité, la bénédiction de Dieu, qui, par notre
religion, s'étend sur eux comme sur nous, les rétablit dans toute la liberté de la loi naturelle. Le

---

de construire un brigantin. Loin de s'étendre au-dehors,
elles ont laissé les peuples étrangers s'emparer de toutes
leurs côtes. Car, dans les anciens temps, les Egyptiens et
les Phéniciens se sont établis sur leurs côtes orientales et
septentrionales, qui sont aujourd'hui au pouvoir des Turcs
et des Arabes; et depuis quelques siècles, les Portugais, les
Anglais, les Danois, les Hollandais et les Français se sont
saisis de ce qui en restoit à l'orient, au midi et à l'occident,
uniquement pour avoir des esclaves. Il faut, après tout,
qu'une Providence particulière préserve le patrimoine de
ces enfans de Chanaan de l'avidité de leurs frères les enfans
de Sem et de Japhet; car il est étonnant que nous autres
sur-tout, fils de Japhet, qui, comme des cadets, cherchons
fortune par tout le monde, et qui, suivant la bénédiction
de Noé notre père, nous logeons jusque dans les tentes de
Sem notre aîné, par nos comptoirs en Asie, nous n'ayons
pas établi des colonies dans une partie de la terre aussi belle
que la Nigritie, si voisine de nous, où la canne à sucre, le
café, et la plupart des productions de l'Amérique et de
l'Asie peuvent croître, et enfin où les esclaves sont tout
portés.

Les politiques attribueront les différens caractères des
Nègres et des Européens à telles causes qu'il leur plaira.
Pour moi, je le dis du fond de mon cœur, je ne connois
point de livre où il y ait des monumens plus certains de
l'histoire des nations et de celle de la nature, que la Genèse.

texte de l'Evangile, qui nous ordonne de regarder
tous les hommes comme nos frères, parle pour eux
comme pour nos compatriotes. Si c'en étoit ici le
lieu, je ferois voir comme la Providence fait observer en leur faveur les loix de la justice universelle, en
rendant leurs tyrans dans nos colonies cent fois plus
misérables qu'eux. D'ailleurs, combien de guerres
les traites de l'Afrique n'ont-elles pas fait naître
pami les puissances maritimes de l'Europe! Combien de maladies et d'abâtardissemens de races les
Nègres n'ont-ils pas occasionnés parmi nous! Mais
je ne m'arrêterai qu'à leur condition dans leur pays,
et à celle de leurs compatriotes qui abusent sur eux
de leur pouvoir. Je ne sache pas qu'il y ait jamais
eu chez eux une seule république, si ce n'est quelque petite aristocratie le long de la côte occidentale
d'Afrique, telle que celle de Fantim. Ils ont une
multitude de petits rois qui les vendent quand bon
leur semble. Mais d'un autre côté, le sort de ces
rois est rendu si déplorable par les prêtres, les féti-
ches, les grigris, les révolutions subites, l'indigence
même d'alimens, qu'il y a fort peu de nos matelots
qui voulussent changer d'état avec eux. D'ailleurs,
les Nègres échappent à la plupart de leurs maux par
leur insouciance et la mobilité de leur imagination. Ils dansent au milieu de la famine comme au
sein de l'abondance, dans les fers comme en liberté.
Si une patte de poulet leur fait peur, un petit mor-

ceau de papier blanc les rassure. Chaque jour ils
font et défont leurs dieux à leur fantaisie.

Ce n'est point dans la stupide Afrique, mais aux
Indes, dont l'antique sagesse est si renommée,
que les maux du genre humain sont portés à leur
comble. Les Brames, autrefois appelés Brachmanes,
qui en sont les prêtres, y ont divisé la nation en
plusieurs castes, dont ils ont voué quelques-unes
à l'opprobre, comme celle des Parias. On peut bien
croire qu'ils ont rendu la leur sacrée. Personne n'est
digne de les toucher, de manger avec eux, encore
moins d'y contracter aucune alliance. Ils ont étayé
cette grandeur imaginaire de superstitions incroyables. C'est de leurs mains que sort ce nombre infini
de dieux de formes monstrueuses, qui ont effrayé
toutes les imaginations de l'Asie. Le peuple, par
une réaction naturelle d'opinions, les rend à leur
tour les plus misérables de tous les hommes. Il les
oblige, afin de conserver leur réputation, de se
laver de la tête aux pieds au moindre attouchement,
de jeûner souvent et rigoureusement, de faire devant
leurs idoles si redoutables, des pénitences horribles ;
et comme il ne peut s'allier à leur sang, il force par
le pouvoir des préjugés sur les tyrans, leurs veuves
de se brûler vives avec le corps de leurs maris.
N'est-ce donc pas un sort bien affreux pour des
hommes qui passent pour sages, et qui donnent la
loi à leur nation, de voir périr par cet horrible

genre de supplice, leurs amies, leurs parentes, leurs
filles, leurs sœurs et leurs mères? Des voyageurs
ont vanté leurs lumières; mais n'est-ce pas une
odieuse alternative pour des hommes éclairés, ou
d'effrayer perpétuellement des ignorans par des opinions qui, à la longue, subjuguent même ceux qui
les prêchent; ou, s'ils sont assez heureux pour conserver leur raison, d'en faire un usage honteux et
coupable, en l'employant à débiter des mensonges?
Comment peuvent-ils s'estimer les uns les autres?
Comment peuvent-ils rentrer en eux-mêmes, et
lever les yeux vers cette divinité dont ils ont, dit-
on, de si sublimes idées, et dont ils présentent au
peuple de si effroyables images? Quel que soit, pour
leur ambition, le triste fruit de leur politique, elle
a entraîné les malheurs de ce vaste empire, situé
dans la plus belle région de la terre. Sa milice est
formée de nobles appelés Naïres, qui tiennent le
second rang dans l'état. Les Brames, pour se maintenir par la force, autant que par la ruse, les ont
associés à une partie de leurs priviléges. Voici ce
que dit Gauthier Schouten, de l'indifférence que
porte le peuple aux Naïres dans les malheurs qui
leur arrivent. Après un rude combat, où les Hollandais tuèrent beaucoup de ceux qui avoient embrassé
le parti des Portugais, « il ne fut fait, dit-il (1),

_____

(1) *Voyage aux Indes orientales*, tome 1, page 307.

» aucun outrage ni insulte aux gens de métier,
» paysans, pêcheurs, ou autres habitans Malabares,
» non pas même dans la fureur du combat. Aussi
» ne s'en étoient-ils point fui. Il y en avoit beaucoup
» de postés en divers endroits pour être spectateurs
» de l'action, et ils ne parurent nullement s'intéres-
» ser à la perte des Naïres ». J'ai vu la même apathie chez les peuples dont la noblesse forme une
nation à part, entre autres, en Pologne. Le peuple
des Indes fait partager à ses Naïres, comme à ses
Brames, les maux de l'opinion. Ceux-là ne peuvent
contracter de mariages légitimes. Plusieurs d'entre
eux, connus sous le nom d'Amoques, sont obligés
de se dévouer dans les combats, ou à la mort de
leurs rois. Ils sont les victimes de leur honneur
injuste, comme les Brames le sont de leur religion
inhumaine. Leur courage, qui n'est qu'un esprit de
corps, loin d'être utile à leur pays, lui est souvent
funeste. Dans tous les temps, il a été désolé par
leurs guerres intestines; et il est si foible au-dehors,
que des poignées d'Européens s'y sont établis par-
tout où ils ont voulu. A la fin de l'avant-dernière
guerre en 1762, un anglais proposa au parlement
d'Angleterre d'en faire la conquête, et de payer les
dettes de sa nation avec les richesses qu'il se proposoit d'y enlever, si on vouloit l'y transporter avec
une armée de cinq mille Européens. Son projet
n'étonna aucun de ceux de ses compatriotes qui

connoissoient la foiblesse de ce pays-là, et il ne fut rejeté, dit-on, que parce qu'il étoit injuste.

En France, le peuple ne parvint à rien dans le gouvernement depuis Jules-César, qui est le premier des écrivains qui ait fait cette observation, et qui n'est pas le dernier politique qui en ait profité pour s'en rendre aisément le maître, jusqu'au cardinal de Richelieu, qui abattit le pouvoir féodal. Dans ce long intervalle, notre histoire n'offre qu'une suite de dissensions, de guerres civiles, de mauvaises mœurs, d'assassinats, de loix gothiques, de coutumes barbares, et est très-peu intéressante à lire, quoi qu'en dise le président Hénault, qui la compare à l'histoire romaine. Ce n'est pas seulement parce que les fables des Romains sont plus ingénieuses que les nôtres; mais c'est que dans notre histoire on ne voit point l'histoire d'un peuple, mais seulement celle de quelque grande maison. Il faut cependant en excepter les vies de quelques bons rois, telles que celles de saint Louis, de Charles v, de Henri iv, et de quelques gens de bien, qui intéressent par cela même qu'ils se sont intéressés pour la nation. Par-tout ailleurs, vous ne voyez pas que le gouvernement s'en occupât : il ne songeoit qu'aux intérêts des nobles. Elle fut tour à tour subjuguée par les Romains, les Francs, les Goths, les Alains et les Normands. La facilité avec laquelle elle se fit chrétienne, prouve qu'elle chercha dans la religion

i.　　　　　　　　　c g

une protection contre les maux de l'esclavage. C'est
à ce sentiment de confiance que le clergé a dû le
premier rang qu'il a obtenu dans l'Etat : mais bientôt le clergé dégénéra de son premier esprit, et loin
de songer à détruire la tyrannie, il se rangea du côté
des tyrans ; il adopta toutes leurs coutumes, il se
revêtit de leurs titres, s'appliqua leurs droits et leurs
revenus , et se servit même de leurs armes pour
défendre des intérêts si étrangers à sa morale. Beaucoup d'églises avoient des chevaliers et des cham-
pions qui se battoient pour elles en duel.

Il ne faut pas attribuer à la religion les maux
occasionnés par l'avarice et par l'ambition de ses
ministres. Elle nous apprend elle-même à connoître
leurs défauts , et elle nous ordonne de nous en
méfier. Les plus grands saints , entre autres saint
Jérôme (1), les leur ont reprochés avec plus de
force que ne l'ont fait les philosophes modernes.
On a beaucoup écrit dans ces derniers temps contre
la religion , pour affoiblir le pouvoir des prêtres.
Mais par-tout où elle est tombée, leur puissance
s'est augmentée. C'est la religion elle-même qui les
contient. Voyez dans l'Archipel et ailleurs combien
de superstitions frauduleuses et lucratives les papas
et caloyers grecs ont substituées à l'esprit de l'Evangile ! Quelques reproches d'ailleurs qu'on puisse

_____

(1) Voyez ses Lettres.

faire aux nôtres, ils peuvent répondre qu'ils ont été, dans tous les temps, les enfans de leur siècle comme leurs compatriotes. Les nobles, les magistrats, les militaires, les rois même des temps passés, ne valoient pas mieux. On les accuse de porter partout l'esprit d'intolérance et de vouloir être les maîtres en prêchant l'humilité. Mais la plupart d'entre eux, repoussés par le monde, portent dans leurs corps cet esprit d'intolérance du monde, dont ils ont été la victime ; et leur ambition n'est bien souvent qu'une suite de cette ambition universelle que l'éducation nationale et les préjugés de la société inspirent à tous les membres de l'Etat. Sans vouloir faire leur apologie, et encore moins leur satire, ni celle d'aucun corps, dont je n'ai voulu découvrir les maux qu'afin de leur indiquer les remèdes qui me semblent être à leur portée, je me bornerai ici à quelques réflexions sur la religion, qui est, dès cette vie même, le fléau des méchans et la consolation des gens de bien.

Le monde regarde aujourd'hui la religion comme le partage du peuple, et comme un moyen politique imaginé pour le contenir. Il lui met en opposition la philosophie de Socrate, d'Épictète, de Marc-Aurèle ; comme si la morale de ces sages étoit moins austère que celle de Jésus-Christ ; et comme si les biens qu'il s'en promet étoient plus assurés que ceux de l'Evangile ! Quelle connoissance profonde du cœur de l'homme, quelle convenance admirable avec ses besoins, quels traits touchans de sensibilité sont renfermés dans ce livre divin! Je laisse à part ses mystères. Nous en avons pris, dit-on, une partie dans Platon. Mais Platon lui-même les avoit tirés de l'Egypte, où il avoit voyagé, et les Egyptiens les devoient, comme nous, aux patriarches. Ces mystères, après tout, ne sont pas plus incompréhensibles que ceux de la nature, et que celui de notre propre existence. D'ailleurs nous contribuons dans leur examen à nous égarer. Nous voulons remonter à leurs sources, et nous ne pouvons que sentir leurs effets. Toute cause surnaturelle est également impénétrable à l'homme. L'homme n'est lui-même qu'un effet, qu'un résultat passager, qu'une combinaison d'un moment. Il ne peut juger des choses divines suivant leur nature, mais suivant la sienne, et par les seules convenances qu'elles ont avec ses besoins. Si nous nous servons de ces témoignages de notre foiblesse, et de ces indications de notre cœur pour étudier la religion, nous verrons qu'il n'y en a point sur la terre qui convienne autant aux besoins du genre humain. Je ne parle pas de l'antiquité de ses traditions. Les poètes de la plupart des nations, entre autres Ovide, ont chanté la création, le bonheur de l'âge d'or, l'indiscrète curiosité de la première femme, les malheurs sortis de la boîte de Pandore et le déluge universel, comme

s'ils avoient pris ces histoires dans la Genèse. On
objecte à la nouveauté du monde, l'ancienneté et la
multiplicité de quelques laves dans les volcans; mais
ces observations ont-elles été bien faites ? Les volcans ont dû couler plus fréquemment dans les premiers temps, lorsque la terre étoit plus couverte de
forêts, et que l'Océan, chargé de ses dépouilles
végétales, fournissoit plus abondamment à leurs
foyers. D'ailleurs, comme je l'ai dit dans le cours
de cet ouvrage, nous ne saurions distinguer ce qui
est vieux et ce qui est moderne dans la fabrique du
monde. La création a dû y manifester l'empreinte
des siècles dès sa naissance. Si on le suppose éternel
et abandonné aux simples loix du mouvement, il y
a long-temps qu'il ne devroit plus avoir la moindre
colline à sa surface. L'action des pluies, des vents
et de la pesanteur auroit mis toutes les terres au
niveau des mers. Ce n'est point dans les ouvrages de
Dieu, mais dans ceux des hommes, que nous pouvons distinguer des époques. Tous nos monumens
nous annoncent la nouveauté de la terre que nous
habitons. Si elle étoit, je ne dis pas éternelle, mais
seulement un peu ancienne, nous trouverions des
ouvrages de l'industrie humaine bien plus vieux que
de trois à quatre mille ans, comme tous ceux que
nous connoissons. Nous avons des matières que le
temps n'altère point sensiblement. J'ai vu chez le
savant comte de Caylus des anneaux d'or constellés,

ou talismans égyptiens, aussi entiers que s'ils sortoient des mains de l'ouvrier. Les Sauvages, qui ne
connoissent pas le fer, connoissent l'or, et le re-
cherchent autant pour sa durée que pour son éclat.
Au lieu donc de ne trouver que des antiquités de
trois ou quatre mille ans, comme sont celles des
nations les plus anciennes, nous en devrions voir
de soixante, de cent, de deux cent mille ans. Lu-
crèce, qui attribuoit la création du monde aux
atomes, par une physique inintelligible, avoue qu'il
est tout nouveau.

> Præterea, si nulla fuit genitalis origo
> Terraï et cœli, semperque æterna fuêre,
> Cur suprà bellum Thebanum et funera Trojæ
> Non alias alii quoque res cecinêre poetæ ?
>
> *De rerum natura*, *lib. 5, v. 325.*

« Si le ciel et la terre n'ont eu aucune origine, et
» s'ils sont éternels, pourquoi n'y a-t-il pas des
» poètes qui aient chanté d'autres guerres avant la
» guerre de Thèbes et la ruine de Troie » ?

La terre est remplie de nos traditions religieuses :
elles servent de fondement à la religion des Turcs,
des Persans et des Arabes : elles s'étendent dans la
plus grande partie de l'Afrique : nous les retrouvons
dans l'Inde, dont tous les peuples et tous les arts
sont originairement sortis ; nous les y démêlons
dans l'antique et ténébreuse religion des Brames (1),

_____

(1) Voyez Abraham Rogers, mœurs des Bramines.

dans l'histoire de Brama ou d'Abraham, de sa femme
Saraï ou Sara, dans les incarnations de Wistnou ou
de Christnou : enfin elles sont éparses jusque chez
les sauvages errans de l'Amérique. Je ne parle pas
des monumens de notre religion, aussi étendus que
ses traditions, dont l'un, inexplicable par les loix
de notre physique, prouve un déluge universel par
les débris des corps marins qui sont répandus sur la
surface du globe; l'autre, incompréhensible aux loix
de notre politique, atteste la réprobation des Juifs,
dispersés dans toutes les régions, haïs, méprisés,
persécutés, sans gouvernement, sans territoire, et
cependant toujours nombreux, toujours subsistans,
et toujours fidèles à leur loi. En vain on a voulu trouver des ressemblances de leur sort avec celui de
plusieurs autres peuples, comme les Arméniens, les
Guèbres et les Banians. Mais ces peuples-là ne
sortent guère de l'Asie; ils sont en petit nombre;
ils ne sont ni haïs ni persécutés des autres nations ;
ils ont une patrie : enfin ils n'ont point conservé la
religion de leurs ancêtres. Des écrivains illustres ont
fait valoir ces preuves surnaturelles d'une justice
divine. Je me bornerai à en rapporter d'autres plus
touchantes par leur convenance avec la nature et
avec nos besoins.

On a attaqué la morale de l'Evangile, parce que
Jésus-Christ, dans la contrée des Géraséniens, fit
passer une légion de démons dans un troupeau de

deux mille porcs, qui furent se précipiter dans la mer. Pourquoi, dit-on, ruiner les maîtres de ces animaux? Jésus-Christ a fait en cela un acte de légis-lateur : ceux qui élevoient ces porcs étoient Juifs ; ils péchoient donc contre leur loi, qui déclare ces animaux immondes. Autre objection contre Moyse. Pourquoi ces animaux sont-ils immondes ? Parce qu'ils sont sujets à la lèpre dans le climat de la Judée. Nos esprits forts triomphent ici. La loi de Moyse, disent-ils, étoit donc relative au climat; ce n'étoit donc qu'une loi politique. Je répondrai à cela que si je trouvois dans l'ancien ou le nouveau Testament quelque usage qui ne fût pas relatif aux loix de la nature, je m'en étonnerois bien davantage. C'est le caractère d'une religion divinement inspirée, de convenir parfaitement au bonheur des hommes, et aux loix précédemment établies par l'Auteur de la nature. C'est par ce défaut de convenance qu'on peut distinguer toutes les fausses religions. Au reste, la loi de Moyse, par ses privations, ne devoit être que la loi d'un peuple particulier ; et la nôtre, par son universalité, devoit s'étendre à tout le genre humain.

Le paganisme, le judaïsme, le mahométisme, ont tous défendu l'usage de quelque espèce d'animal, en sorte que si une de ces religions étoit univer-selle, elle entraîneroit, ou sa destruction totale, ou sa multiplication à l'infini; ce qui contrarie évi-

demment le plan de la création. Les Juifs et les
Turcs proscrivent le porc ; les Indiens du Gange
révèrent la vache et le paon. Il n'y a point d'animal
qui ne serve de Fétiche à quelque Nègre, ou de
Manitou à quelque Sauvage. La religion chrétienne
permet seule l'usage nécessaire de tous les animaux, et
elle ne prescrit particulièrement l'abstinence de ceux
de la terre, que dans la saison où ils se multiplient
et où ceux de la mer abondent sur les rivages, au
commencement du printemps. Toutes les religions
ont rempli leurs temples de carnage, et ont immolé
à Dieu la vie des bêtes. Les Brames même, si pi-
toyables envers elles, offrent à leurs idoles le sang et
la vie des hommes. Les Turcs immolent des chameaux et des moutons. Notre religion plus pure,
quand on n'auroit égard qu'à la matière de son sacri-
fice, présente en hommage à Dieu le pain et le vin,
qui sont les plus doux présens qu'il ait faits à
l'homme. Nous observerons même que la vigne, qui
croît depuis la ligne jusqu'au-delà du cinquante-
deuxième degré de latitude nord, et depuis l'Angleterre jusqu'au Japon, est le plus répandu de tous
les arbres fruitiers; que le blé est presque la seule
des plantes alimentaires qui vienne dans tous les climats ; et que la liqueur de l'une et la farine de l'autre
peuvent se conserver pendant des siècles, et se
transporter par toute la terre. Toutes les religions
ont accordé aux hommes la pluralité des femmes

dans le mariage : la nôtre n'en a permis qu'une, bien avant que nos politiques eussent observé que les deux sexes naissoient en nombre égal. Toutes se sont glorifiées de leurs généalogies; et regardant avec mépris la plupart des nations, elles se sont permis, quand elles l'ont pu, de les réduire en esclavage : la nôtre seule a protégé la liberté de tous les hommes, et elle les a rappelés à une même fin, comme à une même origine. La religion des Indiens promet dans ce monde des plaisirs, celle des Juifs des richesses, celle des Turcs des victoires : la nôtre nous ordonne des vertus, et elle n'en promet la récompense que dans le ciel. Elle seule a connu que nos passions infinies étoient d'institution divine. Elle n'a pas borné, dans le cœur humain, l'amour à une femme et à des enfans, mais elle l'étend à tous les hommes : elle n'y a pas circonscrit l'ambition à la gloire d'un parti ou d'une nation, mais elle l'a dirigée vers le ciel et à l'immortalité : elle a voulu que nos passions servissent d'ailes à nos vertus (1). Bien

(1) Il n'y a que la religion qui donne à nos passions un grand caractère. Elle répand des charmes ineffables sur l'innocence, et donne une majesté divine à la douleur. J'en citerai deux exemples. L'un est tiré d'une relation assez peu estimée de l'île de Saint-Erini (chapitre 12), par le P. François Richard, jésuite missionnaire; mais où il y a des choses qui me plaisent par leur naïveté. J'ai été témoin de l'autre.

loin qu'elle nous lie sur la terre pour nous rendre
malheureux, c'est elle qui y rompt les chaînes qui
nous y tiennent captifs. Que de maux elle y a adou-
cis! que de larmes elle y a essuyées! que d'espé-

« Après dîné, dit le P. Richard, je me retirai à Saint-
» Georges, qui est l'église principale de l'île de Stampalia.
» Ce fut là qu'un papa m'apporta un livre d'Evangile, pour
» savoir si je lisois en leur langue aussi bien que j'y parlois :
» un autre me vint demander si notre saint-père le pape
» étoit marié. Mais ce qui me parut plus plaisant, fut la
» demande d'une vieille femme, qui, après m'avoir fort long-
» temps regardé, me pria de lui dire si véritablement je
» croyois en Dieu et en la sainte Trinité. Oui, lui dis-je; et
» pour l'assurer davantage, je fis le signe de la croix. Oh!
» que cela va bien, dit-elle, que tu sois chrétien! nous en
» doutions. Sur cela, je tirai de mon sein la croix que je
» portois : cette femme toute ravie d'aise s'écria : Que cher-
» chons-nous davantage pour savoir s'il est bon catholique,
» puisqu'il adore la croix? Après celle-ci vint une autre, à
» qui je demandai si elle vouloit se confesser. Hé! quoi, dit-
» elle, n'y a-t-il point de péché de se confesser à vous autres?
» Non, dis-je; car quoique je sois Franc, je confesse en
» grec. Je m'en vais le demander à notre évêque, reprit-elle.
» Un peu après, elle retourna toute joyeuse d'en avoir
» obtenu la permission. Après sa confession, je lui donnai
» un *Agnus Dei*, qu'elle ne manqua pas de montrer à tous,
» comme une chose qu'ils n'avoient jamais vue. Incontinent
» je fus accablé d'une multitude de femmes et d'enfans qui
» me pressoient de leur en donner. Je fis réponse que ces
» *Agnus* ne se donnoient qu'à ceux qui s'étoient confessés :

rances elle a fait naître quand il n'y avoit plus rien
à espérer! que de repentirs ouverts au crime! que
d'appuis donnés à l'innocence! Ah! lorsque ses autels
s'élevèrent au milieu de nos forêts ensanglantées par
les couteaux des Druides, que les opprimés vinrent

» ils s'offrirent, pour en avoir, de se confesser, et le vou-
» loient faire deux à deux; à savoir, une fille avec sa confi-
» dente, un jeune garçon avec son intime, qu'on appeloit
» Ἀδελφοπείθον (*Adelphopeithon*), frère de confiance, appor-
» tant pour raison qu'ils n'avoient qu'un cœur; et partant,
» rien ne devoit être secret entre eux. J'eus de la peine de
» les séparer; toutefois ils furent obligés d'obéir ».

Il y a quelques années que j'étois à Dieppe, vers l'équinoxe de septembre; et un coup de vent s'étant élevé, comme
c'est l'ordinaire dans ce temps-là, j'en fus voir l'effet sur le
bord de la mer. Il pouvoit être midi; plusieurs grands bateaux
étoient sortis le matin du port pour aller à la pêche. Pendant que je considérois leurs manœuvres, j'aperçus une
troupe de jeunes paysannes, jolies comme le sont la plupart
des Cauchoises, qui sortoient de la ville avec leurs longues
coiffures blanches, que le vent faisoit voltiger autour de
leurs visages. Elles s'avancèrent en folâtrant jusqu'à l'extrémité de la jetée, que des ondées d'écumes marines couvroient
de temps en temps. Une d'entre elles se tenoit à l'écart,
triste et rêveuse. Elle regardoit au loin les bateaux, dont
quelques-uns s'apercevoient à peine au milieu d'un horizon
fort noir. Ses compagnes d'abord se mirent à la railler,
pour tâcher de la distraire. « Est-ce que tu as là-bas ton bon
» ami »? lui disoient-elles. Mais comme elles la voyoient
toujours sérieuse, elles lui crièrent: « Allons, ne restons

en foule y chercher des asyles, que des ennemis irréconciliables s'y embrassèrent en pleurant, les tyrans
émus, sentirent du haut des tours, les armes tomber de leurs mains. Ils n'avoient connu que l'empire
de la terreur, et ils voyoient naître celui de la cha-

» pas là ! Pourquoi t'affliges-tu ? Reviens, reviens avec
» nous »; et elles reprirent le chemin de la ville. Cette jeune
fille les suivit lentement sans leur répondre; et quand elles
furent à-peu-près hors de sa vue, derrière des monceaux de
galets qui sont sur le chemin, elle s'approcha d'un grand
calvaire qui est au milieu de la jetée, tira quelque argent
de sa poche, le mit dans le tronc qui étoit au pied; puis elle
s'agenouilla, et fit sa prière, les mains jointes et les yeux
levés au ciel. Les vagues qui assourdissoient en brisant sur
la côte, le vent qui agitoit les grosses lanternes du crucifix,
le danger sur la mer, l'inquiétude sur la terre, la confiance
dans le ciel, donnoient à l'amour de cette pauvre paysanne
une étendue et une majesté que le palais des grands ne sauroit donner à leurs passions.

Elle ne tarda pas à se tranquilliser, car tous les bateaux
rentrèrent dans l'après-midi, sans avoir éprouvé aucun
dommage.

On a souvent calomnié la religion, en lui attribuant nos
malheurs politiques. Voici ce qu'en dit Montagne, qui a
vécu au milieu de ses guerres civiles : « Confessons la vérité;
» qui tireroit de l'armée même légitime ceux qui y marchent
» par le zèle d'une affection religieuse, et encore ceux qui
» regardent seulement la protection des loix de leur pays,
» du service du prince, il n'en sauroit bâtir une compagnie
» de gendarmes complette ». Essais, liv. 2, chap. 12, p. 317.

rité. Les amans y accoururent pour y jurer de s'aimer, et de s'aimer encore au-delà du tombeau. Elle ne donnoit pas un jour à la haine, et elle promettoit l'éternité aux amours. Ah! si cette religion ne fut faite que pour le bonheur des misérables, elle fut donc faite pour celui du genre humain!

FIN DU TOME PREMIER.

TABLE DES ÉTUDES

contenues dans ce volume.

FIN DE LA TABLE DU TOME PREMIER.

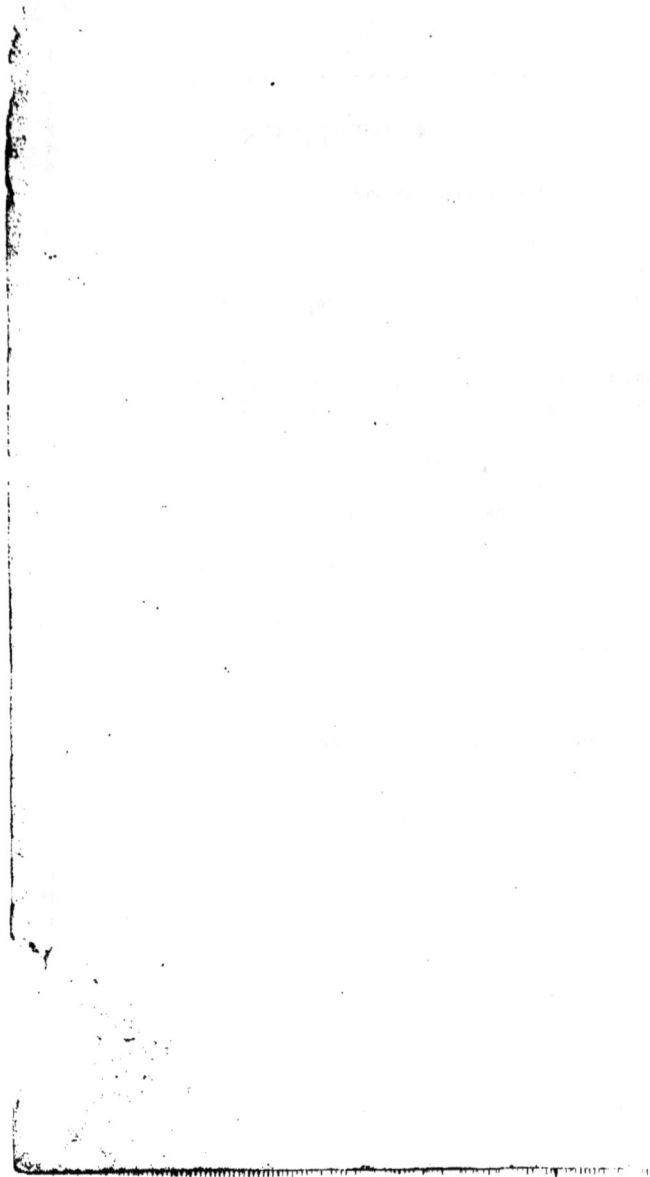

www.ingramcontent.com/pod-product-compliance
Lightning Source LLC
Chambersburg PA
CBHW031615210326
41599CB00021B/3190